电网新员工培训教材

配电网运维与检修实用技术

主　编　马志广　宁　琦

副主编　李宏博　王　磊

主　审　牛　林

中国电力出版社

CHINA ELECTRIC POWER PRESS

内 容 提 要

本书根据配电网运检岗位要求，针对新入职员工知识技能现状，采用"教、学、做"情境教学模式编写，既有"必需够用"的知识讲解，又精心设计了具体的配电网运检实训操作项目，充分体现了当今职工技能培训中，学习、体验、训练、分享、评价、练习全流程、多维度培训方式。

本书主要内容包括：配电网工作安全措施制定、配电网组成认知、配电线路运维、配电线路检修、配网不停电作业、智能配电网新技术应用、配电网调控共七个学习情境，内容丰富、深入浅出、通俗易懂。

本书可作为配电运检专业新入职员工培训教材，也可供从事配电网运检专业的相关岗位技术人员参考使用。

图书在版编目（CIP）数据

配电网运维与检修实用技术/马志广，宁琦主编 .—北京：中国电力出版社，2022.12
ISBN 978 - 7 - 5198 - 7022 - 5

Ⅰ.①配…　Ⅱ.①马…②宁…　Ⅲ.①配电系统—电力系统运行—维修　Ⅳ.①TM727

中国版本图书馆 CIP 数据核字（2022）第 157520 号

出版发行：中国电力出版社
地　　址：北京市东城区北京站西街 19 号（邮政编码 100005）
网　　址：http://www.cepp.sgcc.com.cn
责任编辑：牛梦洁
责任校对：黄　蓓　朱丽芳
装帧设计：郝晓燕
责任印制：吴　迪

印　　刷：望都天宇星书刊印刷有限公司
版　　次：2022 年 12 月第一版
印　　次：2022 年 12 月北京第一次印刷
开　　本：787 毫米×1092 毫米　16 开本
印　　张：20.75
字　　数：439 千字
定　　价：63.00 元

编　委　会

前　言

为贯彻落实国家电网有限公司（以下简称公司）"人才强企"战略，积极服务公司发展及智能电网发展对技能人才的需求，打造高素质的技术、技能人才队伍，提升企业素质、队伍素质，增强培训的针对性和时效性，创新国内一流、国际先进的示范性培训专业和标杆性培训项目，国网技术学院组织院内专职培训师、兼职培训师及国家电网有限公司系统内专业领军人才、生产技术和技能专家，结合国网技术学院实训设施和高技术、高技能员工培训特点，坚持面向现场主流技术、技能发展趋势的原则，编写了电网新员工培训教材。

教材以培养职业能力为出发点，注重从工作领域向学习领域的转换，注重情境教学模式，把"教、学、做"融为一体，适应成人学习特点，以达到拓展思路、传授方法和固定习惯的目的。

教材开发坚持系统、精炼、实用、配套的原则，整体规划，统一协调，分步实施。教材编写针对岗位特点，分析岗位知识、技术、技能需求，强化技术培训、结合技能实训、体现情境教学、覆盖业务范围、适当延伸视野，向受训学员提供全面的岗位成长所需要的素质、技术、技能和管理知识。编写过程中，广泛调研和比较分析现有教材，充分吸取其他培训单位在探索培养高素质的技术技能人才和教材建设方面取得的成功经验，依托行业优势，校企合作，与行业企业共同开发完成。

全书分为配电网工作安全措施制定、配电网组成认知、配电线路运维、配电线路检修、配网不停电作业、智能配电网新技术应用、配电网调控7个学习情境。情境一由商玲玲、赵军伟编写；情境二由李宏博、郭丽娟、金士琛编写；情境三由刘岱雯、白庆永编写；情境四由马志广、王磊、孙学军编写；情境五由宁琦、马梦朝、张杰、陈丽娜、张冰倩编写；情境六由马志广、王仕韬、吴德军、卢屏舟编写；情境七由王婧、苏华、张振海编写。

由于编者自身认识水平和编写时间的局限性，本教材难免存在疏漏之处，恳请各位专家及读者提出宝贵意见。

2022 年 8 月

目　　录

前言

学习情境一　配电网工作安全措施制定 ······················· 1

    项目一　保证安全的组织措施 ······························· 1

    项目二　保证安全的技术措施 ······························· 17

学习情境二　配电网组成认知 ······························· 26

    项目一　配电网网架结构选择 ······························· 26

    项目二　架空配电线路组成 ································· 39

    项目三　电缆配电线路组成 ································· 46

    项目四　配电网供电设施组成 ······························· 56

学习情境三　配电线路运维 ································· 74

    项目一　架空配电线路巡视 ································· 74

    项目二　电缆配电线路巡视 ································· 91

    项目三　配电线路验收 ··································· 109

学习情境四　配电线路检修 ································· 130

    项目一　架空线路登杆 ··································· 131

    项目二　拉线制作及安装 ································· 146

    项目三　横担安装 ····································· 164

    项目四　耐张绝缘子更换 ································· 179

    项目五　配电电缆故障测寻 ································· 199

学习情境五　配网不停电作业 ······························· 216

    项目一　配网不停电作业方法选择 ··························· 216

    项目二　配网不停电作业工器具使用 ························· 228

项目三　配网不停电作业安全防护 ……………………………………… 239

学习情境六　智能配电网新技术应用 ……………………………… 250

项目一　世界一流城市配电网建设 ……………………………………… 250

项目二　配电自动化应用 ………………………………………………… 262

项目三　提高供电可靠性关键技术研究 ………………………………… 279

学习情境七　配电网调控 ……………………………………………… 289

项目一　配电网调控及抢修指挥 ………………………………………… 289

项目二　典型配电设备操作 ……………………………………………… 308

参考文献 …………………………………………………………………… 325

配电网工作安全措施制定

【情境描述】

在配电线路和设备上工作，制定和执行保证安全的组织措施和保证安全的技术措施，是配电作业人员进入现场工作的基本条件和要求，也是保证作业安全的重要措施。本情境为学习电力安全工作规程（配电部分）相关知识，观摩培训师对项目的讲解示范，开展工作准备、项目训练。

【教学目标】

熟悉在配电线路和设备上工作保证安全组织措施的内容和要求。能协作完成现场勘察、工作票的填写和使用。掌握在配电线路和设备上工作保证安全的技术措施流程和内容。能按规程要求完成验电、装设接地线工作。

【教学环境】

多媒体教室，10kV架空模拟线路，电力安全工器具。

项目一　保证安全的组织措施

项目目标

熟悉现场勘察的内容，能组织填写现场勘察记录。了解工作票制度内容，熟悉工作票填写、签发、使用要求。了解工作监护制度内容及要求。了解工作间断、转移制度内容及要求。了解工作终结制度内容及要求。能协作完成工作票填写和使用。

项目描述

学习在配电线路和设备上工作保证安全的组织措施。在培训师指导下，勘察实训现场，填写现场勘察记录单，填写工作票，模拟工作票办理和使用。

📖 知识准备

一、在配电线路和设备上工作保证安全的组织措施

（1）现场勘察制度。

（2）工作票制度。

（3）工作许可制度。

（4）工作监护制度。

（5）工作间断、转移制度。

（6）工作终结制度。

二、现场勘察制度

（1）配电检修（施工）作业和用户工程、设备上的工作，工作票签发人或工作负责人认为有必要现场勘察的，应根据工作任务组织现场勘察，并填写现场勘察记录。

（2）现场勘察应由工作票签发人或工作负责人组织，工作负责人、设备运维管理单位（用户单位）和检修（施工）单位相关人员参加。对涉及多专业、多部门、多单位的作业项目，应由项目主管部门、单位组织相关人员共同参与。

（3）现场勘察应查看检修（施工）作业需要停电的范围、保留的带电部位、装设接地线的位置、邻近线路、交叉跨越、多电源、自备电源、地下管线设施和作业现场的条件、环境及其他影响作业的危险点，并提出针对性的安全措施和注意事项。

（4）现场勘察后，现场勘察记录应送交工作票签发人、工作负责人及相关各方，作为填写、签发工作票等的依据。

（5）开工前，工作负责人或工作票签发人应重新核对现场勘察情况，发现与原勘察情况有变化时，应及时修正、完善相应的安全措施。

三、工作票制度

在配电线路和设备上工作，可按下列方式进行：

（1）填用配电第一种工作票。

（2）填用配电第二种工作票。

（3）填用配电带电作业工作票。

（4）填用低压工作票。

（5）填用配电故障紧急抢修单。

（6）使用其他书面记录或按口头、电话命令执行。

1. 填用配电第一种工作票的工作

配电工作，需要将高压线路、设备停电或做安全措施者。

2. 填用配电第二种工作票的工作

高压配电（含相关场所及二次系统）工作，与邻近带电高压线路或设备的距离大于表1-1规定，不需要将高压线路、设备停电或做安全措施者。

表1-1   高压线路、设备不停电时的安全距离

电压等级（kV）	安全距离（m）	电压等级（kV）	安全距离（m）
10kV及以下	0.7	66、110	1.5
20、35	1.0	±50	1.5

3. 填用配电带电作业工作票的工作

（1）高压配电带电作业。

（2）与邻近带电高压线路或设备的距离大于表1-2，小于表1-1规定的不停电作业。

表1-2   带电作业时人身与带电体的安全距离

电压等级（kV）	10	20	35	66	110
安全距离（m）	0.4	0.5	0.6	0.7	1.0

注 表中数据是根据线路带电作业安全要求提出的。除标注数据外，其他电压等级数据按海拔1000m校正。

4. 填用低压工作票的工作

低压配电工作，不需要将高压线路、设备停电或做安全措施者。

5. 填用配电故障紧急抢修单的工作

配电线路、设备故障紧急处理应填用工作票或配电故障紧急抢修单。

配电线路、设备故障紧急处理，系统配电线路、设备发生故障被迫紧急停止运行，需短时间恢复供电或排除故障的、连续进行的故障修复工作。

非连续进行的故障修复工作，应使用工作票。

6. 可使用其他书面记录或按口头、电话命令执行的工作

（1）测量接地电阻。

（2）砍剪树木。

（3）杆塔底部和基础等地面检查、消缺。

（4）涂写杆塔号、安装标识牌等工作地点在杆塔最下层导线以下，并能够保持表1-2规定的安全距离的工作。

（5）接户、进户计量装置上的不停电工作。

（6）单一电源低压分支线的停电工作。

（7）不需要高压线路、设备停电或做安全措施的配电运维一体工作。

实施此类工作时，可不使用工作票，但应以其他书面形式记录相应的操作和工作等内容。

（8）书面记录包括作业指导书（卡）、派工单、任务单、工作记录等。

（9）按口头、电话命令执行的工作应留有录音或书面派工记录。记录内容应包含指派人、工作人员（负责人）、工作任务、工作地点、派工时间、工作结束时间、安全措施（注意事项）及完成情况等内容。

7. 工作票的填写和签发

（1）工作票由工作负责人填写，也可由工作票签发人填写。

（2）工作票、故障紧急抢修单采用手工方式填写时，应用黑色或蓝色的钢（水）笔或圆珠笔填写和签发，至少一式两份。工作票票面上的时间、工作地点、线路名称、设备双重名称（即设备名称和编号）、动词等关键字不得涂改。若有个别错、漏字需要修改、补充时，应使用规范的符号，字迹应清楚。用计算机生成或打印的工作票应使用统一的票面格式。

（3）由工作班组现场操作时，若不填用操作票，应将设备的双重名称，线路的名称、杆号、位置及操作内容等按操作顺序填写在工作票上。

（4）工作票应由工作票签发人审核，手工或电子签发后方可执行。

（5）工作票由设备运维管理单位签发，也可由经设备运维管理单位审核合格且经批准的检修（施工）单位签发。检修（施工）单位的工作票签发人、工作负责人名单应事先送设备运维管理单位、调度控制中心备案。

（6）承、发包工程，工作票可实行"双签发"。签发工作票时，双方工作票签发人在工作票上分别签名，各自承担相应的安全责任。

（7）供电单位或施工单位到用户工程或设备上检修（施工）时，工作票应由有权签发的用户单位、施工单位或供电单位签发。

（8）一张工作票中，工作票签发人、工作许可人和工作负责人三者不得为同一人。工作许可人中只有现场工作许可人（作为工作班成员之一，进行该工作任务所需现场操作及做安全措施者）可与工作负责人相互兼任。若相互兼任，应具备相应的资质，并履行相应的安全责任。

8. 工作票的使用

（1）以下情况可使用一张配电第一种工作票：

1）一条配电线路（含线路上的设备及其分支线，下同）或同一个电气连接部分的几条配电线路或同（联）杆塔架设、同沟（槽）敷设且同时停送电的几条配电线路。

2）不同配电线路经改造形成同一电气连接部分，且同时停送电者。

3）同一高压配电站、开闭所内，全部停电或属于同一电压等级、同时停送电、工作中不会触及带电导体的几个电气连接部分上的工作。

4）配电变压器及与其连接的高低压配电线路、设备上同时停送电的工作。

5）同一天在几处同类型高压配电站、开闭所、箱式变电站、柱上变压器等配电设备上依次进行的同类型停电工作。

同一张工作票多点工作，工作票上的工作地点、线路名称、设备双重名称、工作任务、安全措施应填写完整。不同工作地点的工作应分栏填写。

（2）以下情况可使用一张配电第二种工作票：

1）同一电压等级、同类型、相同安全措施且依次进行的不同配电线路或不同工作地点上的不停电工作。

2）同一高压配电站、开闭所内，在几个电气连接部分上依次进行的同类型不停电工作。

（3）对同一电压等级、同类型、相同安全措施且依次进行的数条配电线路上的带电作业，可使用一张配电带电作业工作票。

（4）对同一个工作日、相同安全措施的多条低压配电线路或设备上的工作，可使用一张低压工作票。

（5）工作负责人应提前知晓工作票内容，并做好工作准备。

（6）工作许可时，一份工作票由工作负责人收执，其余留存于工作票签发人或工作许可人处。工作期间，工作票应始终保留在工作负责人手中。

（7）一个工作负责人不能同时执行多张工作票。若一张工作票下设多个小组工作，工作负责人应指定每个小组的小组负责人（监护人），并使用工作任务单。

（8）工作任务单应一式两份，由工作票签发人或工作负责人签发。工作任务单由工作负责人许可，一份由工作负责人留存，一份交小组负责人。工作结束后，由小组负责人向工作负责人办理工作结束手续。

（9）工作票上所列的安全措施应包括所有工作任务单上所列的安全措施。几个小组同时工作，使用工作任务单时，工作票的工作班成员栏内，可只填写各工作任务单的小组负责人姓名。工作任务单上应填写本工作小组人员姓名。

（10）一回线路检修（施工），邻近或交叉的其他电力线路需配合停电和接地时，应在工作票中列入相应的安全措施。若配合停电线路属于其他单位，应由检修（施工）单位事先书面申请，经配合停电线路的运维管理单位同意并实施停电、验电、接地。

（11）需要进入变电站或发电厂升压站进行架空线路、电缆等工作时，应增填工作票份数（按许可单位确定数量），分别经变电站或发电厂等设备运维管理单位的工作许可人许可，并留存。检修（施工）单位的工作票签发人和工作负责人名单应事先送设备运维管理单位备案。

（12）在原工作票的停电及安全措施范围内增加工作任务时，应由工作负责人征得工作票签发人和工作许可人同意，并在工作票上增填工作项目。若需变更或增设安全措施，应填用新的工作票，并重新履行签发、许可手续。

（13）变更工作负责人或增加工作任务，若工作票签发人和工作许可人无法当面办理，应通过电话联系，并在工作票登记簿和工作票上注明。

（14）在配电线路、设备上进行非电气专业工作（如电力通信工作等），应执行工作票制度，并履行工作许可、监护等相关安全组织措施。

（15）配电第一种工作票，应在工作前一天送达设备运维管理单位（包括信息系统送达）；通过传真送达的工作票，其工作许可手续应待正式工作票送到后履行。需要运维人员操作设备的配电带电作业工作票和需要办理工作许可手续的配电第二种工作票，应在工作前一天送达设备运维管理单位。

（16）已终结的工作票（含工作任务单）、故障紧急抢修单、现场勘察记录至少应保存1年。

9. 工作票的有效期与延期

（1）配电工作票的有效期，以批准的检修时间为限。批准的检修时间为调度控制中心或设备运维管理单位批准的开工至完工时间。

（2）办理工作票延期手续，应在工作票的有效期内，由工作负责人向工作许可人提出申请，得到同意后给予办理；不需要办理许可手续的配电第二种工作票，由工作负责人向工作票签发人提出申请，得到同意后给予办理。

（3）工作票只能延期一次。延期手续应记录在工作票上。

（4）带电作业工作票不得延期。

10. 工作票所列人员的基本条件

（1）工作票签发人应由熟悉人员技术水平、熟悉配电网络接线方式、熟悉设备情况、熟悉本规程，并具有相关工作经验的生产领导、技术人员或经本单位批准的人员担任，名单应公布。

（2）工作负责人应由有本专业工作经验、熟悉工作范围内的设备情况、熟悉本规程，并经工区（车间，下同）批准的人员担任，名单应公布。

（3）工作许可人应由熟悉配电网络接线方式、熟悉工作范围内的设备情况、熟悉本规程，并经工区批准的人员担任，名单应公布。

工作许可人包括值班调控人员、运维人员、相关变（配）电站［含用户变（配）电站］和发电厂运维人员、配合停电线路许可人及现场许可人等。

（4）专责监护人应由具有相关专业工作经验，熟悉工作范围内的设备情况和本规程的人员担任。

11. 工作票所列人员的安全责任

（1）工作票签发人：

1）确认工作必要性和安全性。

2）确认工作票上所列安全措施正确完备。

3）确认所派工作负责人和工作班成员适当、充足。

（2）工作负责人：

1）正确组织工作。

2）检查工作票所列安全措施是否正确完备，是否符合现场实际条件，必要时予以补充完善。

3）工作前，对工作班成员进行工作任务、安全措施交底和危险点告知，并确认每个工作班成员都已签名。

4）组织执行工作票所列由其负责的安全措施。

5）监督工作班成员遵守本规程、正确使用劳动防护用品和安全工器具以及执行现场安全措施。

6）关注工作班成员身体状况和精神状态是否出现异常迹象，人员变动是否合适。

（3）工作许可人：

1）审票时，确认工作票所列安全措施是否正确完备。对工作票所列内容产生疑问时，应向工作票签发人询问清楚，必要时予以补充。

2）保证由其负责的停、送电和许可工作的命令正确。

3）确认由其负责的安全措施正确实施。

（4）专责监护人：

1）明确被监护人员和监护范围。

2）工作前，对被监护人员交待监护范围内的安全措施、告知危险点和安全注意事项。

3）监督被监护人员遵守本规程和执行现场安全措施，及时纠正被监护人员的不安全行为。

（5）工作班成员：

1）熟悉工作内容、工作流程，掌握安全措施，明确工作中的危险点，并在工作票上履行交底签名确认手续。

2）服从工作负责人（监护人）、专责监护人的指挥，严格遵守本规程和劳动纪律，在指定的作业范围内工作，对自己在工作中的行为负责，互相关心工作安全。

3）正确使用施工机具、安全工器具和劳动防护用品。

四、工作许可制度

（1）各工作许可人应在完成工作票所列由其负责的停电和装设接地线等安全措施后，方可发出许可工作的命令。

（2）值班调控人员、运维人员在向工作负责人发出许可工作的命令前，应记录工作班组名称、工作负责人姓名、工作地点和工作任务。

（3）现场办理工作许可手续前，工作许可人应与工作负责人核对线路名称、设备双重名称，检查核对现场安全措施，指明保留带电部位。

（4）填用配电第一种工作票的工作，应得到全部工作许可人的许可，并由工作负责人确认工作票所列当前工作所需的安全措施全部完成后，方可下令开始工作。所有许可手续（工作许可人姓名、许可方式、许可时间等）均应记录在工作票上。

（5）带电作业需要停用重合闸（含已处于停用状态的重合闸），应向调控人员申请并履行工作许可手续。

（6）填用配电第二种工作票的配电线路工作，可不履行工作许可手续。

（7）用户侧设备检修，需电网侧设备配合停电时，应得到用户停送电联系人的书面申请，经批准后方可停电。在电网侧设备停电措施实施后，由电网侧设备的运维管理单位或调度控制中心负责向用户停送电联系人许可。恢复送电，应接到用户停送电联系人的工作结束报告，做好录音并记录后方可进行。

（8）在用户设备上工作，许可工作前，工作负责人应检查确认用户设备的运行状态、安全措施符合作业的安全要求。作业前检查多电源和有自备电源的用户已采取机械或电气联锁等防反送电的强制性技术措施。

（9）许可开始工作的命令，应通知工作负责人。其方法可采用：

1）当面许可。工作许可人和工作负责人应在工作票上记录许可时间，并分别签名。

2）电话许可。工作许可人和工作负责人应分别记录许可时间和双方姓名，复诵核对无误。

（10）工作负责人、工作许可人任何一方不得擅自变更运行接线方式和安全措施，工作中若有特殊情况需要变更时，应先取得对方同意，并及时恢复，变更情况应及时记录在值班日志或工作票上。

（11）禁止约时停、送电。

五、工作监护制度

（1）工作许可后，工作负责人、专责监护人应向工作班成员交待工作内容、人员分工、带电部位和现场安全措施，告知危险点，并履行签名确认手续，方可下达开始工作的命令。

（2）工作负责人、专责监护人应始终在工作现场。

（3）检修人员（包括工作负责人）不宜单独进入或滞留在高压配电室、开闭所等带电设备区域内。若工作需要（如测量极性、回路导通试验、光线回路检查等），而且现场设备条件允许时，可以准许工作班中有实际经验的一个人或几个人同时在他室进行工作，但工作负责人应在事前将有关安全注意事项予以详尽地告知。

（4）工作票签发人、工作负责人对有触电危险、检修（施工）复杂容易发生事故的工作，应增设专责监护人，并确定其监护的人员和工作范围。

专责监护人不得兼做其他工作。专责监护人临时离开时，应通知被监护人员停止工作或离开工作现场，待专责监护人回来后方可恢复工作。专责监护人需长时间离开工作现场时，应由工作负责人变更专责监护人，履行变更手续，并告知全体被监护人员。

（5）工作期间，工作负责人若需暂时离开工作现场，应指定能胜任的人员临时代替，离开前应将工作现场交代清楚，并告知全体工作班成员。原工作负责人返回工作现场时，也应履行同样的交接手续。

工作负责人若需长时间离开工作现场时，应由原工作票签发人变更工作负责人，履行变更手续，并告知全体工作班成员及所有工作许可人。原、现工作负责人应履行必要的交接手续，并在工作票上签名确认。

（6）工作班成员的变更，应经工作负责人的同意，并在工作票上做好变更记录；中途新加入的工作班成员，应由工作负责人、专责监护人对其进行安全交底并履行确认手续。

六、工作间断、转移制度

（1）工作中，遇雷、雨、大风等情况威胁工作人员的安全时，工作负责人或专责监护人应下令停止工作。

（2）工作间断，若工作班离开工作地点，应采取措施或派人看守，不让人、畜接近挖好的基坑或未竖立稳固的杆塔以及负载的起重和牵引机械装置等。

（3）工作间断，工作班离开工作地点，若接地线保留不变，恢复工作前应检查确认接地线完好；若接地线拆除，恢复工作前应重新验电、装设接地线。

（4）使用同一张工作票依次在不同工作地点转移工作时，若工作票所列的安全措施在开工前一次做完，则在工作地点转移时不需要再分别办理许可手续；若工作票所列的停电、接地等安全措施随工作地点转移，则每次转移均应分别履行工作许可、终结手续，依次记录在工作票上，并填写使用的接地线编号、装拆时间、位置等随工作地点转移情况。工作负责人在转移工作地点时，应逐一向工作人员交待带电范围、安全措施和注意事项。

（5）一条配电线路分区段工作，若填用一张工作票，经工作票签发人同意，在线路检修状态下，由工作班自行装设的接地线等安全措施可分段执行。工作票上应填写使用的接地线编号、装拆时间、位置等随工作区段转移情况。

七、工作终结制度

（1）工作完工后，应清扫整理现场，工作负责人（包括小组负责人）应检查工作地段的状况，确认工作的配电设备和配电线路的杆塔、导线、绝缘子及其他辅助设备上没有遗留个人保安线和其他工具、材料，查明全部工作人员确由线路、设备上撤离后，再命令拆除由工作班自行装设的接地线等安全措施。接地线拆除后，任何人不得再登杆工作或在设备上工作。

（2）工作地段所有由工作班自行装设的接地线拆除后，工作负责人应及时向相关工作许可人（含配合停电线路、设备许可人）报告工作终结。

（3）多小组工作，工作负责人应在得到所有小组负责人工作结束的汇报后，方可与工作许可人办理工作终结手续。

（4）工作终结报告应按以下方式进行：当面报告；电话报告，并经复诵无误。

（5）工作终结报告应简明扼要，主要包括下列内容：工作负责人姓名，某线路（设备）上某处（说明起止杆塔号、分支线名称、位置称号、设备双重名称等）工作已经完工，所修项目、试验结果、设备改动情况和存在问题等，工作班自行装设的接地线已全部拆除，线路（设备）上已无本班组工作人员和遗留物。

（6）工作许可人在接到所有工作负责人（包括用户）的终结报告，并确认所有工作已完毕，所有工作人员已撤离，所有接地线已拆除，与记录簿核对无误并做好记录后，方可下令拆除各侧安全措施。

项目实施

本项目为工作票填写与使用。按在停电配电线路和设备上工作保证安全的组织措施要求，完成现场勘察、工作票填写，模拟工作票签发、工作许可、工作票现场使用、工作终结办理等工作。

一、作业流程及内容

（一）工作票填写与应用作业流程图（见图 1-1）

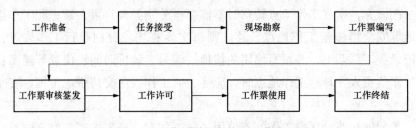

图 1-1　工作票填写与应用工作流程图

（二）工作内容

1. 现场勘察

应根据工作任务组织现场勘察，并填写现场勘察记录。

现场勘察记录

勘察单位＿＿＿＿＿＿　　部门（班组）＿＿＿＿＿＿　　编号＿＿＿＿＿＿

勘察负责人＿＿＿＿＿　勘察人员＿＿＿＿＿＿＿＿＿

勘察的线路名称或设备双重名称（多回应注明双重称号及方位）

＿＿＿＿＿＿＿＿＿＿＿＿＿＿＿＿＿＿＿＿＿＿＿＿＿＿＿＿＿＿＿＿＿＿

工作任务〔（工作地点（地段）和工作内容）〕＿＿＿＿＿＿＿＿＿＿＿＿＿

＿＿＿＿＿＿＿＿＿＿＿＿＿＿＿＿＿＿＿＿＿＿＿＿＿＿＿＿＿＿＿＿＿＿

现场勘察内容

1. 工作地点需要停电的范围

2. 保留的带电部位

3. 作业现场的条件、环境及其他危险点 ［应注明：交叉、邻近（同杆塔、并行）电力线路；多电源、自发电情况；地下管网沟道及其他影响施工作业的设施情况］

4. 应采取的安全措施（应注明：接地线、绝缘隔板、遮栏、围栏、标识牌等装设位置）

5. 附图与说明

记录人_____　　　　　　　　　勘察日期_____年___月___日___时___分

2. 工作票填写

根据工作任务和现场勘察情况，填写配电第一种工作票。

配电第一种工作票

单位＿＿＿＿＿＿＿＿＿＿＿　　　　　　　编号＿＿＿＿＿＿＿＿＿＿

1. 工作负责人＿＿＿＿＿＿＿＿　　　　　　　班组＿＿＿＿＿＿＿＿＿

2. 工作班成员（不包括工作负责人）＿＿＿＿＿＿＿＿＿＿＿＿＿＿＿＿

＿＿＿＿＿＿＿＿＿＿＿＿＿＿＿＿＿＿＿＿＿＿＿＿＿＿＿＿＿＿＿＿＿

＿＿＿＿＿＿＿＿＿＿＿＿＿＿＿＿＿＿＿＿＿＿＿＿共＿＿＿人。

3. 工作任务

工作地点或设备［注明变（配）电站、线路名称，设备双重名称及起止杆号］	工作内容

4. 计划工作时间：自＿＿＿＿年＿＿月＿＿日＿＿时＿＿分至＿＿＿＿年＿＿月＿＿日＿＿时＿＿分

5. 安全措施［应改为检修状态的线路、设备名称，应断开的断路器（开关）、隔离开关（刀闸）、熔断器，应合上的接地开关（刀闸），应装设的接地线、绝缘隔板、遮栏（围栏）和标识牌等，装设的接地线应明确具体位置，必要时可附页绘图说明］

5.1 调控或运维人员［（变配电站、发电厂）］应采取的安全措施	已执行

5.2 工作班完成的安全措施	已执行

5.3 工作班装设（或拆除）的接地线

线路名称或设备双重名称和装设位置	接地线编号	装设时间	拆除时间

5.4 配合停电线路应采取的安全措施	已执行

5.5 保留或邻近的带电线路、设备

_____

_____

5.6 其他安全措施和注意事项

_____

_____

工作票签发人签名：_____，_____　　____年___月___日___时___分

工作负责人签名：_____　　____年___月___日___时___分

5.7 其他安全措施和注意事项补充（由工作负责人或工作许可人填写）：

_____

_____

6. 工作许可

许可的线路或设备	许可方式	工作许可人	工作负责人	许可工作（或开工）时间
				年　月　日　时　分
				年　月　日　时　分
				年　月　日　时　分
				年　月　日　时　分

7. 工作任务单登记

工作任务单编号	工作任务	小组负责人	工作许可时间	工作结束报告时间

8. 现场交底，工作班成员确认工作负责人布置的工作任务、人员分工、安全措施和注意事项并签名：

_____

_____

工作开始时间_____年___月___日___时___分　工作负责人签名_____

9. 人员变更

9.1 工作负责人变动情况：原工作负责人_____离去，变更_____为工作负责人。

工作票签发人：_____　_____年___月___日___时___分

原工作负责人签名确认：_____　　新工作负责人签名确认：_____

_____年___月___日___时___分

9.2 工作人员变动情况

新增人员	姓名				
	变更时间				
离开人员	姓名				
	变更时间				

工作负责人签名_____

10. 工作票延期：有效期延长到_____年___月___日___时___分

工作负责人签名：_____　_____年___月___日___时___分

工作许可人签名：_____　_____年___月___日___时___分

11. 每日开工和收工记录（使用一天的工作票不必填写）

收工时间	工作负责人	工作许可人	开工时间	工作许可人	工作负责人

12. 工作终结

12.1 工作班人员已全部撤离现场，材料工具已清理完毕，杆塔、设备上已无遗留物。

12.2 工作终结报告

终结的线路或设备	报告方式	工作负责人	工作许可人	终结报告时间
				年 月 日 时 分
				年 月 日 时 分
				年 月 日 时 分
				年 月 日 时 分

13. 备注

13.1 指定专责监护人＿＿＿＿＿＿＿＿＿　　负责监护＿＿＿＿＿＿＿＿＿＿＿＿

＿＿＿＿＿＿＿＿＿＿＿＿＿＿＿＿＿＿＿＿＿＿＿＿＿＿（地点及具体工作）

13.2 其他事项：＿＿＿＿＿＿＿＿＿＿＿＿＿＿＿＿＿＿＿＿＿＿＿

＿＿＿＿＿＿＿＿＿＿＿＿＿＿＿＿＿＿＿＿＿＿＿＿＿＿＿＿＿＿＿

3. 工作票审核签发

工作签发人做好工作票审核签发。

4. 工作许可

许可人应在完成工作票所列由其负责的停电和装设接地线等安全措施后，方可发出许可工作的命令。

5. 工作票使用

模拟操作中，严格执行工作监护制度、工作间断、转移制度。

6. 工作终结

工作完成后，办理工作终结手续。

二、工作要点

1. 现场勘察

（1）保留的带电部位。

（2）应采取的安全措施（应注明：接地线、绝缘隔板、遮栏、围栏、标识牌等装设位置）

2. 工作票填写与使用

（1）三种人职业明细、分工明确。

（2）工作班成员状态良好。

（3）现场交底，工作班成员确认工作负责人布置的工作任务、人员分工、安全措施和注意事项并签名。

（4）作业流程细致。

（5）监护人要监护到位。

📋 项目评价

工作票办理完成后，培训师根据学员现场勘察记录填写、工作票填写和任务完成情况，填写评分记录表（见表 1-3），进行综合点评（见表 1-4）。

一、技能操作评分

表 1 - 3　　　　　　　　　工作票填写与使用评分记录表

序号	项目	考核要点	配分	评分标准	扣分原因	得分
1				工作准备		
1.1	工器具检查	选择工器具齐全，符合使用要求	5	(1) 工器具齐全，每缺1件扣2分； (2) 工具未检查，每件扣1分		
1.2	着装穿戴	穿工作服、绝缘鞋；戴安全帽、线手套	5	(1) 未穿工作服、绝缘鞋，未戴安全帽、线手套，每项扣2分； (2) 着装穿戴不规范，每项扣1分		
2				工作过程		
2.1	现场勘察	勘察现场并填写记录单	20	(1) 现场勘察不到位，每项扣3分； (2) 现场勘察记录单填写不完整，每项扣1分		
2.2	工作票填写	项目填写齐全。结论正确。用语规范。书写工整、无错别字	20	(1) 项目填写齐全，每缺项扣5分； (2) 表述不准确，每处扣2分； (3) 错别字，每处扣2分		
2.3	工作许可工作票使用	模拟审核签发、工作许可，工作监护、工作终结流程。严格执行工作票制度	40	(1) 每遗漏1处，扣5分； (2) 人员职责划分不清，每处扣3分； (3) 流程错误，每处扣5分； (4) 安全措施不到位，每处扣3分； (5) 作业过程不规范，每处扣2分		
3				工作终结验收		
3.1	工作终结	巡视中严格遵守安全规程；无不安全行为	10	(1) 出现不安全行为每次扣5分； (2) 作业完毕，现场未清理恢复扣5分，不彻底扣2分； (3) 损坏工器具，每件扣3分		
合计得分						
考评员栏	考评员：		考评组长：		时间：	

二、项目综合点评

表 1 - 4　　　　　　　　　　工作票的办理综合点评记录表

序号	项目	培训师对项目评价	
		存在问题	改进建议
1	安全措施		
2	现场勘察记录单填写		
3	工作票填写		
4	作业流程		
5	作业内容		
6	工作票使用		
7	文明操作		

课后自测及相关实训

1. 工作票填写内容及要求有哪些？
2. 工作间断、转移制度内容及要求有哪些？
3. 练习现场勘察记录单填写。
4. 练习工作票填写，模拟工作票使用。

项目二　保证安全的技术措施

项目目标

　　熟悉停电、验电、接地、悬挂标识牌和装设遮栏（围栏）的作业内容。了解配电线路和设备上工作应停电设备及要求。掌握验电器的检验和使用方法。掌握接地线的使用范围和方法。掌握标识牌悬挂和遮栏（围栏）装设的要求。能独立完成 10kV 架空配电线路接地线装拆工作。

项目描述

　　学习在配电线路和设备上工作保证安全的技术措施。在培训师指导下，现场进行工器具准备、安全检查和装拆接地线。

📖 **知识准备**

一、在配电线路和设备上工作保证安全的技术措施

（1）停电。

（2）验电。

（3）接地。

（4）悬挂标识牌和装设遮栏（围栏）。

二、停电

（1）工作地点，应停电的线路和设备：

1）检修的配电线路或设备。

2）与检修配电线路、设备相邻且安全距离小于表1-5规定的运行线路或设备。

表1-5　作业人员工作中正常活动范围与高压线路、设备带电部分的安全距离

电压等级（kV）	安全距离（m）
10kV 及以下	0.35
20、35	0.60

3）大于表1-5、小于表1-1规定且无绝缘遮蔽或安全遮栏措施的设备。

4）危及线路停电作业安全，且不能采取相应安全措施的交叉跨越、平行或同杆（塔）架设线路。

5）有可能从低压侧向高压侧反送电的设备。

6）工作地段内有可能反送电的各分支线（包括用户，下同）。

7）其他需要停电的线路或设备。

（2）检修线路、设备停电，应把工作地段内所有可能来电的电源全部断开（任何运行中星形接线设备的中性点，应视为带电设备）。

（3）停电时应拉开隔离开关（刀闸），手车开关应拉至试验或检修位置，使停电的线路和设备各端都有明显断开点。若无法观察到停电线路、设备的断开点，应有能够反映线路、设备运行状态的电气和机械等指示。无明显断开点也无电气、机械等指示时，应断开上一级电源。

（4）对难以做到与电源完全断开的检修线路、设备，可拆除其与电源之间的电气连接。禁止在只经断路器（开关）断开电源且未接地的高压配电线路或设备上工作。

（5）两台及以上配电变压器低压侧共用一个接地引下线时，其中任一台配电变压器停电检修，其他配电变压器也应停电。

（6）高压开关柜前后间隔没有可靠隔离的，工作时应同时停电。电气设备直接连接

在母线或引线上的，设备检修时应将母线或引线停电。

（7）低压配电线路和设备检修，应断开所有可能来电的电源（包括解开电源侧和用户侧连接线），对工作中有可能触碰的相邻带电线路、设备应采取停电或绝缘遮蔽措施。

（8）可直接在地面操作的断路器（开关）、隔离开关（刀闸）的操作机构应加锁；不能直接在地面操作的断路器（开关）、隔离开关（刀闸）应悬挂"禁止合闸，有人工作！"或"禁止合闸，线路有人工作！"的标识牌。熔断器的熔管应摘下或悬挂"禁止合闸，有人工作！"或"禁止合闸，线路有人工作！"的标识牌。

三、验电

（1）配电线路和设备停电检修，接地前，应使用相应电压等级的接触式验电器或测电笔，在装设接地线或合接地刀闸处逐相分别验电。室外低压配电线路和设备验电宜使用声光验电器。架空配电线路和高压配电设备验电应有人监护。

（2）高压验电前，验电器应先在有电设备上试验，确证验电器良好；无法在有电设备上试验时，可用工频高压发生器等确证验电器良好。低压验电前应先在低压有电部位上试验，以验证验电器或测电笔良好。

（3）高压验电时，人体与被验电的线路、设备的带电部位应保持安全规程中规定的安全距离要求。使用伸缩式验电器，绝缘棒应拉到位，验电时手应握在手柄处，不得超过护环，宜戴绝缘手套。雨雪天气室外设备宜采用间接验电；若直接验电，应使用雨雪型验电器，并戴绝缘手套。

（4）对同杆（塔）架设的多层电力线路验电，应先验低压、后验高压，先验下层、后验上层，先验近侧、后验远侧。禁止作业人员越过未经验电、接地的线路对上层、远侧线路验电。

（5）检修联络用的断路器（开关）、隔离开关（刀闸），应在两侧验电。

（6）低压配电线路和设备停电后，检修或装表接电前，应在与停电检修部位或表计电器上直接相连的可验电部位验电。

（7）对无法直接验电的设备，应间接验电，即通过设备的机械位置指示、电气指示、带电显示装置、仪表及各种遥测、遥信等信号的变化来判断。判断时，至少应有两个非同样原理或非同源的指示发生对应变化，且所有这些确定的指示均已同时发生对应变化，方可确认该设备已无电压。检查中若发现其他任何信号有异常，均应停止操作，查明原因。若遥控操作，可采用上述的间接方法或其他可靠的方法间接验电。

四、接地

（1）当验明确已无电压后，应立即将检修的高压配电线路和设备接地并三相短路，工作地段各端和工作地段内有可能反送电的各分支线都应接地。

（2）当验明检修的低压配电线路、设备确已无电压后，至少应采取以下措施之一防止反送电：

1）所有相线和零线接地并短路。

2）绝缘遮蔽。

3）在断开点加锁、悬挂"禁止合闸，有人工作！"或"禁止合闸，线路有人工作！"的标识牌。

（3）配合停电的交叉跨越或邻近线路，在线路的交叉跨越或邻近处附近应装设一组接地线。配合停电的同杆（塔）架设线路装设接地线要求与检修线路相同。

（4）装设、拆除接地线应有人监护。

（5）在配电线路和设备上，接地线的装设部位应是与检修线路和设备电气直接相连去除油漆或绝缘层的导电部分。绝缘导线的接地线应装设在验电接地环上。

（6）禁止作业人员擅自变更工作票中指定的接地线位置，若需变更，应由工作负责人征得工作票签发人或工作许可人同意，并在工作票上注明变更情况。

（7）作业人员应在接地线的保护范围内作业。禁止在无接地线或接地线装设不齐全的情况下进行高压检修作业。

（8）装设、拆除接地线均应使用绝缘棒并戴绝缘手套，人体不得碰触接地线或未接地的导线。

（9）装设的接地线应接触良好、连接可靠。装设接地线应先接接地端、后接导体端，拆除接地线的顺序与此相反。

（10）装设同杆（塔）架设的多层电力线路接地线，应先装设低压、后装设高压，先装设下层、后装设上层，先装设近侧、后装设远侧。拆除接地线的顺序与此相反。

（11）电缆及电容器接地前应逐相充分放电，星形接线电容器的中性点应接地，串联电容器及与整组电容器脱离的电容器应逐个充分放电。

电缆作业现场应确认检修电缆至少有一处已可靠接地。

（12）对于因交叉跨越、平行或邻近带电线路、设备导致检修线路或设备可能产生感应电压时，应加装接地线或使用个人保安线，加装（拆除）的接地线应记录在工作票上，个人保安线由作业人员自行装拆。

（13）成套接地线应用有透明护套的多股软铜线和专用线夹组成，接地线截面积应满足装设地点短路电流的要求，且高压接地线的截面积不得小于 $25mm^2$，低压接地线和个人保安线的截面积不得小于 $16mm^2$。接地线应使用专用的线夹固定在导体上，禁止用缠绕的方法接地或短路。禁止使用其他导线接地或短路。

（14）杆塔无接地引下线时，可采用截面积大于 $190mm^2$（如 $\phi16mm$ 圆钢）、地下深度大于 0.6m 的临时接地体。土壤电阻率较高地区，如岩石、瓦砾、沙土等，应采取增加接地体根数、长度、截面积或埋地深度等措施改善接地电阻。

(15) 接地线、接地刀闸与检修设备之间不得连有断路器（开关）或熔断器。若由于设备原因，接地刀闸与检修设备之间连有断路器（开关），在接地刀闸和断路器（开关）合上后，应有保证断路器（开关）不会分闸的措施。

(16) 低压配电设备、低压电缆、集束导线停电检修，无法装设接地线时，应采取绝缘遮蔽或其他可靠隔离措施。

五、悬挂标识牌和装设遮栏

(1) 在工作地点或检修的配电设备上悬挂"在此工作！"标识牌；配电设备的盘柜检修、查线、试验、定值修改输入等工作，宜在盘柜的前后分别悬挂"在此工作！"标识牌。

(2) 工作地点有可能误登、误碰的邻近带电设备，应根据设备运行环境悬挂"止步，高压危险！"等标识牌。

(3) 在一经合闸即可送电到工作地点的断路器（开关）和隔离开关（刀闸）的操作处或机构箱门锁把手上及熔断器操作处，应悬挂"禁止合闸，有人工作！"标识牌；若线路上有人工作，应悬挂"禁止合闸，线路有人工作！"标识牌。

(4) 由于设备原因，接地刀闸与检修设备之间连有断路器（开关），在接地刀闸和断路器（开关）合上后，在断路器（开关）的操作处或机构箱门锁把手上，应悬挂"禁止分闸！"标识牌。

(5) 高压开关柜内手车开关拉出后，隔离带电部位的挡板应可靠封闭，禁止开启，并设置"止步，高压危险！"标识牌。

(6) 配电线路、设备检修，在显示屏上断路器（开关）或隔离开关（刀闸）的操作处应设置"禁止合闸，有人工作！"或"禁止合闸，线路有人工作！"以及"禁止分闸！"标记。

(7) 高低压配电室、开闭所部分停电检修或新设备安装，应在工作地点两旁及对面运行设备间隔的遮栏（围栏）上和禁止通行的过道遮栏（围栏）上悬挂"止步，高压危险！"标识牌。

(8) 配电站户外高压配电设备部分停电检修或新设备安装，应在工作地点四周装设围栏，其出入口要围至邻近道路旁边，并设有"从此进入！"标识牌。工作地点四周围栏上悬挂适当数量的"止步，高压危险！"标识牌，标识牌应朝向围栏里面。

若配电站户外高压设备大部分停电，只有个别地点保留有带电设备而其他设备无触及带电导体的可能时，可以在带电设备四周装设全封闭围栏，围栏上悬挂适当数量的"止步，高压危险！"标识牌，标识牌应朝向围栏外面。

(9) 部分停电的工作，小于表1-1规定距离以内的未停电设备，应装设临时遮栏。临时遮栏与带电部分的距离不得小于表1-5的规定数值。临时遮栏可用坚韧绝缘材料制成，装设应牢固，并悬挂"止步，高压危险！"标识牌。

（10）低压开关（熔丝）拉开（取下）后，应在适当位置悬挂"禁止合闸，有人工作！"或"禁止合闸，线路有人工作！"标识牌。

（11）配电设备检修，若无法保证安全距离或因工作特殊需要，可用与带电部分直接接触的绝缘隔板代替临时遮栏，其绝缘性能应符合安规相关要求。

（12）城区、人口密集区或交通道口和通行道路上施工时，工作场所周围应装设遮栏（围栏），并在相应部位装设警告标识牌。必要时，派人看管。

（13）禁止越过遮栏（围栏）。

（14）禁止作业人员擅自移动或拆除遮栏（围栏）、标识牌。因工作原因需短时移动或拆除遮栏（围栏）、标识牌时，应有人监护。完毕后应立即恢复。

项目实施

本项目为在 10kV 低空架设配电线路上，按照保证安全的技术措施要求，进行验电、装拆接地线操作。

一、作业流程及内容

（一）装拆接地线作业流程图（见图 1-2）

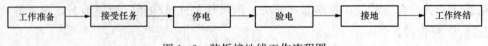

工作准备 → 接受任务 → 停电 → 验电 → 接地 → 工作终结

图 1-2 装拆接地线工作流程图

（二）工作内容

1. 工器具和材料准备

验电器、成套接地线、绝缘手套、传递绳、工作服、线手套、手锤、扳手、安全帽、急救箱等。

2. 危险点预控措施

（1）带电挂接地线。控制措施：严格执行停电、验电措施。

（2）误登带电线路杆塔。控制措施：登杆塔前认真核对线路名称和杆号。

（3）工器具使用中伤人。控制措施：检查工器具是否合格、配套、齐全，工作中正确使用安全及防护用具。

3. 工作过程

（1）工器具准备。

（2）登杆前核对线路名称和杆号，检查杆根、杆身有无裂纹、下沉，检查拉线是否紧固，安全围栏、警示牌设置齐全。

（3）接地线接地极安装。将低压接地线伸展，连接接地端，临时接地体埋入地下深度大于 0.6m。

（4）验电。

（5）装拆接地线。

二、工作要点

1. 验电

验电器自检，按由近及远、由下到上顺序逐项验明线路确无电压。

2. 装拆接地线

按由近及远、由下到上顺序逐相装设接地线，拆除时顺序相反。

项目评价

工作完成后，培训师根据学员任务完成情况，填写评分记录表（表 1-6），进行综合点评（表 1-7）。

一、技能操作评分

表 1-6　　　　　　　　接地线装拆评分记录

序号	项目	考核要点	配分	评分标准	扣分原因	得分
1			工作准备			
1.1	着装穿戴	（1）穿工作服、绝缘鞋。 （2）戴安全帽、线手套	5	（1）未穿工作服、绝缘鞋，未戴安全帽、线手套，每缺少一项扣2分。 （2）着装穿戴不规范，每处扣1分		
1.2	工器具、材料选择及检查	选择材料及工器具齐全，符合使用要求	10	（1）工器具齐全，缺少或不符合要求每件扣1分。 （2）工具材料未检查、检查项目不全、方法不规范每件扣1分。 （3）备料不充分扣5分		
2			工作过程			
2.1	工器具使用	工器具使用恰当，不得掉落	10	（1）工器具使用不当每次扣1分。 （2）工器具掉落每次扣2分		
2.2	验电器自检	先进行验电器自检，以验证验电器良好	5	未将验电器或测电笔在低压设备有电部位上试验，扣5分		

23

序号	项目	考核要点	配分	评分标准	扣分原因	得分
2.3	装拆接地线	工作过程规范，符合安全技术规程要求；使用安全带；正确使用验电器验电，先验下层、后验上层，先验近侧、后验远侧。正确安全悬挂接地线，先挂近侧、后挂远侧	60	（1）未检查杆根、杆身扣2分。 （2）未检查电杆名称、色标、编号扣2分。 （3）安全带未作冲击试验每项扣2分，不正确使用安全带扣3分，未检查扣环扣2分。 （4）验电顺序错误每次扣3分。 （5）拆、挂接地线顺序错误每次扣3分，身体碰触接地线每次扣3分。 （6）验电前和拆接地线后，人体接触导线每次扣5分。 （7）装拆接地线不戴绝缘手套每次扣5分。 （8）接地极深度不足0.6m扣2分		
3				工作终结验收		
3.1	工作终结	工作中严格遵守安全规程，无不安全行为。场地整理清洁	10	（1）出现不安全行为每次扣5分。 （2）作业完毕，现场未清理恢复扣5分，不彻底扣2分。 （3）损坏工器具，每件扣3分		
				合计得分		
考评员栏		考评员：		考评组长：	时间：	

二、项目综合点评

表1-7　　　　　　　　接地线装拆综合点评记录表

序号	项目	培训师对项目评价	
		存在问题	改进建议
1	现场勘察		
2	作业流程		
3	作业技巧		
4	工具使用		
5	安全管理		
6	文明操作		

课后自测及相关实训

1. 保证安全的技术措施有哪些？
2. 配电线路和设备上工作应停电设备及要求有哪些？
3. 悬挂标识牌和装设遮栏（围栏）的作业内容有哪些？
4. 练习验电器的检验及使用。
5. 总结架空配电线路成套接地线的装拆流程和要点。

学习情境二

配电网组成认知

【情境描述】

配电网网架结构、架空配电线路、电缆配电线路、配电网供电设施是组成配电网的基本单元，也是配电网运检专业基础知识。本情境为学习配电网接线、配电线路与设备组成等专业基础知识。观摩培训师对项目的讲解示范，开展研讨交流、项目训练。

【教学目标】

了解配电网基本术语。掌握配电网网架结构类型和接线。熟悉架空配电线路组成及各元件作用。熟悉电力电缆基本结构和电缆线路组成。了解典型配电设备组成和应用。了解配电网的发展趋势。

【教学环境】

多媒体教室，10kV架空模拟线路，10kV电缆模拟线路，10kV典型客户配电室。

项目一 配电网网架结构选择

项目目标

了解配电网基本术语。掌握配电网网架结构类型。能根据供电要求进行配电网接线方式选择。了解配电网供电电能质量要求。了解配电网的发展趋势。

项目描述

学习配电网基本术语、配电网网架结构、配电网供电质量要求、配电网发展趋势。观摩培训师对项目的讲解示范，开展研讨交流、项目训练。

知识准备

一、基本术语

1. 开关站（switching station）

开关站一般是由上级变电站直供、出线配置带保护功能的断路器、对功率进行再分配的配电设备及土建设施的总称，相当于变电站母线的延伸。开关站进线一般为两路电源，设母联开关。开关站内必要时可附设配电变压器。

2. 环网柜（ring main unit）

环网柜是用于 10kV 电缆线路环进环出及分接负荷的配电装置。环网柜中用于环进环出的开关一般采用负荷开关，用于分接负荷的开关采用负荷开关或断路器。环网柜按结构可分为共箱型和间隔型，一般按每个间隔或每个开关称为一面环网柜。

3. 环网室（ring main unit room）

环网室由多面环网柜组成，用于 10kV 电缆线路环进环出及分接负荷、且不含配电变压器的户内配电设备及土建设施的总称。

4. 环网箱（ring main unit cabinet）

环网箱是安装于户外、由多面环网柜组成、有外箱壳防护，用于 10kV 电缆线路环进环出及分接负荷、且不含配电变压器的配电设施。

5. 配电室（distribution room）

配电室是将 10kV 变换为 220/380V，并分配电力的户内配电设备及土建设施的总称，配电室内一般设有 10kV 开关、配电变压器、低压开关等装置。配电室按功能可分为终端型和环网型。终端型配电室主要为低压电力用户分配电能；环网型配电室除了为低压电力用户分配电能之外，还用于 10kV 电缆线路的环进环出及分接负荷。

6. 箱式变电站（cabinet/pad‑mounted distribution substation）

箱式变电站是安装于户外、有外箱壳防护、将 10kV 变换为 220V/380V，并分配电力的配电设施，箱式变电站内一般设有 10kV 开关、配电变压器、低压开关等装置。箱式变电站按功能可分为终端型和环网型。终端型箱式变电站主要为低压电力用户分配电能；环网型箱式变电站除了为低压用户分配电能之外，还用于 10kV 电缆线路的环进环出及分接负荷。

7. 10kV 主干线（10kV trunk line）

10kV 主干线是由变电站或开关站馈出、承担主要电能传输与分配功能的 10kV 架空或电缆线路的主干部分，具备联络功能的线路段是主干线的一部分。主干线包括架空导线、电缆、开关等设备，设备额定容量应匹配。

8. 10kV 分支线（10kV branch line）

10kV 分支线是由 10kV 主干线引出的，除主干线以外的 10kV 线路部分。

9. 10kV 电缆线路（10kV cable line）

主干线全部为电力电缆的 10kV 线路。

10. 10kV 架空（架空电缆混合）线路［10kV overhead（overhead and cable mixed）line］

主干线为架空线或混有部分电力电缆的 10kV 线路。

11. 综合管廊（utility tunnel）

综合管廊是建于城市地下用于容纳两类及以上城市工程管线的构筑物及附属设施。

二、配电网网架结构

配电网结构是指配电网中各主要电气元件的电气连接形式,配电网结构决定了网络运行的可靠性、灵活性。不同供电区域的配电网结构是根据本地区的负荷特点和供电可靠性要求而选择的。

1. 供电区域的划分

供电区域的划分按 Q/GDW 1738—2020《配电网规划设计技术导则》执行,详见表 2-1。

表 2-1　　　　　　　　　　　　　规划供电区域划分表

规划供电区域	A+	A	B	C	D	E
负荷密度 σ（MW/km^2）	$\sigma \geqslant 30$	$15 \leqslant \sigma < 30$	$6 \leqslant \sigma < 15$	$1 \leqslant \sigma < 6$	$0.1 \leqslant \sigma < 1$	$\sigma < 0.1$
主要分布地区	直辖市中心城区或省会城市、计划单列市核心区	地级及以上城区	县级及以上城区	城镇区域	乡村地区	农牧区

注　表中主要分布地区一栏作为参考,实际划分时应综合考虑其他因素。

配电网规划应根据 Q/GDW 1738—2020 的规定,充分考虑规划 A+、A、B、C、D、E 等不同供电区域的负荷特点和供电可靠性要求,选择适合本区域特点的目标电网结构,使现状电网结构通过建设和改造逐步向目标电网过渡,提高配电网的负荷转移能力和对上级电网故障时的支撑能力,实现近远期电网有效衔接,避免电网重复建设,达到结构规范、运行灵活、适应性强。

2.35kV 配电网网架结构

配电网应根据供电区域类型、负荷密度及负荷性质、供电可靠性要求等,结合上级电网网架结构、本地区电网现状及廊道规划,合理选择目标电网结构。

各供电区域目标电网结构见表 2-2。

表 2-2　　　　　　　　　　　　　35kV 电网结构推荐表

供电区域类型	链式			环网		辐射式	
	三链	双链	单链	双环网	单环网	双辐射	单辐射
A+、A	√	√	√	√		√	
B		√	√		√	√	
C		√	√		√	√	
D					√		√
E							√

（1）35kV 线路辐射结构 π 接线典型接线图。35kV 线路采用辐射式电网结构时，可以根据电源点情况，采用单侧电源或双侧电源辐射式，线路末端预留环出间隔，如图 2 - 1 所示。

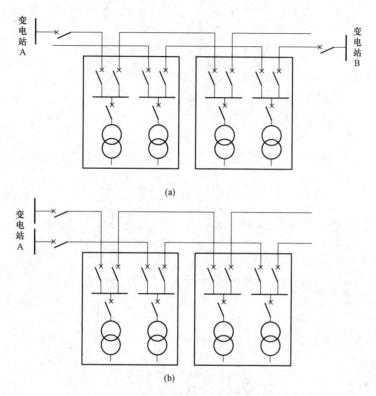

图 2 - 1　35kV 线路辐射结构 π 接线典型接线图
（a）双侧电源辐射结构；（b）单侧电源辐射结构

（2）35kV 线路辐射结构 T 接线典型接线图。对于双辐射线路宜选用双侧电源，当电源点不满足要求时，可采用同侧电源，如图 2 - 2 所示。

（3）35kV 线路环网结构 π 接线典型接线图。当上级电源点不满足建设链式结构时，可采用环网结构作为链式结构的过渡结构，如图 2 - 3 所示。

（4）35kV 线路链式结构 π 接线典型接线图。市中心区、市区等高负荷密度地区，以及供电可靠性要求较高地区，可采用链式接线，如图 2 - 4 所示。

农村偏远地区可适当简化 35kV 电网结构，线路一般为辐射式，35kV 变压器接入一般采用 T 接线方式。

3.10kV 配电网网架结构

（1）10kV 配电网目标电网应满足下列要求：

1）结构规范、运行灵活，具有适当的负荷转供能力和对上级电网的支撑能力。

2）能够适应各类用电负荷的接入与扩充，具有合理的分布式电源、电动汽车充电设施的接纳能力。

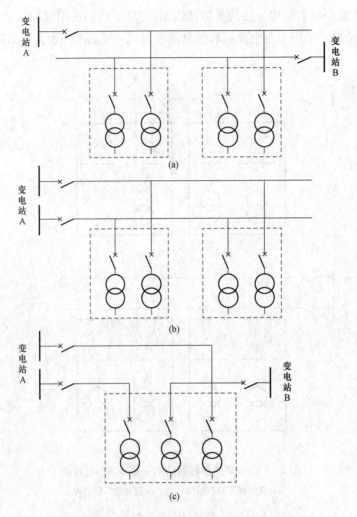

图 2-2　35kV 线路辐射结构 T 接线典型接线图

(a) 双侧电源辐射结构；(b) 单侧电源辐射结构；(c) 双侧电源终端结构

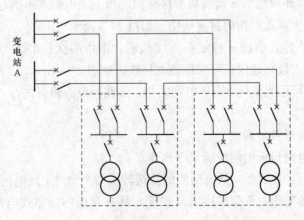

图 2-3　35kV 线路环网结构 π 接线典型接线图

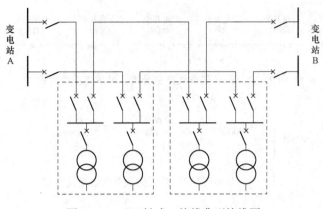

图 2-4　35kV 链式 π 接线典型接线图

3) 设备设施选型、安装安全可靠，具备较强的防护性能，具有较强的抵御外界事故和自然灾害的能力。

4) 便于开展不停电作业。

5) 保护及备用电源自投装置配置合理可靠。

6) 满足配电自动化发展需求，具有一定的自愈能力和应急处理能力，并能有效防范故障连锁扩大。

7) 满足相应供电可靠性要求，与社会环境相协调，建设和运行维护费用合理。

(2) 10kV 架空网典型接线方式。

1) 三分段、三联络接线方式。在周边电源点数量充足时，10kV 架空线路宜环网布置开环运行，一般采用柱上负荷开关将线路多分段、适度联络，如图 2-5 所示，可提高线路的负荷转移能力。当线路负荷不断增长，线路负载率达到 50％以上时，采用此结构还可提高线路负载水平。

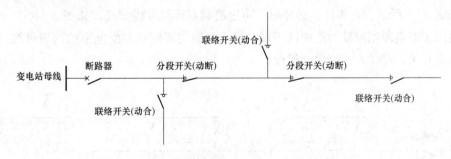

图 2-5　10kV 架空线路三分段、三联络接线方式

2) 三分段、单联络接线方式。在周边电源点数量有限，且线路负载率低于 50％的情况下，不具备多联络条件时，可采用线路末端联络接线方式，如图 2-6 所示。

3) 三分段单辐射接线方式。在周边没有其他电源点，且供电可靠性要求较低的地区，目前暂不具备与其他线路联络的条件，可采取多分段单辐射接线方式，如图 2-7 所示。

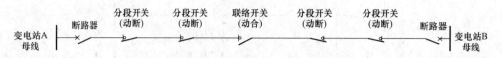

图 2-6 10kV架空线路三分段、单联络接线方式

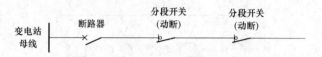

图 2-7 10kV架空线路三分段单辐射接线方式

（3）10kV电缆网典型接线方式。

1）单环网接线方式。自同一供电区域两座变电站的中压母线（或一座变电站的不同中压母线）、或两座中压开关站的中压母线（或一座中压开关站的不同中压母线）馈出单回线路构成单环网，开环运行，如图2-8所示。电缆单环网适用于单电源用户较为集中的区域。

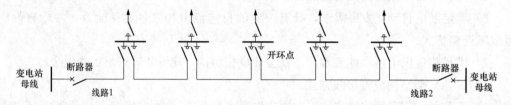

图 2-8 10kV电缆线路单环网接线方式

2）双射接线方式。自一座变电站（或中压开关站）的不同中压母线引出双回线路，形成双射接线方式；或自同一供电区域的不同变电站引出双回线路，形成双射接线方式，如图2-9所示。有条件、必要时，可过渡到双环网接线方式，如图2-10所示。双射网适用于双电源用户较为集中的区域，接入双射的环网室和配电室的两段母线之间可配置联络开关，母联开关应手动操作。

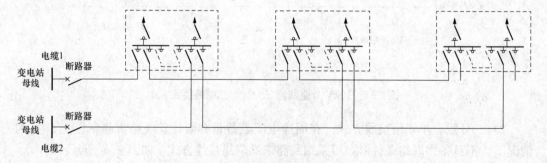

图 2-9 10kV电缆线路双射接线方式

3）双环网接线方式。自同一供电区域的两座变电站（或两座中压开关站）的不同

中压母线各引出两对（4 回）线路，构成双环网的接线方式，如图 2-10 所示。双环网适用于双电源用户较为集中、且供电可靠性要求较高的区域，接入双环网的环网室和配电室的两段母线之间可配置联络开关，母联开关应手动操作。

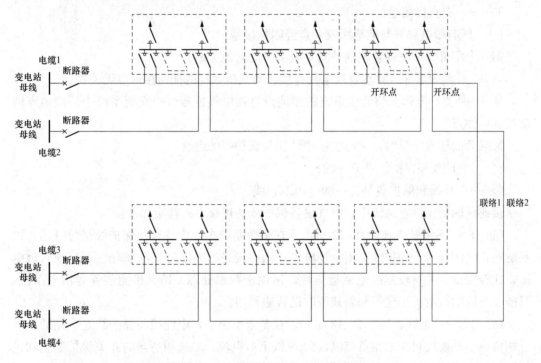

图 2-10 10kV 电缆线路双环网接线方式

4）对射接线方式。自不同方向电源的两座变电站（或中压开关站）的中压母线馈出单回线路组成对射线接线方式，一般由双射线改造形成，如图 2-11 所示。对射网适用于双电源用户较为集中的区域，接入对射的环网室和配电室的两段母线之间可配置联络开关，母联开关应手动操作。

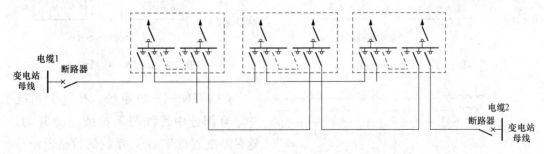

图 2-11 10kV 电缆线路对射接线方式

4. 低压配电系统的接地方式

低压配电系统的接地方式共有五种，包括 TT 系统、TN 系统和 IT 系统等，其中

TN 系统又分为 TN—C、TN—S、TN—C—S 三种系统。

文字代号的意义：

第一个字母——低压系统的对地关系；

T——一点直接接地；

I——所有带电部分与地绝缘或一点经阻抗接地。

第二个字母——电气装置的外露导电部分的对地关系；

T——外露导电部分对地直接电气连接，与低压系统的任何接地点无关；

N——外露导电部分与低压系统的接地点直接电气连接（在交流系统中，接地点通常就是中性点）。

如果后面还有字母时，字母表示中性线与保护线的组合；

S——中性线和保护线是分开的；

C——中性线和保护线是合一的（PEN）线。

目前我国低压供电系统中，电气设备保护线的连接方式规定如下：

（1）TN—S 系统，如图 2-12 所示。在整个系统中，中性线与保护线是分开的。该系统在正常工作时，保护线上不呈现电流，因此设备的外露可导电部分也不呈现对地电压，比较安全，并有较强的电磁适应性，适用于数据处理、精密检测装置等供电系统，目前在我国的高级民用建筑和新建医院已普遍采用。

（2）TN—C 系统，如图 2-13 所示。在整个系统中，中性线与保护线是合用的。当三相负荷不平衡或只有单相负荷时，PEN 线上有电流，如选用适当的开关保护装置和足够的导电截面，也能达到安全要求，且省材料，目前在我国应用最广。

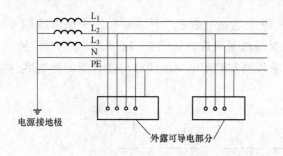

图 2-12　TN—S 系统

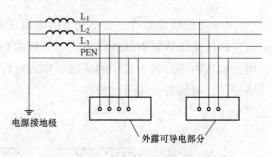

图 2-13　TN—C 系统

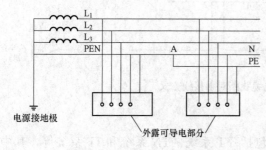

图 2-14　TN—C—S 系统

（3）TN—C—S 系统。在整个系统中，有部分中性线与保护线是分开的。这种系统兼有 TN—C 系统的价格较便宜和 TN—S 系统的比较安全且电磁适应性比较强的特点，常用于线路末端环境较差的场所或有数据处理等设备的供电系统。如图 2-14 所示。

（4）TT 系统。电气装置的外露可导电部分单独接至电气上与电力系统的接地点无关的接地极。系统中，由于各自的 PE 线互不相关，因此电磁适应性比较好。但故障电流值往往很小，不足以使数千瓦的用电设备的保护装置断开电源，为保护人身安全必须采用残余电流开关作为线路及用电设备的保护装置，否则只适用于供给小负荷系统。如图 2-15 所示。

（5）IT 系统。电源部分与大地不直接连接，电气装置的外露可导电部分直接接地。该系统多用于煤矿及厂用电等希望尽量少停电的系统。如图 2-16 所示。

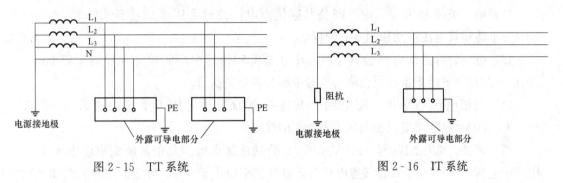

图 2-15　TT 系统　　　　　　　　图 2-16　IT 系统

三、可靠性及电能质量要求

1. 供电可靠性

（1）配电网供电可靠性一般要求如下：

1）规划 A+、A、B、C 类供电区域的中压配电网结构应满足供电安全 N-1 准则的要求，D 类供电区域的中压配电网结构可满足供电安全 N-1 准则的要求。

2）双电源电力用户应满足供电安全 N-1 准则的要求。

3）单电源电力用户非计划停运时，应尽量缩短停电时间。

4）电网运行方式变动和大负荷接入前，应对电网转供负荷能力进行评估。

5）中、低压供电回路的元件如开关、电流互感器、电缆及架空线路等载流能力应匹配，不应因单一元件的载流能力而限制线路可供负荷能力及转移负荷能力。

6）采用双路或多路电源供电时，供电线路宜采取不同路径架设（敷设）。

（2）提高供电可靠性的措施：

1）充分利用变电站的供电能力，当变电站主变压器数量在三台及以上时，10kV 母线宜采用环形接线。

2）优化中压电网网络结构，增强转供能力。

3）选用可靠性高、成熟适用、免（少）维护设备，逐步淘汰技术落后设备。

4）合理提高配电网架空线路绝缘化率，开展运行环境整治，减少外力破坏。

5）推广不停电作业，扩大带电检测和在线监测覆盖面。

6）积极稳妥推进配电自动化，装设具有故障自动隔离功能的用户分界开关。

2. 电能质量

(1) 供电电压偏差。各类电力用户的供电电压偏差限值执行以下规定：

1) 35kV 供电电压正、负偏差绝对值之和不应超过标称电压的 10%。

2) 10kV 及以下三相供电电压偏差为标称电压的 ±7%。

3) 220V 单相供电电压偏差为标称电压的 +7%，−10%。

4) 对供电点短路容量较小、供电距离较长以及对供电电压偏差有特殊要求的用户，由供用电双方协议确定。

(2) 电压波动和闪变。配电网公共连接点电压波动和闪变应符合 GB/T 12326—2008《电能质量电压波动和闪变》的规定。

(3) 电压暂降。配电网公共连接点电压暂降和短时中断的统计和检测按照 GB/T 30137—2013《电能质量电压暂降与短时中断》的规定执行。

(4) 三相电压不平衡。配电网公共连接点的三相电压不平衡度应符合 GB/T 15543—2008《电能质量三相电压不平衡》的规定。

(5) 谐波。低压配电网（220V/380V）公共连接点电压总谐波畸变率应小于 5%，中压配电网（10kV）公共连接点电压总谐波畸变率应小于 4%，分配给用户的谐波电流允许值应保证各级电网公共连接点处谐波电压在限值之内。注入公共连接点的谐波电流允许值、公用电网谐波电压和谐波电流的测量和计算按照 GB/T 14549—1993《电能质量公用电网谐波》的规定执行。

3. 电压与无功管理

(1) 电压监测点的设置应符合《供电监管办法》（电监会 27 号令）规定，监测点电压每月抄录或采集一次。电压监测点宜按出线首末成对设置。

(2) 对于有以下情况的，应及时测量电压：

1) 更换或新装配电变压器。

2) 配电变压器分接头调整后。

3) 投入较大负荷。

4) 三相电压不平衡，烧坏用电设备。

5) 用户反映电压不正常。

(3) 用户电压超过规定范围应采取措施进行调整，调节电压可以采用以下措施：

1) 合理选择配电变压器分接头。

2) 在低压侧母线上装设无功补偿装置。

3) 缩短线路供电半径及平衡三相负荷，必要时在中压线路上加装调压器。

(4) 配电变压器（含配电室、箱式变电站、柱上变压器）安装无功自动补偿装置时，应符合下列规定：

1) 在低压侧母线上装设，容量按配电变压器容量 20%～40% 考虑。

2) 以电压为约束条件，根据无功需量进行分组分相自动投切。

3）合理选择配电变压器分接头，避免电压过高电容器无法投入运行。

（5）在供电距离远、功率因数低的架空线路上可适当安装具备自动投切功能的并联补偿电容器，其容量（包括用户）一般按线路上配电变压器总量的 7%～10% 配置（或经计算确定），但不应在负荷低谷时向系统倒送无功；柱上电容器保护熔丝可按电容器额定电流的 1.2～1.3 倍进行整定。

（6）运维单位每年应安排进行一次无功实测。

四、配电网的发展趋势

1. 配电网的结构和运行模式发展背景

（1）就地利用资源的分布式发电和面向终端用户的微型电网会大量出现。未来输配电网之间产生了双向功率流。

（2）多层次的环状结构网络为主。从目前来看是比较优化的一个结构，可以实现相邻层次间和同层次不同区域环形电网间的互联，以构造一个多层次网状结构的网络。

（3）直流电网模式或交直流混合电网模式将会共存。直流有很多好处，特别是从配电网和微电网层面来讲，未来直流负荷将占相当高的比重且分布式电源（如光伏发电或储能）也将以直流为运行模式。

2. 配电线路绝缘化

（1）随着城市建设的发展，供电可靠性要求的提高，配电网电缆化是城市电网改造的发展趋势，具有美化城市环境，提高供电可靠性和配电线路不受自然气象条件干扰等优点。

（2）采用绝缘架空线路可有效解决树线矛盾，减少事故率、触电伤亡和短路事故，同时架设空间可大大缩小，减少线路损耗。

3. 减小线路走廊和占地

随着城市的建设，配电网的占地矛盾日益突出，采用窄基铁塔、钢管塔、多回路线路可有效减小线路走廊，将配电装置向半地下和地下及小型成套发展。电缆隧道和公用事业管道共用将进一步推广。

4. 新材料新技术的应用

（1）高压大功率电力电子器件（如宽禁带半导体器件等）和装备：双向逆变器、发储用能控制一体化装置，无功补偿，动态电压调节装置等。

（2）新型高性能的电极、储能、电介质、高强度、质子交换膜和储氢材料等的发明和使用，将简化电网的结构和控制，优化电网的运行，并能对电源波动和电网故障作出响应。如新型发储能单元、高效能太阳能板高性能的超导材料，降低损耗、重量和体积，并可提高设备的极限容量和灵活性。其他新材料，如纳米复合材料、场（包括电场和磁场）控和温控的非线性介质材料、低残压压敏电阻材料、新型绝缘材料、绝缘体—金属相变材料、新型铁磁材料、用于高效低能耗的电力传感器材料（如巨磁阻材料、压电晶体、热电材料等）。

5. 配电网智能化建设

（1）开展配电自动化省级大四区主站与电网资源业务中台、物联管理平台、供电服务指挥系统协同应用方案编制，实现电网基础图模台账及台区智能终端的接入应用。

（2）建设配电自动化安防监测平台，全面提升网络安全主动监测防护能力。

（3）进一步提升配电自动化实用化水平，加快推进基于供服系统的配电自动化实用化穿透式智能管控，深化配电自动化数据贯通应用。

6. 状态检修新技术应用

随着配电网规模的发展和供电可靠性要求不断提高，配电网设备定期检修模式已不适应电网及设备的管理要求。近年来电力公司内全面开展配网状态检修试点工作，并制订了相关技术标准，取得了显著效果，积累了丰富经验。红外测温、超声波局放检测、地电波局放检测、电缆超低频介损检测等全面应用。采用先进的诊断检测技术，提升设备的诊断水平，将成为提升配电网设备运维检修的管理水平，确保配电网设备健康，提高用户供电可靠性关键技术。

7. "大云物移智"技术应用

未来电网企业要成为以大数据、云计算、物联网、移动互联网、人工智能技术为代表的朝气蓬勃的创业企业，转变为投资＋运营管理＋信息服务企业。信息就是价值，电网企业提供信息服务将是一个很大的转变。未来智能配电网的技术特征特殊属性是：测量数字化、控制网络化、状态可视化、功能一体化、信息互动化。

8. 能源互联网

未来配电网的发展趋势将是能源互联网。成千上万的电源点与用户连在一起，都会在需求与价格规则的双向约束下，以微分的精确步距，实现全系统出力与负荷的平衡。实现发电和用电实时平衡，电力市场和商业模式非常重要。

📽 项目实施

一、接线图绘制

各小组手工绘制 10kV 架空线路三分段、三联络接线图，三分段、单联络接线图，三分段单辐射接线图。

二、10kV 架空网典型接线方式选择

各小组研讨 10kV 架空网典型接线方式的优缺点，说明适用场所。总结归纳 10kV 架空线路接线方式选择依据，并填写 10kV 架空网典型接线方式对比（见表 2-3）。每小组推荐 1 名发言人，代表小组汇报任务完成情况。

表 2-3　　　　　　　　　　10kV 架空网典型接线方式对比

接线类型	优点	缺点	适用场所
三分段、三联络接线			
三分段、单联络接线			
三分段、单辐射接线			

项目评价

培训师根据学员任务完成情况，进行综合点评，填写 10kV 架空网典型接线方式选择综合点评表（见表 2-4）。

表 2-4　　　　　　　10kV 架空网典型接线方式选择综合点评表

序号	项目	培训师对项目评价	
		存在问题	改进建议
1	任务正确性		
2	任务规范性		
3	接线图绘制		
4	任务单填写		
5	工作方法		
6	知识运用		
7	团队合作		

课后自测及相关实训

1. 35kV 线路典型接线方式有哪些？

2. 10kV 电缆网典型接线方式有哪些？

3. 总结归纳 10kV 架空网典型接线方式选择依据。

4. 低压配电系统的接地方式有哪些？

5. 配电网的发展趋势主要表现在哪几个方面？

项目二　架空配电线路组成

项目目标

了解架空配电线路组成。熟悉配电线路杆塔类型。熟悉 10kV 架空线路常用耐张绝缘配合。能识别各种架空配电线路金具。

项目描述

学习架空配电线路组成基本知识，学习配电线路杆塔类型和作用。在配电线路金具室，识别各种架空配电线路金具。

知识准备

一、架空线路的组成

架空线路由杆塔、绝缘子、金具、导线、避雷线（也称架空地线）、基础、拉线、接地装置等主要元件组成，除线路本身外，另外还有保护在线路上安装的电气设备，主要有柱上变压器、柱上开关、隔离开关、跌落式熔断器、无功补充装置等。

（一）杆塔

杆塔的作用是支撑导线和避雷线，使其对大地、树木、建筑物以及被跨越的电力线路、通信线路等保持足够的安全距离要求，并在各种气象条件下，保证电力线路能够安全可靠地运行。

杆塔按其在架空线路中的用途可分为直线杆、耐张杆、转角杆、终端杆、分支杆、跨越杆和其他特殊杆等。

1. 直线杆

直线杆用在线路的直线段上，以支撑导线、绝缘子、金具等，并能够承受导线的重量和水平风力荷载，但不能承受线路方向的导线张力；它的导线用线夹和悬式绝缘子串挂在横担下或用针式绝缘子固定在横担上。

2. 耐张杆

耐张杆主要承受导线或架空地线的水平张力，同时将线路分隔成若干耐张段（耐张段长度一般不超过2km），以便于线路的施工和检修，并可在事故情况下限制倒杆断线的范围；导线用耐张线夹和耐张绝缘子串或用蝶式绝缘子固定在电杆上，电杆两边的导线用引流线连接起来。

3. 转角杆

转角杆用在线路方向需要改变的转角处，正常情况下除承受导线等垂直载荷和内角平分线方向的水平风力荷载外，还要承受内角平分线方向导线全部拉力的合力，在事故情况下还要能承受线路方向导线的重量，它有直线型和耐张型两种型式，具体采用哪种型式可根据转角的大小来确定。

4. 终端杆

终端杆用在线路的首末的两终端处，是耐张杆的一种，正常情况下除承受导线的重量和水平风力荷载外，还要承受顺线路方向导线全部拉力的合力。

5. 分支杆

分支杆用在分支线路与主配电线路的连接处，在主干线方向上它可以是直线型或耐张型杆，在分支线方向上时则是终端杆；分支杆除承受直线杆塔所承受的载荷外，还要分支导线等垂直荷重、水平风力荷重和分支方向导线全部拉力。

6. 跨越杆

跨越杆用在跨越公路、铁路、河流和其他电力线等大跨越的地方；为保证导线具有必要的悬挂高度，一般要加高电杆；为加强线路安全，保证足够的强度，还需加装拉线。

（二）横担

横担用于支持绝缘子、导线及柱上配电设备，保护导线间有足够的安全距离。因此，横担要有一定的强度和长度。横担按材质的不同可分为铁横担、木横担和陶瓷横担等三种。为满足线路绝缘和开展配电网不停电作业需求，近几年玻璃纤维环氧树脂材料的绝缘横担开始在架空配电线路中应用。

（三）绝缘子

绝缘子用于支持和悬挂导线，并使导线和杆塔等接地部分形成电气绝缘的组件。

架空电力线路的导线，是利用绝缘子和金具连接固定在杆塔上的。用于导线与杆塔绝缘的绝缘子，在运行中不但要承受工作电压的作用，还要受到过电压的作用，同时还要承受机械力的作用及气温变化和周围环境的影响，所以绝缘子必须有良好的绝缘性能和一定的机械强度。通常，绝缘子的表面被做成波纹形。这是因为：①可以增加绝缘子的泄漏距离（又称爬电距离），同时每个波纹又能起到阻断电弧的作用；②当下雨时，从绝缘子上流下的污水不会直接从绝缘子上部流到下部，避免形成污水柱造成短路事故，起到阻断污水水流的作用；③当空气中的污秽物质落到绝缘子上时，由于绝缘子波纹的凹凸不平，污秽物质将不能均匀地附在绝缘子上，在一定程度上提高了绝缘子的抗污能力。

绝缘子按照材质分为瓷绝缘子、玻璃绝缘子和合成绝缘子三种。

（1）瓷绝缘子具有良好的绝缘性能、适应气候的变化性能、耐热性和组装灵活等优点，被广泛用于各种电压等级的线路。金属附件连接方式分球型和槽型两种。在球型连接构件中用弹簧销子锁紧；在槽型结构中用销钉加用开口销锁紧。瓷绝缘子是属于可击穿型的绝缘子。

（2）玻璃绝缘子用钢化玻璃制成，具有产品尺寸小、重量轻、机电强度高、电容大、热稳定性好、老化较慢寿命长"零值自破"维护方便等特点。

（3）合成绝缘子又名复合绝缘子，它由棒芯、伞盘及金属端头三个部分组成。①棒芯：一般由环氧玻璃纤维棒玻璃钢棒制成，抗张强度很高。棒芯是合成绝缘子机械负荷的承载部件，同时又是内绝缘的主要部件。②伞盘：以高分子聚合物如聚四氯乙烯、硅橡胶等为基体添加其他成分，经特殊工艺制成。伞盘表面为外绝缘给绝缘子提供所需要的爬电距离。③金属端头：用于导线杆塔与合成绝缘子的连接根据负载能力的大小采用可锻铸铁、球墨铸铁或钢等材料制造而成。为使棒芯与伞盘间结合紧密，在它们之间加一层黏接剂和橡胶护套。合成绝缘子具有抗污闪性强、强度大、质量轻、抗老化性好、体积小、质量轻等优点。但承受的径向（垂直于中心线）应力很小，因此，使用于耐张杆的绝缘子严禁踩踏，或任何形式的径向荷重，否则将导致折断。运行数年后还会出现伞裙变硬、变脆的现象，也容易发生鼠等动物咬噬而导致损坏。

（四）金具

金具在架空电力线路及配电装置中，主要用于支持、固定和接续裸导线、导体及绝缘子连接成串，亦用于保护导线和绝缘体。

（五）导线

导线用于传导电流，输送电能，是线路重要组成部分。由于架设在电杆上面，要承受自重、风、冰、雨、空气温度变化等的作用，要求具有良好的电气性能和足够的机械强度。架空线路线主要分为裸导线和绝缘导线两种。

常用的裸导线有裸铝导线、裸铜绞线、钢芯铝绞线、铝合金绞线等。应用最多的是钢芯铝绞线，内部几股是钢线，承受机械受力；外部由多股铝线绞制而成，传输大部分电流。

架空绝缘配电线路适用于城市人口密集地区，线路走廊狭窄，架设裸导线线路与建筑物的间距不能满足安全要求的地区，以及风景绿化区、林带区和污秽严重的地区等。随着城市的发展，实施架空配电线路绝缘化是配电网发展的必然趋势。架空配电线路绝缘导线按电压等级可分为中压绝缘导线、低压绝缘导线；按架设方式可分为分相架设、集束架设。绝缘导线的类型有中、低压单芯绝缘导线、低压集束型绝缘导线、中压集束型半导体屏蔽绝缘导线、中压集束型金属屏蔽绝缘导线等。

（六）避雷线

避雷线又称架空地线，它对导线的屏蔽及导线、避雷线间的耦合作用，可以减少雷电直接击于导线的机会。当雷击杆塔时，雷电流可以通过避雷线分流一部分，从而降低塔顶电位，提高耐雷水平。架空地线常采用镀锌钢绞线。

（七）基础

基础是指杆塔埋置于土壤之中（如电杆用的三盘）或露出地面以上（铁塔基础）的部分，其作用是将杆塔及拉线固定于土壤中。能承受杆塔、导线、架空地线的各种荷载所产生的上拔力、下压力和倾覆力矩。

基础主要有混凝土电杆基础和铁塔基础。基础的型式应根据送电线路路径的地形、地貌、杆塔结构型式和施工条件等特点，本着确保杆塔安全可靠、节约材料、降低工程造价的原则经综合比较后确定，大体可分为现浇基础、装配式基础、灌注桩式基础、岩石基础和底、拉、卡盘基础等型式。

此外线路还有一些附属设施，主要包含防雷装置、防鸟装置、各种监测装置、杆号、警告、防护、指示、相位等标识等。

二、配电网金具

配电网金具是连接和组合电力系统中的各类装置，起到传递机械负荷、电气负荷及某种防护作用的金属附件。

用于架空配电线路的金具主要分为以下悬吊类金具、耐张线夹、连接类金具、接续类金具、防护类金具。

（一）悬吊类金具（悬垂线夹）

悬吊类金具用来将导线悬挂在绝缘子串上（多用直线杆塔）及悬挂跳线于绝缘子串上，主要指各类悬垂线夹。悬垂线夹外形结构如图 2-17 所示。

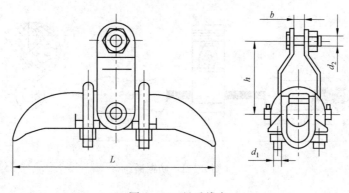

图 2-17　悬垂线夹

（二）锚固类金具（耐张线夹）

锚固类金具主要用来紧固导线的终端，将导线固定在耐张绝缘子串上，也用于拉线的紧固，主要包括各类耐张线夹、楔形线夹及 UT 线夹等。耐张线夹外形结构如图 2-18 所示。

（三）连接类金具

连接类金具用于将绝缘子、悬垂线夹、耐张线夹及防护类金具等连接组合成悬垂或耐张串组，常用的有：球头挂环、碗头挂板、U 型挂环等。球头挂环外形结构如图 2-19 所示。

（四）接续类金具

接续类金具用于两根导线之间的接续，并能满足导线所具有的机械及电气性能要求，主要有线夹、接续管等。并沟线夹外形结构如图 2-20 所示。

（五）防护类金具

防护类金具用来防护导线及绝缘体，主要有防振锤、护线条、间隔棒、屏蔽环、均压环等。防振锤外形结构如图 2-21 所示。

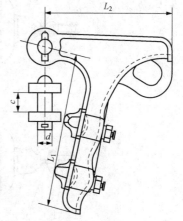

图 2-18　耐张线夹

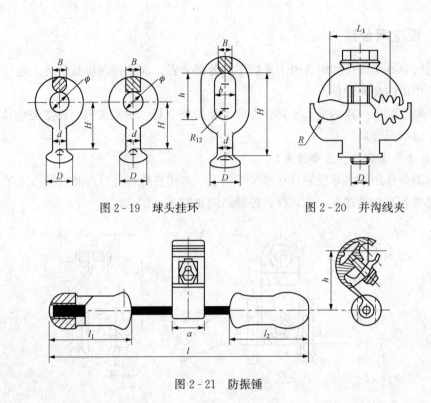

图 2-19 球头挂环   图 2-20 并沟线夹

图 2-21 防振锤

三、10kV 架空线路常用耐张绝缘配合

NLL 盘型悬式绝缘子单联单挂点耐张串如图 2-22 所示。NXJG 盘型悬式绝缘子单联单挂点耐张串如图 2-23 所示。

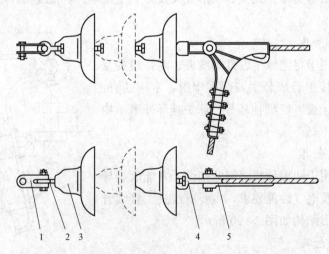

图 2-22 NLL 盘型悬式绝缘子单联单挂点耐张串图
1—直角挂板，Z-7；2—球头挂环，QP-7；3—盘型悬式瓷绝缘子；
4—碗头挂板，W-7B；5—螺栓型，NLL

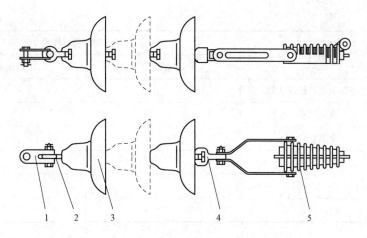

图 2-23 NXJG 盘型悬式绝缘子单联单挂点耐张串图

1—直角挂板，Z-7；2—球头挂环，QP-7；3—盘型悬式瓷绝缘子；

4—碗头挂板，W-7；5—楔形绝缘，NXJG

项目实施

本项任务为学员在线路金具室进行金具识别与配置。

一、架空线路认知

学员在配电线路实训场，学习了解架空配电线路组成。

二、金具识别

学员在线路金具室，识别架空配电线路五大类金具。

三、绝缘子串金具配置

学员根据 NLL 盘型悬式绝缘子单联单挂点耐张串（图 2-22），配置所用金具。每小组推荐 1 名发言人，代表小组汇报任务完成情况和分享经验。

项目评价

培训师根据学员任务完成情况，进行综合点评（见表 2-5）。

表 2-5   绝缘子串组装综合点评表

序号	项目	培训师对项目评价	
		存在问题	改进建议
1	任务正确性		
2	任务规范性		

序号	项目	培训师对项目评价	
		存在问题	改进建议
3	架空配电线路组成认知		
4	金具识别		
5	金具配置		
6	工作方法		
7	知识运用		
8	团队合作		

课后自测及相关实训

1. 架空配电线路由哪些主要元件组成?
2. 架空配电线路各元件主要作用是什么?
3. 总结归纳架空配电线路的金具分类和作用?

项目三　电缆配电线路组成

项目目标

熟悉电力电缆基本结构。了解电力电缆的种类和命名方法。熟悉电缆配电线路各种敷设方式。了解电缆线路附件类别。

项目描述

学习电力电缆基本结构、种类和命名方法,认知电缆线路附件类别,分析研讨电缆配电线路各种敷设方式优缺点。

知识准备

一、电力电缆基本结构

1. 交联聚乙烯绝缘电缆基本结构

电力电缆的基本结构一般由导体、绝缘层、屏蔽层、护层四部分组成。三芯交联聚乙烯绝缘钢带铠装电缆结构如图 2-24 所示。三芯交联聚乙烯绝缘钢丝铠装电缆结构如图 2-25 所示。

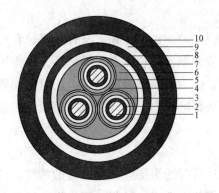
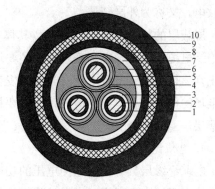

图2-24　三芯交联聚乙烯绝缘钢带铠装电缆结构
1—导体；2—导体屏蔽；3—绝缘；4—绝缘屏蔽；
5—铜带屏蔽；6—填充；7—包带；8—内护套；
9—钢带铠装；10—外护套

图2-25　三芯交联聚乙烯绝缘钢丝铠装电缆结构
1—导体；2—导体屏蔽；3—绝缘；4—绝缘屏蔽；
5—铜带屏蔽；6—填充；7—包带；8—内护套；
9—钢丝铠装；10—外护套

2. 电缆导体材料的性能及结构

导体的作用是传输电流，电缆导体（线芯）大都采用高电导系数的金属铜或铝制造。铜的电导率大，机械强度高，易于进行压延、拉丝和焊接等加工。铜是电缆导体最常用的材料。

电缆导体一般由多根导线绞合而成，是为了满足电缆的柔软性和可曲性的要求。当导体沿某一半径弯曲时，导体中心线圆外部分被拉伸，中心线圆内部分被压缩，绞合导体中心线内外两部分可以相互滑动，使导体不发生塑性变形。

绞合导体外形有圆形、扇形、腰圆形和中空圆形等。

圆形绞合导体几何形状固定，稳定性好，表面电场比较均匀。20kV及以上油纸电缆，10kV及以上交联聚乙烯电缆，一般都采用圆形绞合导体结构。

10kV及以下多芯油纸电缆和1kV及以下多芯塑料电缆，为了减小电缆直径，节约材料消耗，采用扇形或腰圆形导体结构。

中空圆形导体用于自容式充油电缆，其圆形导体中央以硬铜带螺旋管支撑形成中心油道，或者以形线（Z形线或弓形线）组成中空圆形导体。

3. 电缆屏蔽层的结构及性能

屏蔽，是能够将电场控制在绝缘内部，同时能够使得绝缘界面处表面光滑，并借此消除界面空隙的导电层。电缆导体由多根导线绞合而成，它与绝缘层之间易形成气隙，导体表面不光滑，会造成电场集中。导体表面加一层半导电材料的屏蔽层，它与被屏蔽的导体等电位，并与绝缘层良好接触，从而避免在导体与绝缘层之间发生局部放电。这一层屏蔽，又称为内屏蔽层。

在绝缘表面和护套接触处，也可能存在间隙，电缆弯曲时，绝缘表面易造成裂纹或皱折，这些都是引起局部放电的因素。在绝缘层表面加一层半导电材料的屏蔽层，它与被屏蔽的绝缘层有良好接触，与金属护套等电位，从而避免在绝缘层与护套之间发生局部放电，又称为外屏蔽层。

屏蔽层的材料是半导电材料，其体积电阻率为 $10^3 \sim 10^6 \Omega \cdot m$。没有金属护套的挤包绝缘电缆，除半导电屏蔽层外，还要增加用铜带或铜丝绕包的金属屏蔽层。其作用为在正常运行时通过电容电流；当系统发生短路时，作为短路电流的通道，同时也起到屏蔽电场的作用。在电缆结构设计中，要根据系统短路电流的大小，采用相应截面的金属屏蔽层。

4. 电缆绝缘层的结构及性能

电缆绝缘层具有承受电网电压的功能。电缆运行时绝缘层应具有稳定的特性，较高的绝缘电阻，击穿强度，优良的耐树枝放电和局部放电性能。目前应用最为广泛的电缆绝缘是交联聚乙烯（XLPE）绝缘。

5. 电缆护层的结构及作用

电缆护层是覆盖在电缆绝缘层外面的保护层。典型的护层结构包括内护套和外护层。内护套贴紧绝缘层，是绝缘的直接保护层。包覆在内护套外面的是外护层。通常，外护层又由内衬层、铠装层和外被层组成。外护层的三个组成部分以同心圆形式层层相叠，成为一个整体。

护层的作用是使电缆能够适应各种使用环境的要求，使电缆绝缘层在敷设和运行过程中，免受机械或各种环境因素损坏，以长期保持稳定的电气性能。内护套的作用是阻止水分、潮气及其他有害物质侵入绝缘层，以确保绝缘层性能不变。内衬层的作用是保护内护套不被铠装轧伤。铠装层是电缆具备必须的机械强度。外被层主要是用于保护铠装层或金属护套免受化学腐蚀及其他环境损害。

二、电力电缆的种类和特点

（一）按电缆的绝缘材料分类

电力电缆按绝缘材料不同，可分为油纸绝缘电缆、挤包绝缘电缆和压力电缆三大类。

挤包绝缘电缆又称固体挤压聚合电缆，它是以热塑性或热固性材料挤包形成绝缘的电缆。

目前，挤包绝缘电缆有聚氯乙烯（PVC）电缆、聚乙烯（PE）电缆、交联聚乙烯（XLPE）电缆和乙丙橡胶（EPR）电缆等，这些电缆使用在不同的电压等级。

交联聚乙烯电缆是 20 世纪 60 年代以后发展最快的电缆品种，与油纸绝缘电缆相比，它在加工制造和敷设应用方面有不少优点。其制造周期较短，效率较高，安装工艺较为简便，导体工作温度可达到 90℃。由于制造工艺的不断改进，如用干式交联取代早期的蒸汽交联，采用悬链式和立式生产线，使得 110 ~ 220kV 高压交联聚乙烯电缆产品具有优良的电气性能，能满足城市电网建设和改造的需要。目前在 220kV 及以下电压等级，交联聚乙烯电缆已逐步取代了油纸绝缘电缆。

（二）按电缆的结构分类

电力电缆按照电缆芯线的数量不同，可以分为单芯电缆和多芯电缆。

（1）单芯电缆是指单独一相导体构成的电缆。一般在大截面导体、高电压等级电缆多采用此种结构。

（2）多芯电缆是指由多相导体构成的电缆，有两芯、三芯、四芯、五芯等。该种结构一般在小截面、中低压电缆中使用较多。

（三）按电压等级分类

电缆的额定电压以 $U_0/U(U_m)$ 表示。其中：U_0 表示电缆导体对金属屏蔽之间的额定电压；U 表示电缆导体之间的额定电压；U_m 是设计采用的电缆任何两导体之间可承受的最高系统电压的最大值。根据 IEC 标准推荐，电缆按照额定电压分为低压、中压、高压和超高压四类。

（1）低压电缆。额定电压小于 1kV，如 0.6/1kV。

（2）中压电缆。额定电压介于 6～35kV，如 6/6、6/10、8.7/10、21/35、26/35kV。

（3）高压电缆。额定电压介于 45～150kV，如 38/66、50/66、64/110、87/150kV。

（4）超高压电缆。额定电压介于 220～500kV，如 127/220、190/330、290/500kV。

（四）按特殊需求分类

按对电力电缆的特殊需求，主要有防火电缆和光纤复合电力电缆等品种。

1. 防火电缆

防火电缆是具有防火性能电缆的总称，它包括阻燃电缆和耐火电缆两类。

（1）阻燃电缆是指能够阻滞、延缓火焰沿着其外表蔓延，使火灾不扩大的电缆。在电缆比较密集的隧道、竖井或电缆夹层中，为防止电缆着火酿成严重事故，35kV 及以下电缆应选用阻燃电缆。有条件时，应选用低烟无卤或低烟低卤护套的阻燃电缆。

（2）耐火电缆是当受到外部火焰以一定高温和时间作用期间，在施加额定电压状态下具有维持通电运行功能的电缆，用于防火要求特别高的场所。

2. 光纤复合电力电缆

将光纤组合在电力电缆的结构层中，使其同时具有电力传输和光纤通信功能的电缆称为光纤复合电力电缆，该设计降低了工程建设投资和运行维护费用。

三、配电电缆的命名方法

电力电缆产品命名用型号、规格和标准编号表示，而电缆产品型号一般由绝缘、导体、护层的代号构成，因电缆种类不同型号的构成有所区别；规格由额定电压、芯数、标称截面积构成，以字母和数字为代号组合表示。

1. 额定电压 1（U_m＝1.2kV）～35kV（U_m＝40.5kV）挤包绝缘电力电缆命名方法

（1）产品型号的组成和排列顺序如下。

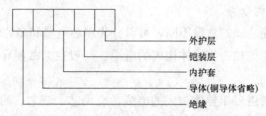

（2）1～35kV 挤包绝缘电力电缆各部分代号及含义见表 2-6。

表 2-6　　　　　　　1～35kV 挤包绝缘电力电缆各部分代号及含义

导体代号	铜导体	（T）省略	铠装代号	双钢带铠装	2
	铝导体	L		细圆钢丝铠装	3
绝缘代号	聚氯乙烯绝缘	V		粗圆钢丝铠装	4
	交联聚乙烯绝缘	YJ		双非磁性金属带铠装	6
	乙丙橡胶绝缘	E		非磁性金属丝铠装	7
	硬乙丙橡胶绝缘	HE	外护层代号	聚氯乙烯外护套	2
护套代号	聚氯乙烯护套	V		聚乙烯外护套	3
	聚乙烯护套	Y		弹性体外护套	4
	弹性体护套	F			
	挡潮层聚乙烯护套	A			
	铅套	Q			

举例：铜芯交联聚乙烯绝缘聚乙烯护套电力电缆，额定电压为 26/35kV，单芯，标称截面积 400mm²，表示为：YJY-26/35 1×400。

2. 额定电压 35kV 及以下铜芯、铝芯纸绝缘电力电缆命名方法

（1）产品型号依次由绝缘、导体、金属套、特征结构、外护层代号构成。

（2）1～35kV 纸绝缘电缆导体及结构代号含义见表 2-7。1～35kV 纸绝缘电缆铠装层与外护套代号含义见表 2-8。

表 2-7　　　　　　　1～35kV 纸绝缘电缆导体及结构代号含义

导体代号	铜导体	（T）省略	特征结构代号	分相电缆	F
	铝导体	L		不滴流电缆	D
绝缘代号	纸绝缘	Z		黏性电缆	省略
金属护套代号	铅套	Q			
	铝套	L			

表 2 - 8　　　　　　　　　1～35kV 纸绝缘电缆铠装层与外护套代号含义

代号	铠装层	外护套	代号	铠装层	外护套
0	无	—	4	粗圆钢丝	—
1	联锁钢带	纤维外被	5	皱纹钢带	—
2	双钢带	聚氯乙烯外套	6	双铝带或铝合金带	—
3	细圆钢丝	聚乙烯外套			

外护层代号编制原则是：一般外护层按铠装层和外护层结构顺序，以两个阿拉伯数字表示，均表示所采用的主要材料。

举例：铜芯不滴流油浸纸绝缘分相铅套双钢带铠装聚氯乙烯套电力电缆，额定电压 26/35kV，三芯，标称截面积 150mm²，表示为：ZQFD22－26/35 3×150。

四、电缆配电线路敷设方式

电力电缆线路敷设方式应根据所在地区的环境地理条件、敷设电缆用途、供电方式、投资情况而定，可采用隧道敷设、排管敷设、电缆沟敷设、直埋敷设、桥架桥梁敷设、水底电缆敷设、综合管廊敷设等一种或多种敷设方式。

1. 隧道敷设

隧道敷设容纳电缆数量较多、有供安装和巡视的通道、全封闭的电缆构筑物为电缆隧道，其断面如图 2 - 26 所示。将电缆敷设于预先建设好的隧道中的安装方法，称为电缆隧道敷设。

电缆隧道敷设特点：电缆隧道应具有照明、排水装置，并采用自然通风和机械通风相结合的通风方式。隧道内还应具有烟雾报警、自动灭火、灭火箱、消防栓等消防设备。电缆敷设于隧道中，消除了外力损坏的可能性，对电缆的安全运行十分有利，但是隧道的建设投资较大，建设周期较长。

2. 排管敷设

将电缆敷设于预先建设好的地下排管中的安装方法，称为电缆排管敷设。排管敷设断面示意图如图 2 - 27 所示。

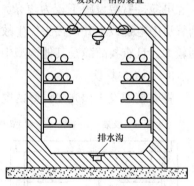

图 2 - 26　电缆隧道断面示意图

排管敷设的特点：电缆排管敷设保护电缆效果比直埋敷设好，电缆不容易受到外部机械损伤，占用空间小，且运行可靠。当电缆敷设回路数较多、平行敷设于道路的下面、穿越公路、铁路和建筑物时，排管敷设是一种较好的选择。排管敷设适用于交通比较繁忙、地下走廊比较拥挤、敷设电缆数较多的地段。敷设在排管中的电缆应有塑料外护套，不宜用裸金属铠装层。

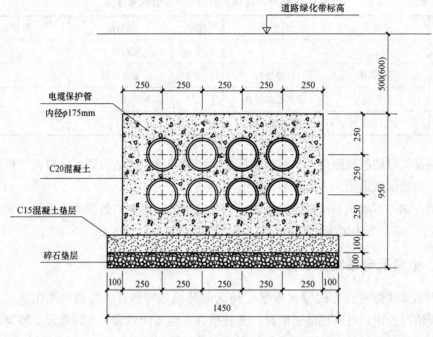

图2-27 排管敷设断面示意图

工井和排管的位置一般在城市道路的非机动车道，也可设在人行道或机动车道。工井和排管的土建工程完成后，除敷设近期的电缆线路外，以后相同路径的电缆线路安装维修或更新电缆不必重复挖掘路面。

电缆排管敷设施工较为复杂，敷设和更换电缆不方便，散热差，影响电缆载流量；当管道中电缆或工井内接头发生故障，往往需要更换两座工井之间的整段电缆，修理费用较大，且查找故障是其他沟型中最为困难的。

3. 电缆沟敷设

将电缆敷设于预先建设好的电缆沟中的安装方法，称为电缆沟敷设。电缆沟其断面如图2-28所示。

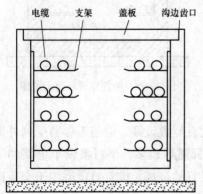

图2-28 电缆沟断面图

电缆沟敷设特点：电缆沟敷设适用于并列安装多根电缆的场所，如发电厂及变电站内、工厂厂区或城市人行道等。电缆不容易受到外部机械损伤，占用空间相对较小。根据并列安装的电缆数量，需在沟的单侧或双侧装置电缆支架，敷设的电缆应固定在支架上。敷设在电缆沟中的电缆应满足防火要求，如具有不延燃的外护套或裸钢带铠装，重要的电缆线路应具有阻燃外护套。

地下水位太高的地区不宜采用普通电缆沟敷

设，因为电缆沟内容易积水、积污，而且清除不方便。电缆沟施工复杂，周期长，电缆沟中电缆的散热条件较差，影响其允许载流量，但电缆维修和抢修相对简单，费用较低。

4. 直埋敷设

将电缆敷设于地下壕沟中，沿沟底和电缆上覆盖有软土层或砂、且设有保护板再埋齐地坪的敷设方式称为电缆直埋敷设。典型的直埋敷设沟槽电缆布置断面图，如图 2-29 所示。

直埋敷设的特点：直埋敷设适用于电缆线路不太密集和交通不太繁忙的城市地下走廊，如市区人行道、公共绿化、建筑物边缘地带等。直埋敷设不需要大量的前期土建工程，施工周期较短，是一种比较经济的敷设方式。电缆埋设在土壤中，一般散热条件比较好，线路输送容量比较大。

直埋敷设易遭受机械外力损坏和周围土壤的化学或电化学腐蚀，以及白蚁和老鼠危害。地下管网较多的地段，可能有熔化金属、高温液体和对电缆有腐蚀液体溢出的场所，待开发、有较频繁开挖的地方，不宜采用直埋。

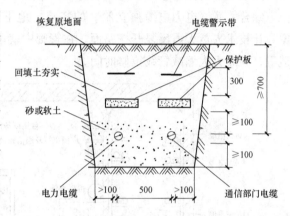

图 2-29　直埋敷设沟槽布置断面图

（单位尺寸为 mm）

5. 桥架桥梁敷设

为跨越河道，将电缆敷设在交通桥梁或专用电缆桥架上的电缆安装方式称为电缆桥梁桥架敷设。

桥梁上电缆敷设的特点：利用市政交通桥梁敷设电缆是一种经济高效的敷设方式，既提高了城市基础设施的利用率，又大大降低了工程造价和施工、运行、维护难度。在短跨距的交通桥梁上敷设电缆，一般在建桥时同步放置好电缆管道，然后将电缆穿入内壁光滑、耐燃的管子内，并在桥梁伸缩间隙部位的一端，设置电缆伸缩弧，以吸收过桥部分电缆的热伸缩量。电缆专用桥架一般为水平框架箱型，内置电缆管道，其断面结构与电缆排管相似；如果电缆条数不多，桥架也可做成拱形，电缆直接敷设在桥面支架上，再覆盖遮阳板。

6. 水底电缆敷设

水底电缆是指通过江、河、湖、海，敷设在水底的电力电缆。主要使用在海岛与大陆或海岛与海岛之间的电网连接，横跨大河、长江或港湾以连接陆上架空输电线路，陆地与海上石油平台以及海上石油平台之间的相互连接。

水底电缆敷设的特点：水底电缆敷设因跨越水域不同，敷设方法也有较大差别，应根据电压等级、水域地质、跨度、水深、流速、潮汐、气象资料及埋设深度等综合情况，确定水底电缆敷设施工方案，选择敷设工程船吨位、主要装备以及相应的机动船只数量等。

7. 综合管廊敷设

地下综合管廊是建设在城市地下，用于集中敷设电力、通信，燃气、供热、给排水等市政管线公共隧道，实施共建共管或共建分管，其断面如图 2 - 30 所示。将电缆敷设于预先建设好的综合管廊中的安装方法，称为综合管廊敷设。

综合管廊（电力电缆独立舱）的特点：地下综合管廊可有效杜绝"拉链马路"现象，让技术人员无需反复开挖路面，在管廊中就可对各类管线进行抢修、维护、扩容改造等；同时大大缩减管线抢修时间。

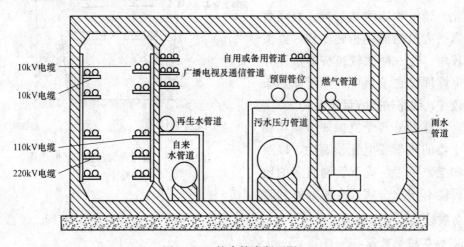

图 2 - 30　综合管廊断面图

五、电缆线路附件类别

电力电缆附件是电力电缆线路的重要组成部分，只有通过电缆附件，才能实现电缆与电缆之间的连接，电缆与架空线路以及变压器、开关等电气设备的连接，才能发挥输送和分配电能的作用。电缆附件不同于其他工业产品，由提供的附件材料、部件或组件，必须通过现场安装在电缆上以后才构成真正的、完整的电缆附件。

1. 按功能分类

电缆附件的连接方式一般分为终端连接及中间连接，终端连接分为户内终端和户外终端，一般情况户外终端是指露天电缆接头，户内终端是指室内连接电缆与电气设备的接头；中间连接分为直通式和绝缘式两种。

2. 按附件制作材料及安装工艺分类

按附件的制作材料及安装工艺可分为绕包式、浇灌式、模塑式、冷缩式、热缩式、预制式等类型。

（1）绕包式。用制成的橡胶带材（自黏性）现场绕包制作的电缆附件称为绕包式电缆附件，该附件易松脱、耐火性较差、寿命短。

（2）浇灌式。浇灌式电缆附件用热固性树脂作为主要材料在现场浇灌而成，所选的材料有环氧树脂、聚氨酯、丙烯酸酯等，该类附件的致命缺点是固化时易产生气泡。

（3）模塑式。模塑式电缆附件主要用于电缆中间连接，在现场进行加模加温，与电缆融为一体，该附件制作工艺复杂且时间长，亦不适用于终端接头。

（4）冷缩式。冷缩式电缆附件用硅橡胶、三元乙丙橡胶等弹性体先在工厂预扩张并加入塑料支撑条而成型。在现场施工时，抽出支撑条使管材在橡胶固有的弹性效应下，收缩在电缆上而制成电缆附件该附件最适合不能用明火加热的施工场所，如矿山、石油化工场所等。

（5）热缩式。热缩式电缆附件是将橡塑合金制成具有"形状记忆"效应的不同组件制品，在现场加热收缩在电缆上而制成的附件。该附件具有重量轻、施工简单方便、运行可靠、价格低廉等特点。

（6）预制式。预制式电缆附件是用硅橡胶注射成不同组件，一次硫化成型，仅保留接触界面，在现场施工时插入电缆而制成的附件。该施工工艺将环境中不可测的不利因素降低到最低程度，因此该附件具有巨大的潜在使用价值，是交联电缆附件的发展方向，但制造技术难度高，涉及多种学科及行业。预制式电缆附件在电缆的三叉口及屏蔽口以下的安装材料仍采用热缩材料，因此实际上是预制式和热缩式的组合。

📹 项目实施

一、10kV 电缆线路敷设断面图绘制

各小组绘制 10kV 电缆线路 6 种敷设方式的断面示意图。

二、10kV 电缆线路敷设比较

总结归纳 10kV 电缆线路接线方式比较，并填写表 2-9。每小组推荐 1 名发言人，代表小组汇报任务完成情况。

表 2-9　　　　　　　　　　10kV 电缆线路敷设方式对比

敷设方式	供电方式	用途	投资情况
隧道敷设			
排管敷设			
电缆沟敷设			
直埋敷设			
桥架桥梁敷设			
综合管廊敷设			

项目评价

培训师根据学员任务完成情况，进行综合点评（表 2 - 10）。

表 2 - 10   10kV 电缆线路敷设方式比较综合点评表

序号	项目	培训师对项目评价	
		存在问题	改进建议
1	任务正确性		
2	任务规范性		
3	资料提交		
4	工作方法		
5	知识运用		
6	团队合作		

课后自测及相关实训

1. 试说明三芯交联聚乙烯绝缘钢丝铠装电缆的结构组成。
2. 配电电缆的命名方法是什么？
3. 电缆配电线路有哪几种敷设方式？
4. 电缆线路附件类别有哪些？

项目四　配电网供电设施组成

项目目标

熟悉配电室主接线和组成，熟悉箱式变电站主接线和组成，了解柱上变压器台接线和组成，了解低压综合配电箱接线和组成。能绘制配电室和箱式变电站主接线图。

项目描述

本项目为配电网供电设施组成。学习配电室主接线、箱式变电站、柱上变压器台接线和低压综合配电箱基本知识。参观 10kV 典型客户配电室，绘制配电室主接线图。

知识准备

配电网系统是由配电室、开闭所、高压配电线路、配电变压器、低压线路配电线路以及相应的控制保护设备组成。配电网设备主要包括配电变压器、高压柜、低压柜、母线桥、直流屏、模拟屏、高压电缆及低压电器设备。本项目主要介绍配电室、箱式变电站、柱上变压器台、低压综合配电箱等相关内容。

一、配电室接线和组成

配电室是将 10kV 变换为 220V/380V，并分配电力的户内配电设备及土建设施的总称，配电室内一般设有 10kV 开关、配电变压器、低压开关等装置。配电室按功能可分为终端型和环网型。终端型配电室主要为低压电力用户分配电能；环网型配电室除了为低压电力用户分配电能之外，还用于 10kV 电缆线路的环进环出及分接负荷。

（一）典型设计方案

10kV 配电室典型设计方案分类按电气主接线、10kV 进出线回路数、主要设备选择、电气平面布置形式进行划分。

10kV 配电室典型设计共 5 个方案，各方案设计技术方案组合见表 2-11。

表 2-11　　　　　　　　10kV 配电室典型设计技术方案组合

方案	电气主接线	10kV 进出线回路数	变压器类型	适用范围
PB-1	单母线	2 回进线，2 回馈线	油浸式 2×630	A、B、C
PB-2			干式 2×800	A、B、C
PB-3	单母线分段（两个独立单母线）	2 进（4 进），2～12 回馈线	油浸式 2×630	A+、A、B
PB-4			干式 2×800	A+、A、B
PB-5			干式 4×800	A+、A

注　表中变压器的容量油浸式可选 630kVA 及以下，干式可选 1250kVA 及以下；土建须按照 2 台或者 4 台变压器的最终规模建设，变压器可分期安装投运。

1. 电气主接线

10kV 部分：采用单母线、单母线分段或两个独立的单母线接线。

0.4kV 部分：采用单母线分段。

2. 进出线回路数

10kV 每段母线进线为 1～2 回，馈线 1～6 回。

PB-3、PB-4 提供 2 回馈线典型方案，PB-5 提供 4 回馈线典型方案，若配电室采用多回馈线用于 10kV 电缆线路环进环出及分接负荷，可参照环网室典型设计方案执行。

3. 主要设备选择

（1）10kV 侧选用环网柜。进线选用负荷开关柜，馈线选用负荷开关柜（负荷开关加熔断器组合柜），根据绝缘介质，可选用空气绝缘负荷开关柜、气体绝缘负荷开关柜、固体绝缘负荷开关柜。

（2）低压侧可选用固定式、固定分隔式或抽屉式。

（3）主变压器应选用高效节能型油浸式变压器或干式变压器。

4. 电气平面布置方式

设备布置仅考虑独立地面户内布置方式。地下配电室仅设备选择、防洪防潮、通风排水等方面有区别，故将户内配电室和地下配电室方案合并。在使用说明中应明确若配电室布置在地下时需要采取的措施。地下配电室的特殊要求：

（1）地下配电室如采用 SF$_6$ 充气绝缘，应设置浓度报警仪，底部应加装强制排风装置，并抽排至室外地面。确保工作人员及周边人员的安全，留有备用电源接入的装置。

（2）10kV 地下配电室的净高度一般不小于 3.6m；若有管道通风设备、电缆桥架或电缆沟，还需增加通风管道或电缆沟的高度。

（3）10kV 地下及半地下配电室没有无线信号覆盖时，应考虑有线通信方式。

（二）电气一次部分

1. 10kV 配电室开关柜

供电系统用于将高压通过变压器的降压至用户所需电压等级并且配置有保护、计量、分配于一起的室内综合系统，可分为进线柜、计量柜、PT 柜、出线柜、联络柜、隔离柜。10kV 系统开关柜配置图如图 2-31 所示。

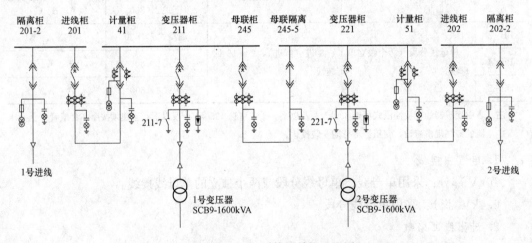

图 2-31　10kV 系统开关柜配置图

（1）进线柜是从外部引进电源的开关柜，一般是从供电网络引入 10kV 电源，10kV 电源经过开关柜将电能送到 10kV 母线，这个开关柜就是进线柜。

1）组成：真空断路器、隔离开关、三组三线圈电流互感器、避雷器、带电显示器、电压互感器、导线等元器件。

2）作用：进线柜主要作用是分配电量，一般配真空断路器作为开断之用，真空断路器具备短路、防过电流等保护功能，同时配以隔离开关以作为检修保护检修人员安全之用，另外进线柜还配备电流互感器和电压互感器以及计量电流电压值。因此进线柜具备保护、计量、监控等综合功能。

（2）计量柜。

1）组成：电流互感器、熔断器、VV 接线的电压互感器、带电显示器。

2）作用：计量柜是电能计量装置的一种，采用高供高计的方式，通过电流互感器、电压互感器、电能表等计量装置用电情况和反映负载的用电量。安装在用户处的计量装置，由用户负责保护封印完好，装置本身不受损坏或丢失。

（3）PT 柜。

1）组成：电压互感器、隔离开关、熔断器、避雷器。

2）作用：①电压测量，提供测量表计的电压回路；②可提供操作盒操作电源；③每段母线过电压保护器的装置；④继电保护的需要，如母线绝缘、过电压、欠电压、备自投条件。

（4）出线柜是母线分配电能的开关柜送至电力变压器，这个开关柜是 10KV 的出线柜之一。

1）组成：三组三线圈电流互感器、隔离开关、断路器、刀闸、带电显示装置。

2）作用：主要是起分配电能作用，将主电源分配到各个用电支路开关上去，起到各支路过电流过载保护盒接通、断开支路电源的作用。

（5）联络柜（母线分段柜）是用来连接两段母线的设备，在单母线分段、双母线系统中常常要用到母线联络柜，以满足用户选择不同运行方式的要求或保证故障情况下有选择地切除负荷。

1）组成：隔离开关、断路器、电流互感器、带电显示装置。

2）作用：一般起联络母线的作用，当两路电源同时送电的时候联络则从中间断开（两路不同的电源，通常不能重合），当其中某一段电源因事故而停电或断电的时候，联络柜则自动接通，以保障用户用电，而当原来停电的那一端恢复通电时候，联络柜则自动断开，处于原来的备用状态。

2. 电气主接线

（1）10kV 配电室的电气主接线应根据配电室的规划容量，线路、变压器连接元件总数，设备选型等条件确定。

（2）10kV 采用单母线、单母线分段或两个独立的单母线接线。

（3）0.4kV 采用单母分段接线。

3. 短路电流及主要电气设备、导体选择

（1）10kV 环网柜。

1）10kV 设备短路电流水平：不小于 20kA。10kV 环网柜主要设备选择结果见表 2 - 12。

表 2-12   10kV 环网柜主要设备选择结果表

设备名称	型式及主要参数	备注
负荷开关	630A，20kA	
电流互感器	进线：600/5A 馈线：100/5A、200/5A	
避雷器	17/45kV	可选 12/41kV
主母线	630A	

2）空气绝缘负荷开关柜。

a. 空气绝缘负荷开关柜应选用优质真空负荷开关或 SF₆ 负荷开关，操动机构宜采用动作性能稳定的电动操作机构。

b. 应满足防污秽、防凝露的要求，可安装温湿度控制器及除湿装置，在容量满足要求的情况下，宜选用电压互感器柜供电。

c. 熔断器额定电流根据负荷容量选取。

d. 所有柜体都应安装带电显示器，要求带二次核相孔。

e. 电缆头选择 630A 及以下电缆头，并应满足热稳定要求。

f. 进出线应配置电缆故障指示器。

3）气体绝缘负荷开关柜。

a. 气体绝缘负荷开关柜宜采用间隔式。

b. 气体绝缘负荷开关柜开关宜采用电动操作机构。

c. 应满足防污秽、防凝露的要求，可安装温湿度控制器及除湿装置，在容量满足要求的情况下，宜选用电压互感器柜供电。

d. 熔断器额定电流根据负荷容量选取。

e. 进出线宜配置电缆故障指示器。

f. 所有柜体都应安装带电显示器，按要求配置二次核相孔。

g. 电缆头选择 630A 及以下电缆头，并应满足热稳定要求。

h. 应配置压力指示表或气体密度继电器。

i. 气箱箱体采用 304 不锈钢，厚度不低于国家标准规定的 2mm，年泄漏率小于等于 0.5%。

4）固体绝缘负荷开关柜。

a. 固体绝缘负荷开关柜应选用优质真空负荷开关，操动机构一般采用动作性能稳定弹簧储能机构。

b. 熔断器熔管的额定电流根据负荷容量选取。

c. 所有开关柜体都应安装带电显示器，要求带二次核相孔。

d. 电缆头选择 630A 及以下电缆头，并应满足热稳定要求。

e. 开关柜进出线应配置电缆故障指示器。

（2）变压器。

1）变压器应选用高效节能环保型（低损耗低噪声）产品，额定变比采用 10(10.5) kV±5(2×2.5)%/0.4kV，接线组别宜采用 D，yn11。

2）独立户内配电室可采用油浸式变压器，大楼建筑物非独立式或地下配电室应采用干式变压器。

3）单台油浸式变压器容量不宜超过 630kVA，单台干式变压器容量不宜超过 1250kVA。

4）非独立式配电室，可考虑在变压器下面加装减震装置，变压器出线处加装软铜排，以减少低频噪声。

5）变压器应具备抗突发短路能力，能够通过突发短路试验。

（3）0.4kV 部分。

1）低压可选用固定式、固定分隔式和抽屉式低压成套柜。

2）低压进线和联络开关应选用框架断路器，宜选用瞬时脱扣、短延时脱扣、长延时脱扣三段保护，宜采用分励脱扣器，一般不设置失压脱扣。出线开关选用框架断路器或塑壳断路器。

3）低压配电进线总柜（箱）应配置 T1 级电涌保护器，宜配置 RS485 通信接口。

（4）无功补偿电容器柜。

1）无功补偿电容器柜应采用自动补偿方式。

2）配电室内电容器组的容量可为变压器容量的 10%～30%。

3）无功补偿电容器可按三相、单相混合补偿配置。

4）低压电力电容器采用自愈式干式电容器，要求免维护、无污染、环保。

（5）电气平面布置。配电室宜为单层建筑，下设电缆沟或电缆夹层。10kV 和 0.4kV 设备一般按照单列布置，采用油浸变压器时，应单独设置变压器室。

（6）导体选择。根据短路电流水平，按发热及动稳定条件校验，10kV 主母线及进线间隔导体选 630A 及以下。10kV 环网柜与变压器高压侧连接电缆须按发热及动稳定条件校验选用。低压母线最大工作电流按变压器容量、发热及动热稳定条件计算决定。

（7）绝缘配合及过电压保护。

1）绝缘配合。①电气设备的绝缘配合参照国家行业标准 GB/T 50064—2014《交流电气装置的过电压保护绝缘配合》确定的原则进行。②氧化锌避雷器按 GB 11032—2010《交流无间隙金属氧化物避雷器》中的规定进行选择。采用交流无间隙金属氧化物避雷器进行过电压保护。

2）过电压保护。防雷设计应满足 GB 50057—2010《建筑物防雷设计规范》的要求。过电压保护主要是考虑侵入雷电波及操作过电压对配电装置的影响。因此，在 10kV 母线上分别装设氧化锌避雷器作为配电装置的保护。

3）接地。配电室交流电气装置的接地应符合 GB 50065—2011《交流电气装置的接地设计规范》要求。接地体的截面和材料选择应考虑热稳定和腐蚀的要求。接地体一般采用镀锌钢，腐蚀性高的地区宜采用铜包钢或者石墨。配电室接地电阻、跨步电压和接触电压应满足有关 GB 50065—2011《交流电气装置的接地设计规范》要求。采用水平和垂直接地的混合接地网。具体工程中如接地电阻不能满足要求，则需要采取降阻措施。

（8）站用电及照明。

1）站用电。站用电、照明系统电源可由本站配电变压器低压侧或电压互感器提供，配电室站用电优先取自本站配电变压器低压侧。

2）照明。工作照明采用荧光灯、LED 灯、节能灯，事故照明采用应急灯。

（三）电气二次部分

1. 二次设备布置

（1）有配电自动化需求的配电室（如非终端型），应配置配电自动化远方终端（DTU 装置）或预留其安装位置，统一布置于配电室内。

（2）满足防污秽、防凝露的要求，可安装温湿度控制器及除湿装置。

2. 电能计量

配电室可在 0.4kV 侧进线总柜加装计量装置和配变终端，控制无功补偿，满足常规电参数采集和系统内线损计量考核。计量表计的装设执行 DL/T 448—2016《电能计量装置技术管理规程》。

3. 保护和配电自动化配置原则

（1）保护配置：

1）进线采用负荷开关柜，不配置保护。

2）馈线采用负荷开关或负荷开关—熔断器组合柜。馈线选用负荷开关时，对于重要用户分支、故障频发分支线路以及运行年限较长分支线路宜配置"二遥"动作型 DTU；采用负荷开关—熔断器组合柜时，采用熔断器保护。

3）当站内单独配置有与主站通信的配电终端时，"二遥"动作型 DTU 需通过配电终端统一实现信息上传。

4）低压侧短路和过载保护利用空气断路器自身具有的保护特性来实现。

（2）配电自动化配置：根据供电区域类别、《配电自动化规划设计技术导则》要求配置组屏式"三遥" DTU 或"二遥"标准型 DTU。

1）"三遥" DTU 柜内预留通信设备安装位置，"三遥" DTU 参考尺寸 800mm×600mm×2260mm（宽×深×高）。"二遥"标准型 DTU 参考尺寸 400mm×300mm×600mm（宽×深×高），采用无线方式与主站通信时，通信设备由 DTU 终端集成，采用其他通信方式可单独配置通信箱。

2）组屏式"三遥"站所终端外部接口宜采用端子排形式，"二遥"标准型及动作型 DTU 外部接口宜采用航空插头形式。

3）DTU 为通信设备提供 DC24V 工作电源，为操作机构提供 DC48V 操作电源，并布置在终端柜内。DTU宜配置免维护阀控铅酸蓄电池或超级电容，并可为站内保护等设备提供后备电源。组屏式"三遥"DTU与电源通信装置分别组屏。

（四）10kV配电室高压设备

1. 常用高压柜柜型

（1）环网柜—负荷开关柜：用于低基配电室或变压器容量小于1250kVA的高基配电室。环网柜—负荷开关柜间隔示意图如图2-32所示。

常用配电柜型号：HXGN15-12、Safe-Ring（ABB）、SM6（施耐德）。

（2）中置柜—断路器柜：用于高基配电室内（一般单台变压器容量大于1250kVA以上使用）。中置柜—断路器柜示意图如图2-33所示。

常用型号：KYN28-12，UniGearZS1（ABB）、Mvnex（施耐德）。常用断路器型号：VD4（ABB）、VS1（国产）。

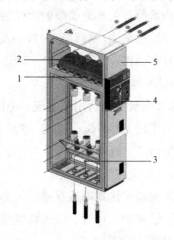

图2-32　环网柜—负荷开关柜间隔
示意图

1—开关间隔；2—母线间隔；3—电缆间隔；
4—操作机构间隔；5—控制保护间隔

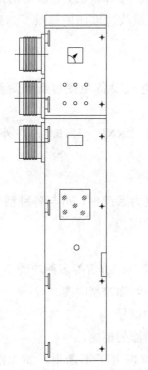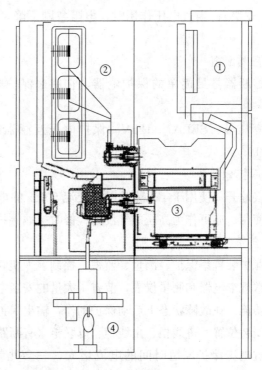

图2-33　中置柜—断路器柜示意图

①—二次仪表室；②—母线室；③—断路器手车室；④—电缆

2. 高压负荷开关

高压负荷开关具有简单的灭弧装置，能通断一定的负荷电流和过负荷电流，但是它不能断开短路电流，所以它一般与高压熔断器串联使用，借助熔断器来进行短路保护。常用型号有 ABB - VD4、国产 - VS1、施耐德 - EV12s。

3. 10kV 电流互感器

10kV 电流互感器用于电流、电能测量和继电保护用。

常用变比：100/5、150/5、200/5、250/5 等。

测量精度：计量用（0.2、0.5、0.2S、0.5S）；保护用（5P10、10P10）。

4. 10kV 电压互感器

环氧树脂浇注式电压互感器把高电压按比例关系变换成 100V 或更低等级的标准二次电压，供保护、计量、仪表装置使用。常用变比：10/0.1kV。

5. 零序电流互感器

当电路中发生触电或漏电故障时，互感器二次侧输出零序电流，使所接二次线路上的设备保护动作。

6. 氧化锌避雷器

利用氧化锌良好的非线性伏安特性，在正常工作电压时流过避雷器的电流极小（微安或毫安级）；当过电压作用时，电阻急剧下降，泄放过电压的能量，达到保护的效果。

7. 高压熔断器

高压熔断器是最简单的保护电器，它用来保护电气设备免受过载和短路电流的损害。

保护变压器：SFLAJ - 12kV。保护电压互感器：XRNP - 12/0.5。户外跌落式：HRW12 - 10。

8. 高压接地开关

高压接地开关使用于 12kV 及以下交流 50Hz 的电力系统中，可与各种型号高压开关柜配套使用，亦可作为高压电气设备检修时接地保护用。

9. 综合保护装置

综合保护装置集保护、测量、监视、控制、人机接口、通信等多种功能于一体；代替了各种常规继电器和测量仪表，节省了大量的安装空间和控制电缆。

（1）功能。在故障状态下启动保护动作，输出保护信号。

（2）安装位置。进线柜、出线柜、母联柜（有断路器的柜内）。

（3）过电流保护。短时间的电流增大，一会儿就恢复了不断电，如无法恢复就断电。

（4）速断保护。电流突然增大，不断电会烧坏设备。

（5）零序保护。测量通过三相的线电流和，达到预设值时动作。

（6）变压器保护信号。变压器高温报警、变压器超温跳闸、变压器开门动作、轻瓦斯、重瓦斯（由变压器引来）。

（五）10kV 配电室低压设备

1. 380V 常用低压配电柜柜型

（1）低压抽出式配电柜类型有 GCK、GCS、MNS：

1）GCK、GCS 柜国内自主设计开发，MNS 柜从 ABB 公司引进。

2）GCK、GCS 采用 8MF 型材，MNS 采用 C 型材。

3）GCK 最小模数为 1 个单元，GCS 最小模数为 1/2 个单元，MNS 最小模数为 1/4 个单元。

4）GCK 每面柜子最多 9 层，GCS 每面柜子最多 11 层，MNS 每面柜子最多 9 层并可以做成双面。

（2）低压固定式开关配电柜型号为 JYD、GGD。

2. 断路器

（1）低压断路器是能够关合、承载和开断正常回路条件下的电流并能关合、在规定的时间内承载和开断异常回路条件下的电流的开关装置。

（2）万能断路器（框架开关）。额定电流在 630A 以上，最高可至 6300A。内部附件有辅助触头、报警触头、分励脱扣器、欠电压脱扣器、合闸线圈。

（3）塑壳断路器（63～630A）。抽屉柜断路器安装方式。

（4）微型断路器（63A 以下）。

3. 电流互感器

电流互感器的接线应遵守串联原则：即一次绕阻应与被测电路串联，而二次绕阻则与所有仪表负载电流互感器串联。

常用电流互感器样式有羊角式（一般用于供电公司低压计量）、穿心式、开口式。

4. 电抗器

电抗器抑制供电系统的高次谐波，用来保护电容器。

5. 电容器

电容器用来提高功率因数。配置原则：变压器容量的 1/3。

6. 功率因数控制器

功率因数控制器的作用是控制电容器的投切时间及顺序。电容器运行方式：顺序投入，先投先分。

7. 熔断器

熔断器所能保护的主要还是电容器的外部连接端子及投切设备（交流接触器、热继电器和复合开关）所发生的短路故障。

8. 接触器（电容器专用）

接触器用于投入或切除低压并联电容。它带有抑制涌流装置，能有效地减小合闸涌流对电容的冲击和抑制开断时的过电压。

9. 热继电器

由于流入热元件的电流产生热量，使有不同膨胀系数的双金属片发生形变，当形变达到一定距离时，就推动连杆动作，使控制电路断开，从而使接触器失电，主电路断开，实现过载保护。

电容器的损坏主要是由于过压或短路所造成，过载影响较小，而热继主要用于电机的过载保护，所以，用热继保护电容不适合。

10. 浪涌保护器（电涌保护器，SPD）

浪涌保护器对雷电影响或其他瞬时过压的电涌进行保护，适用间接雷电和直接雷电影响或其他瞬时过压的电涌进行保护。

（六）10kV 配电室直流设备

10kV 配电室直流设备主要有充电机屏、电池屏、中央信号屏。它的主要用途是为高压柜提供操作电源、控制电源。电压等级为 110V、220V；电池容量为 65Ah、100Ah。

10kV 配电室直流设备安装在值班室或便于运行人员观察的地方。直流系统一般均设置 485 通信接口。

1. 直流屏（充电机屏）

由配电室低压侧两段母线分别引两路交流电源，向电池充电。

由电池引出直流电源向高压侧保护及控制回路输出电源。

2. 电池屏

220V 直流系统，电池屏内共计 18 块电池，每块电池电压为 12V。电池间为串联方式连接。

3. 中央信号屏内光子牌

高压柜内综合保护装置发出保护信号，或充电机屏发出报警信号，对应光字牌上的指示灯亮起，报警铃响。按下复位键恢复正常。

二、箱式变电站主接线和组成

预装式变电站也称"箱式变电站"，10kV 箱式变电站是指由 10kV 开关设备、电力变压器、低压开关设备、电能计量设备、无功补偿设备、辅助设备和联结件等元件组成的成套配电设备，这些元件在工厂内被预先组装在一个或几个箱壳内，用来从 10kV 系统向 0.4kV 系统输送电能。

10kV 箱式变电站一般用于施工用电、临时用电或架空线路入地改造场合，以及现有配电室无法扩容改造的场所，宜小型化。

箱式变电站按功能可分为终端型和环网型。终端型主要为低压电力用户分配电能；环网型除了为低压用户分配电能之外，还用于 10kV 电缆线路的环进环出及分接负荷。通常，预装式变电站包括主要元件（功能）和部件有：外壳、电力变压器、高压开关设备和控制设备、低压开关设备和控制设备、高压和低压内部连接线、辅助设备和回路。

标准型箱式变电站，外形尺寸、结构布置及接线等进行标准化设计的箱式变电站，适用于设备允许占地面积充裕，供电负荷重要区域的箱式变电站。

紧凑型箱式变电站，在标准型箱式变电站的基础上，删除低压侧主进开关、低压侧出线隔离开关，并将低压侧出线减少为 4 路，补偿电容器减少为不大于 4 路，补偿容量降为变压器额定容量的 15%，外形尺寸与标准型相比相对较小，适用于安装空间受限的街道等、供电负荷重要程度一般的区域的箱式变电站。

1. 内部布置结构

箱式变电站按设备型式可划分为美式和欧式。10kV 箱式变电站（美式）采用一般共箱式品字型。

10kV 箱式变电站（欧式）采用品字型或目字型。

品字型结构正前方设置高、低压室，后方设置变压器室。目字型结构两侧设置高、低压室中间设置变压器室。隔室之间采用隔板分隔。

标准型箱式变电站采用目字型布置，其中组合电器柜（断路器柜）位置固定，应安装在靠近 DTU 柜一侧，如图 2-34 所示。

2. 技术参数及要求

（1）接线方式：10kV 箱式变电站（美式）采用线路变压器组接线方式，10kV 箱式变电站（欧式）采用单母线接线方式。0.4kV 侧全部采用单母线接线。

高压侧出线柜可采用组合电器柜或断路器柜（配上隔离）或"负荷开关柜＋组合电器柜"等形式。

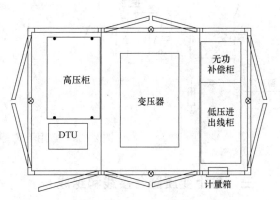

图 2-34 箱式变电站目字型布置示意图

（2）主变压器容量：10kV 箱式变电站包括 400kVA、500kVA、630kVA 三种容量。

（3）进出线规模。10kV 箱式变电站进出线规模如下：

1）采用 10kV 进线 1～2 回，出线 1 回。

2）箱式变压器整体外形按照 10kV 进线 2 回、出线 1 回进行标准化设计。

3）根据主变压器容量，0.4kV 可相应设置 4～6 回出线。

（4）设备短路电流水平：10kV 电压等级设备短路电流水平不小于 20kA。0.4kV 电压等级设备短路电流水平不小于 30kA。

（5）无功补偿装置：按照无功补偿容量为主变压器容量的 10%～30% 进行配置。常用箱式变电站主接线图如图 2 - 35 所示。

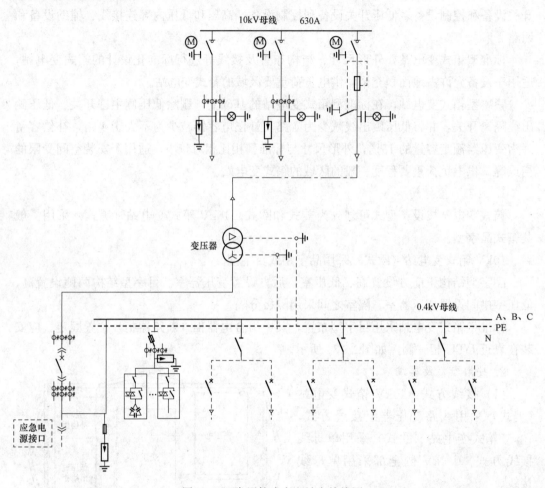

图 2 - 35　常用箱式变电站主接线图

三、柱上变压器台接线和组成

柱上变压器是由高压熔断器、高压避雷器、配电变压器、综合配电箱、高压引下线及安装附件组成的成套设备，是常用配电设备单元。常规 10kV 柱上变压器台物料多，安装施工周期长，运维工作量大。常规柱上变压器台成套化设备招标后，显著提高了工作效率，但仍然存在不同物料间匹配度不高、安全可靠性差等问题。

为解决上述问题，国家电网公司设备部组织开展了 10kV 一体化柱上变压器台关键技术研究工作，在结构设计方面，将高压模块、变压器模块、低压配电模块及附件组合为一体式结构柱上变压器台，综合考虑一体化变压器台成套设备的可靠性、建设成本及运维习惯等因素，提出了纵向一体化、横向一体化两种建设模式，并于 2016 年 9 月组织编写并发布了国家电网公司《10kV 一体化柱上变台典型设计及检测规范》。目前在部分省公司已经投入应用，10kV一体化柱上变压器台的建设周期明显缩短，设备安全可靠性及运维效率显著提高，达到了预期效果。

10kV一体化柱上变压器台。由高压模块、纵向或横向一体化柱上变压器台成套装置及附件组合为一体式结构的柱上变压器台，包括纵向一体化柱上变压器台和横向一体化柱上变压器台两种结构形式。

纵向一体化柱上变压器台成套装置是变压器模块、低压配电模块通过低压预制母线连接为一体式结构，呈上下布置的整套装置。纵向一体化柱上变压器台电气主接线图如图2-36所示。横向一体化柱上变压器台成套装置是变压器模块、低压配电模块通过铜质软母线连接为一体式结构，呈前后布置的整套装置。横向一体化柱上变压器台电气主接线图如图2-37所示。一体化柱上变压器台元器件配置如表2-13。

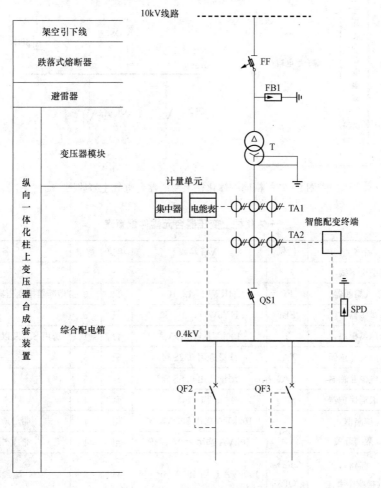

图2-36 纵向一体化柱上变压器台电气主接线图

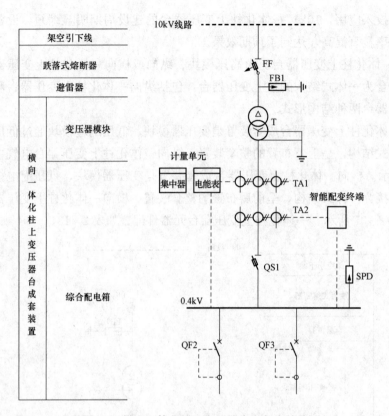

图 2 - 37　横向一体化柱上变压器台电气主接线图

表 2 - 13　　　　　　　　　　一体化柱上变压器台元器件配置表

项目	名称		代号	规格参数	单位	数量	备注
1	架空引下线		—	—	—	—	—
2	跌落式熔断器		FF	HRW12 - 12/100	只	3	熔断器按变压器模块容量配置
3	避雷器		FB1	HY5WBG - 17/50	只	3	—
4	变压器模块		T	100kVA 或 50kVA	台	1	选用 S13 及以上智能变压器
5	综合配电箱	电流互感器	TA1	计量选用 0.2S 级	只	3	—
		电流互感器	TA2	测量选用 0.5S 级	只	3	—
		浪涌保护器	SPD	T1 级	套	1	—
		熔断器式隔离开关	QS1	100kVA 选用 200A，3P	组	1	带 200A 熔芯
				50kVA 选用 200A，3P	组	1	带 125A 熔芯
		断路器（带剩余电流动作保护）	QF2~QF3	100kVA 选用 100A/3P＋N	只	2	$I_{cu} \geqslant 20kA$
				50kVA 选用 63A/3P＋N	只	2	$I_{cu} \geqslant 10kA$
		智能配变终端		满足规范要求	组	1	—

四、低压综合配电箱接线和组成

低压综合配电箱适用于城乡电网杆上公用配电变压器低压侧安装使用，简称"JP柜"。根据配置功能不同，JP柜主要由智能配电终端、开关设备、无功补偿装置、剩余电流保护器、防雷装置及相应的电缆与接线等组成。它可分为进线单元、计量单元、补偿单元、出线单元、远方实时监测单元五大模块。400kVA低压综合配电箱电气图如图2-38所示。400kVA低压综合配电箱低压电器配置见表2-14。

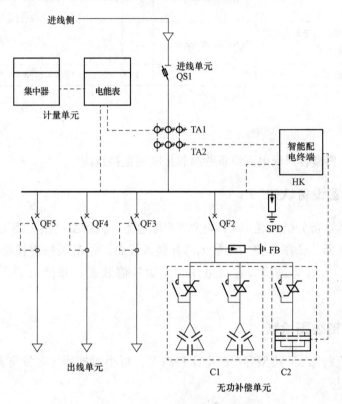

图2-38 400kVA低压综合配电箱电气图

表2-14　　　　　　　　　400kVA低压综合配电箱低压电器配置表

序号	代号	名称	规格及型号	数量	单位	备注
1	QS1	熔断器式隔离开关	630A（800A）	1	个	按实际需求选择
2	TA1	电流互感器	计量用0.2S级	3	只	
3	TA2	电流互感器	测量用0.5级	3	只	
4	FB	避雷器	—	3	只	
5	SPD	浪涌保护器	T1级	1	套	
6	C1	智能电容器组	共补	1	组	可替换为复合开关、电容器方案
7	C2	智能电容器组	分补	1	组	

续表

序号	代号	名称	规格及型号	数量	单位	备注
8	HK	配电智能终端	通信、数据采集、四遥一体	1	只	若只需无功补偿控制功能时,可替换为无功补偿控制器
9	QF3	断路器(带剩余电流动作保护)	630A/3P+X	1	个	
10	QF4	断路器(带剩余电流动作保护)	400A/3P+X	1	个	
11	QF5	断路器(带剩余电流动作保护)	400A/3P+X	1	个	
12	QF2	断路器		1	个	按需求选择

项目实施

认知 10kV 典型客户配电室设备并绘制配电室主接线图。

一、配电室设备认知

培训师带领学员分组参观 10kV 典型客户配电室,讲解配电室主接线图,讲解 10kV 开关、配电变压器、低压开关、计量无功补偿等设备。学员根据巡视路线,认知 10kV 进线、变压器、0.4kV 进线、直流电压、无功补偿装置,并抄录变压器等一次设备铭牌。

二、主接接线图绘制

每名学员绘制 10kV 典型客户配电室接线图。每小组推荐 1 名发言人,代表小组汇报任务完成情况。

项目评价

培训师根据学员任务完成情况,进行综合点评(表 2-15)。

表 2-15　　　　　　10kV 典型客户配电室设备认知综合点评表

序号	项目	培训师对项目评价	
		存在问题	改进建议
1	任务正确性		
2	任务规范性		
3	铭牌抄录		
4	主接线绘制		

序号	项目	培训师对项目评价	
		存在问题	改进建议
5	工作方法		
6	知识运用		
7	团队合作		

课后自测及相关实训

1. 配电室的高压设备有哪些，各有什么作用？

2. 箱式变电站有哪些优点？

3. 低压综合配电箱主要由哪些单元组成？

4. 绘制 10kV 客户配电室典型主接线图。

学习情境三

配电线路运维

【情境描述】

配电线路巡视、验收是保障配电网安全可靠运行的重要工作，也是配电线路运维从业人员的主要工作内容和专业技能。本情境为学习配电线路巡视、验收知识和配电线路运维规程、验收规范，学习作业指导书编制和工作票办理，观摩指导老师对操作项目的讲解示范，进行工作准备，开展配电线路巡视与验收。

【教学目标】

熟悉配电网巡视基本知识，能协作开展配电线路巡视工作。能配合开展配电线路验收工作，掌握相应工作流程和内容。

【教学环境】

多媒体教室，10kV 架空模拟线路，10kV 电缆模拟线路，配备相应测试仪器、工器具及安全用具。

项目一　架空配电线路巡视

项目目标

了解架空配电线路巡视检查、防护的基本内容。掌握缺陷的概念和分类。熟悉巡视作业流程及巡视内容。掌握配电电缆线路巡视作业工器具使用。能进行 10kV 架空配电线路巡视和巡视记录编写。

项目描述

学习架空配电线路巡视内容、巡视要求、安全防护以及缺陷管理知识。在培训师指导监护下，准备巡视资料和工器具，开展架空配电线路巡视，填写线路巡视记录。

📖 知识准备

巡视，也称巡查或巡线，是指巡线人员较为系统和有序地查看线路及其设备。巡视是线路及其设备管理工作的重要环节和内容，是保证线路及其设备安全运行的最基本工作，目的是及时了解和掌握线路健康状况、运行情况、环境情况，检查有无缺陷或安全隐患，同时为了线路及其设备的检修、消缺计划提供科学的依据。

运维单位应结合配电网设备、设施运行状况和气候、环境变化情况以及上级运维管理部门的要求，编制计划、合理安排，开展标准化巡视工作。

一、巡视目的

（1）实时掌握线路及设备的运行状况及线路走廊沿线的环境状况。

（2）及时发现并消除设备缺陷和沿线威胁线路安全运行的隐患。

（3）及时安排线路及设备的检修消缺计划，预防事故的发生。

二、巡线人员的职责

巡线人员是线路及其设备的卫士和侦察兵，要有责任心和一定的技术水平。巡线人员要熟悉线路及其设备的施工、检修工艺和质量标准，熟悉安规、运行规程及防护规程，能及时发现存在的设备缺陷及对安全运行有威胁的问题，做好护杆护线工作，保障配电线路的安全运行。主要职责如下：

（1）负责管辖设备的安全可靠运行，按规程要求及时对线路及其设备进行巡视、检查和测试。

（2）负责管辖设备的缺陷处理，发现缺陷及时做好记录并提出处理意见。发现重大缺陷和危及安全运行的状况时，要及时向班长和部门领导汇报。

（3）负责管辖设备的维修，在班长和部门组织领导下，积极参加故障巡查和故障处理。当线路发生故障时，巡线人员得到寻找与排除故障点的任务时，要迅速投入到故障巡查处理中。

（4）负责管辖设备的绝缘监督、负荷监督和防雷防污监督等现场的日常工作等。负责建立健全管辖设备的各项技术资料，做到及时、清楚、准确。

三、巡视时应携带的工器具

巡线人员要了解当日气象预报情况，携带必要的工器具和巡线记录本。巡线人员应穿工作服、穿绝缘鞋、戴安全帽，携带望远镜（必要时还需携带红外线测温仪、测高仪、万向测量尺、导线外直径测量尺）、通信工具，并根据当天气候情况准备雨鞋、雨衣，暑天山区巡线应配备必要的防护工具和防蜂、蛇的药品，巡线人员应带一根不短于1.2m的木棒，防止动物袭击。夜间巡线应携带足够的照明工具。

四、不同季节巡视的侧重点

架空配电线路巡视的季节性很强，各个时期应有不同的侧重点。高峰负荷时，应加强对设备各类接头的检查以及对变压器的巡视；冬季大雪或覆冰时应重点巡视检查接头冰雪融化状况；春天开始时大地解冻，应加强对杆塔基础的检查巡视；雷雨季节到来之前，应加强对各类防雷设施的巡视；夏季气温较高，应加强对导线交叉跨越距离的监视、巡查。汛期应加强对山区线路以及沿山、沿河线路的巡视检查，防止山石滚落砸坏线路以及滑坡、泥石流对线路的影响。

五、线路防护要求

（1）线路保护范围内：严格审查施工方案，制定安全防护措施，与施工单位签订安全保护协议书。

（2）施工前交底：路径走向，架设高度，埋设深度，保护措施。

（3）施工期间：安排运维人员到现场检查防护措施，必要时进行现场监护。

（4）未经同意在线路保护范围内的施工：派人立即进行劝阻、制止，对施工现场进行拍照记录，发送隐患告知书，向有关部门报告，可能危及线路安全时应进行现场监护。

六、巡视管理

为了提高巡视质量和落实巡视维护责任，应设立巡视责任段和对应的责任人，由专人负责某个责任段的巡视和维护。

巡视工作最重要的是质量，巡视检查一定要到位，对每基杆塔、每个部件，对沿线情况、周围环境检查要认真、全面、细致。

线路及其设备的巡视必须使用巡视卡，巡视完毕后及时做好记录，巡视卡是检查巡视工作质量的重要依据，应由巡线人员认真填写，并由班长和部门领导签名同意。检查出的线路及其设备缺陷应认真记录，分类整理，制定方案，确定时间，及时安排人员消除线路及其设备缺陷。此外，巡线人员应有巡线手册，随时记录线路运行状况及发现的设备缺陷。

七、缺陷管理

配电网缺陷是指运行或备用的设备、设施发生异常状况，这些异常状况将影响人身、电网、设备的经济、可靠运行，但不会立即引起设备发生故障或者事故。配电网缺陷是电网在运行过程中因设备老化、人员操作不当或外界环境变化等原因引起的，是不可避免的，因此设备缺陷可控、在控是配电网运行、检修的核心工作。缺陷管理通常要经历发现、分类、记录、上报、消除五个步骤，必须是一个闭环的管理过程。对于不同缺陷，应在以下时间范围内处理：

（1）一般缺陷可列入月度检修计划消除处理。

（2）严重缺陷应在 1 周内安排处理。

（3）紧急缺陷必须在 24h 内进行处理。

八、电力设施保护相关规定

（1）架空电力线路保护范围。

架空电力线路保护范围有杆塔，基础，拉线，接地装置，导线，避雷线，金具，绝缘子，登杆塔的爬梯和脚钉，导线跨越航道的保护设施，巡（保）线站，巡视检修专用道路、船舶和桥梁，标识牌及其有关辅助设施；电力线路上的变压器、电容器、电抗器、断路器、隔离开关、避雷器、互感器、熔断器、计量仪表装置、配电室、箱式变电站及其有关辅助设施。

（2）架空电力线路保护区。

架空电力线路保护区为导线边线向外侧水平延伸并垂直于地面所形成的两平行面内的区域，在一般地区各级电压导线的边线延伸距离：1～20kV 为 5m；35～110kV 为 10m。

在厂矿、城镇等人口密集地区，架空电力线路保护区的区域可略小于上述规定。但各级电压导线边线延伸的距离，不应小于导线边线在最大计算弧垂及最大计算风偏后的水平距离和风偏后距建筑物的安全距离之和。

（3）任何单位或个人，不得从事下列危害电力线路设施的行为：

1）向电力线路设施射击。

2）向导线抛掷物体。

3）在架空电力线路导线两侧各 300m 的区域内放风筝。

4）擅自在导线上接用电气设备。

5）擅自攀登杆塔或在杆塔上架设电力线、通信线、广播线，安装广播喇叭。

6）利用杆塔、拉线作起重牵引地锚。

7）在杆塔、拉线上拴牲畜、悬挂物体、攀附农作物。

8）在杆塔、拉线基础的规定范围内取土、打桩、钻探、开挖或倾倒酸、碱、盐及其他有害化学物品。

9）在杆塔内（不含杆塔与杆塔之间）或杆塔与拉线之间修筑道路。

10）拆卸杆塔或拉线上的器材，移动、损坏永久性标志或标识牌。

11）其他危害电力线路设施的行为。

（4）任何单位或个人在架空电力线路保护区内，必须遵守下列规定：

1）不得堆放谷物、草料、垃圾、矿渣、易燃物、易爆物及其他影响安全供电的物品。

2）不得烧窑、烧荒。

3）不得兴建建筑物、构筑物。

4）不得种植可能危及电力设施安全的植物。

（5）任何单位或个人必须经县级以上地方电力管理部门批准，并采取安全措施后，方可进行下列作业或活动：

1）在架空电力线路保护区内进行农田水利基本建设工程及打桩、钻探、开挖等作业。

2）起重机械的任何部位进入架空电力线路保护区进行施工。

3）小于导线距穿越物体之间的安全距离，通过架空电力线路保护区。

项目实施

一、作业流程及内容

（一）架空配电线路巡视作业流程图（见图3-1）

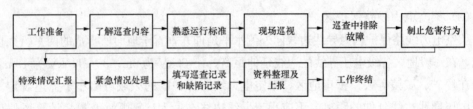

图3-1 架空配电线路巡视工作流程图

（二）工作内容

1. 工器具和材料准备

（1）工器具：验电器、绝缘手套、线手套、望远镜、红外线测温仪、测高仪、照相机、通信工具、卷尺、砍刀、工具袋、木棒、常用药品、照明工具、手锯、个人用具等。

（2）材料：线路单线图、线路杆塔明细表、绑扎线、警示牌等。

2. 现场巡视

（1）定期巡视的主要范围：

1）架空线路、电缆通道及相关设施。

2）架空线路、电缆及其附属电气设备。

3）柱上变压器、柱上开关设备、柱上电容器、中压开关站、环网单元、配电室、箱式变电站等电气设备。

4）中压开关站、环网单元、配电室的建（构）筑物和相关辅助设施。

5）防雷与接地装置、配电自动化终端、直流电源等设备。

6）各类相关的标识标示及相关设施。

（2）特殊巡视的主要范围：

1）过温、过负荷或负荷有显著增加的线路及设备。

2）检修或改变运行方式后，重新投入系统运行或新投运的线路及设备。

3）根据检修或试验情况，有薄弱环节或可能造成缺陷的线路及设备。

4）存在严重缺陷或缺陷有所发展以及运行中有异常现象的线路及设备。

5）存在外力破坏可能或在恶劣气象条件下影响安全运行的线路及设备。

6）重要保电任务期间的线路及设备。

7）其他电网安全稳定有特殊运行要求的线路及设备。

3. 巡视记录填写

巡视人员应认真填写巡视记录，主要包括线路巡视时间、气象条件、设备名称、巡视人员、巡视范围以及发现的缺陷情况、缺陷类别及初步处理意见等。

配电线路现场巡视记录表（见表3-1）。配电网缺陷统计表（见表3-2）。

表 3-1　　　　　　　　　　　　　配电线路现场巡视记录表

巡视时间		气象条件	
线路名称		巡视人员	
巡视范围			
巡视方式：正常巡视□；事故巡视□；特殊巡视□；夜间巡视□；监察性巡视□			
巡视检查的内容	巡视检查项目	巡视检查结果	巡视检查项目	巡视检查结果
	杆塔及基础		导线及线路弧垂	
	横担、金具及绝缘子		通道及交叉跨越	
	拉线及附件		柱上开关及附件	
	其他检查项目		驱鸟器及树障	
巡视检查中发现的主要问题			
处理意见			

表 3-2　　　　　　　　　　　　　配电网缺陷统计表

序号	巡视情况				缺陷基本情况						消缺情况					附加说明
	运行单位	巡视班组	巡视人	巡视日期	变电站/线路	设备类型	设备运行编号（杆号）	缺陷描述	缺陷性质	缺陷原因	消缺计划安排	消缺日期	消缺班组	消缺情况描述	缺陷状态	

二、工作要点

（一）工作要求

（1）巡视前，要仔细检查所带的相关资料、个人防护用品，常用工具备件携带齐全。

（2）巡视时，应先核对线路名称杆号无误，按照巡视缺陷记录表认真做好记录，巡视过程中不能碰触设备，不得做与巡视无关的工作。

（3）巡视时，应随时查看周围环境状况，及时发现可能潜在的风险。

（4）巡视结束后，巡视人员应认真填写巡视记录，并做好各类缺陷数量统计并汇报工作负责人。

（二）工作要点

（1）巡视时，应从线路出线杆处开始巡视，按照从近到远、从下到上的顺序，对每个部位都做好巡视；发现能处理的野树苗、藤蔓要及时砍伐。

（2）对不易观察的缺陷，如导线散股、绝缘子闪络等缺陷应使用望远镜仔细观察。

（3）同杆架设多回线路，对于杆塔缺陷，可以用任一杆号来表述，但对于导线缺陷必须写明所在一回的杆号。

三、实训作业指导书

架空配电线路巡视实训作业指导书如下。

编号：

_____培训班

架空配电线路巡视
实训作业指导书

批准：_____ _____年____月____日
审核：_____ _____年____月____日
编写：_____ _____年____月____日

作业日期   年   月   日   时至   年   月   日   时

1 适用范围

本指导性技术文件规定了××××10kV架空配电线路巡视的现场标准化作业的工作步骤和技术要求。

本指导性技术文件适用于××××培训架空配电线路巡视的操作。

2 编制依据

国家电网安质〔2014〕265号《国家电网公司电力安全工作规程（配电部分）（试行）》

Q/GDW 1519—2014《配电网运维规程》

Q/GDW 11261—2014《配电网检修规程》

Q/GDW 10738—2020《配电网规划设计技术导则》

《电力设施保护条例》

3 作业前准备

3.1 准备工作安排

√	序号	内容	标准	责任人	备注
	1	接受任务	培训师根据教学计划安排，核对实训班级、实训时间、实训地点	培训师	
	2	现场勘察	（1）核实工作内容、停电范围、保留的带电部位、作业现场的条件、应合接地刀闸（应挂接地线）、环境及危险点。 （2）制定针对性安全措施，工作负责人根据勘察结果填写现场勘察记录	培训师	
	3	人员安排	工作前，工作负责人应根据工作任务、工作难度、人员技能水平和现场场地、工位，组织开展承载力分析，合理安排工作班成员，确保工作班人数、安全能力和业务能力、实训工位满足实训要求	培训师、学员	
	4	工作票填写	培训师在作业前填写好工作票，并交给签发人审查、签发	培训师	
	5	学习指导书	（1）培训师根据现场环境和实训人员情况对实训作业指导书进行优化。 （2）由培训师组织所有参加该项工作人员学习本作业指导书	培训师、学员	
	6	工具材料准备	结合现场勘察情况和工作需要，提前准备现场工作所需安全工器具、物料、备品备件、试验仪器、图纸、说明书等物品并做好检查	培训师、学员	

√	序号	内容	标准	责任人	备注
	7	资料准备	(1) 课程单元教学设计。 (2) 实训作业指导书。 (3) 工作票。 (4) 班前会、班后会记录。 (5) 实训室日志。 (6) 项目应急预案及应急处置卡	培训师	

已执行项打"√",不执行项打"×"。下同

3.2 人员要求

√	序号	内容	备注
	1	现场工作人员的身体状况良好,精神饱满	
	2	培训师具备必要的电气知识和配电网运检技能,熟悉现场作业环境和实训设施,熟悉该项目的危险点预控措施,能正确使用作业工器具,了解有关技术标准要求	
	3	学员必须掌握《电力安全工作规程》的相关知识,并经安规考试合格,经医师鉴定无妨碍工作的病症,方可参加实训	

3.3 作业分工

本项目需 3 人,具体分工情况见下表。

√	序号	责任人	职责	人数	备注
	1	工作负责人(监护人)	(1) 对工作全面负责,在测试工作中要对作业人员明确分工,保证工作质量。 (2) 对项目质量及结果负责。 (3) 识别现场作业危险源,组织落实防范措施。 (4) 工作前对工作班成员进行危险点告知,交代安全措施和技术措施,并确认每一个工作班成员都已知晓。 (5) 对作业过程中的安全进行监护	1 人	培训师
	2	作业人员	(1) 负责线路巡视工作。 (2) 负责巡视记录表填写工作	2	学员

3.4 工器具及材料

工器具表

序号	名称	规格	单位	数量	备注
1	验电器	10kV	支	1	
2	绝缘手套		副	1	
3	线手套		副	1	

序号	名称	规格	单位	数量	备注
4	望远镜		个	1	
5	红外线测温仪		台	1	
6	测高仪		台	1	
7	照相机		台	1	
8	通信工具		部	2	
9	卷尺		把	1	
10	砍刀（手锯）		把	1	
11	工具袋		只	1	
12	木棒	1.2m	支	1	防止动物袭击
13	常用药品		份	若干	防蜂、蛇的药品
14	照明工具	强光手电	把	1	夜间巡线
15	个人用具		套	1	安全防护、常规工具等

材料表

序号	名称	规格	单位	数量	备注
1	线路单线图		份	1	
2	线路杆塔明细表		份	1	
3	绑扎线		米	若干	根据实际情况携带
4	警示牌		块	若干	根据实际情况携带

3.5 危险点分析

√	序号	危险点分析
	1	作业人员安全防护措施不到位造成伤害
	2	触电伤害
	3	操作无关设备造成伤害
	4	蛇、蚂蜂等其他小动物伤害
	5	汛期、暑天、雪天等恶劣天气的伤害

3.6 安全措施

√	序号	内容
	1	巡视人员须身着工作服、戴安全帽、穿绝缘鞋，巡线时，严禁穿凉鞋、抗扎伤能力差的鞋，防止扎脚。雨雪、大风天气或者事故巡线应穿绝缘靴。汛期、暑天、雪天等恶劣天气和山区巡视应配备必要的防护用具、自救器具和药品；夜间巡视应携带足够的照明用具
	2	巡视时，作业人员严禁超出工作范围，不能碰触设备，不得做与巡视无法的工作，只能开展满足安规要求的简单的消缺工作

✓	序号	内容
	3	巡视时应沿线路外侧行走,大风时应沿上风侧行走。事故巡线,应始终把线路视为带电状态。导线断落地面或悬吊空中,应设法防止行人靠近断线点 8m 以内,并迅速报告领导等候处理
	4	作业人员对巡视过程应提前预判可能发生的危险因素,如严禁在有洪水引发的中空道路上方通过
	5	在有毒动物的草丛中穿过时,一定要确认好路径;防止被野外恶犬咬伤等。巡线人员应带一根不短于 1.2m 的木棒,防止动物袭击
	6	特殊巡线应注意选择路线,防止洪水、塌方、恶劣天气等对人的伤害

4　实训项目及技术要求

4.1　开工

✓	项目	操作内容及要求	备注
	现场复勘	工作负责人核对实训现场,检查现场工作条件、作业环境等满足实训条件	
	履行工作许可手续	(1) 工作负责人按照工作票所列工作内容与运维人员联系,申请工作许可,申请时应用专业术语。 (2) 完成施工现场的安全措施后,工作许可人会同工作负责人到现场再次检查所做的安全措施,对具体的设备指明实际的隔离措施,证明检修设备确无电压。 (3) 对工作负责人指明带电设备的位置和注意事项,最后双方在工作票上分别确认、签名。记录许可时间	
	召开现场班前会	(1) 学员点名:应到人数 ( ),实到人数 ( ),缺勤人数 ( )。 缺勤原因: ( )。 (2) 介绍培训任务、监护指导分工和安全风险预控措施(特别是对作业中的"老虎口"要特别提醒,关键事项做到提前交底。现场"老虎口"和风险点应指定监护人,执行安措等关键工序应指定责任人)。 (3) 确定工作班成员身体健康良好,适应当日工作。 (4) 讲解着装及装束要求,并进行互查合格。 (5) 讲解并检查正确佩戴安全帽。 (6) 交代手机、书包、杯子等定置管理要求。 (7) 正确使用实训设备、仪器、仪表、工器具。 (8) 实训室安全注意事项和学员行为规范。 (9) 实训室周围环境及应急逃生措施	
	布置安全措施	(1) 装设围栏。 (2) 检查安全工器具。 (3) 验电、悬挂接地线。 (4) 悬挂标识牌(各小组循环进行)	
	工器具现场检查	(1) 检查施工工器具的外观情况。 (2) 检查施工工器具机械试验及电气试验的试验标签在有效期内	

4.2 实训内容及标准

本次巡视是按照定期巡视要求，对架空模拟线路进行巡视，填写巡视记录表和缺陷统计表，不进行消缺和故障处理。

√	序号	作业内容	作业标准
√	1	杆塔	1）杆塔是否倾斜、铁塔构件有无弯曲、变形、锈蚀；螺栓有无松动。（ ）混凝土杆有无裂纹、疏松、钢筋外露，焊接处有无开裂、锈蚀。（ ） 2）基础有无损坏、下沉或上拔，周围土壤有无挖掘或沉陷，寒冷地区电杆有无冻鼓现象。（ ） 3）杆塔位置是否合适，有无被车撞的可能，保护设施是否完好，标志是否清晰。（ ） 4）杆塔有无被水淹、水冲的可能，防洪设施有无损坏坍塌。（ ） 5）杆塔标志（杆号、相位、警告牌等）是否齐全、明显。（ ） 6）杆塔周围有无杂草和蔓藤类植物附生，有无危及安全的鸟巢、风筝及杂物。（ ） 7）有无杆号牌或杆号。（ ）
√	2	横担及金具	1）铁横担有无锈蚀、歪斜、变形。（ ） 2）金具有无锈蚀、变形；螺栓是否紧固，有无缺帽；开口销有无锈蚀、断裂、脱落。（ ） 3）驱鸟器是否起作用、是否已经损坏、是否曾经发生过鸟害。（ ）
√	3	绝缘子	1）瓷件有无污脏、损伤、裂纹和闪络痕迹。（ ） 2）铁脚、铁帽有无锈蚀、松动、弯曲。（ ）
√	4	导线（包括架空地线、耦合地线）	1）有无断股、损伤、烧伤痕迹，在化工、沿海等地区的导线有无腐蚀现象。（ ） 2）三相弛度是否平衡，有无过紧、过松现象。（ ） 3）接头是否良好，有无过热现象，连接线夹弹簧垫是否齐全，螺帽是否紧固。（ ） 4）过（跳）引线有无损伤、断股、歪扭，与杆塔、构件及其他引线间距离是否符合规定。（ ） 5）导线上有无抛扔物。（ ） 6）固定导线用绝缘子上的绑线有无松弛或开断现象。（ ） 7）线路故障指示器是否实现故障后复位、是否损坏。（ ）
√	5	防雷设施	1）避雷器护套有无裂纹、损伤、闪络痕迹、表面是否脏污。（ ） 2）避雷器的固定是否牢固。（ ） 3）引线连接是否良好，与邻相和杆塔构件的距离是否符合规定。（ ） 4）各部附件是否锈蚀，接地端焊接处有无开裂、脱落。（ ）
√	6	接地装置	1）接地引下线有无丢失、断股、损伤。（ ） 2）接头接触是否良好，线夹螺栓有无松动、锈蚀。（ ） 3）接地引下线有无破损、丢失，固定是否牢靠。（ ）

√	序号	作业内容	作业标准
√	7	拉线、顶（撑）杆、拉线柱	1）拉线有无锈蚀、松弛、断股和张力分配不均等现象。（ ） 2）水平拉线对地距离是否符合要求。（ ） 3）拉线绝缘子是否损坏或缺少。（ ） 4）拉线是否妨碍交通或被车碰撞。（ ） 5）拉线棒（下把）、抱箍等金具有无变形、锈蚀。（ ） 6）拉线固定是否牢固，拉线基础周围土壤有无突起、沉陷、缺土等现象。（ ）
√	8	接户线	1）线间距离和对地、对建筑物等交叉跨越距离是否符合规定。（ ） 2）绝缘层是否老化、损坏。（ ） 3）接点接触是否良好，有无电化腐蚀现象。（ ） 4）绝缘子有无破损、脱落。（ ） 5）支持物是否牢固，有无腐朽、锈蚀、损坏等现象。（ ） 6）是否合适，有无混线、烧伤现象。（ ）
√	9	沿线情况	1）沿线有无易燃、易爆物品和腐蚀性液、气体。（ ） 2）导线对地、对道路、公路、铁路、管道、索道、河流、建筑物等距离是否符合规定，有无可能触及导线的铁烟筒、天线等。（ ） 3）周围有无被风刮起危及线路安全的金属薄膜、杂物等。（ ） 4）有无威胁线路安全的工程设施（机械、脚手架等）。（ ） 5）查明线路附近的工程有无申请手续，其安全措施是否妥当。（ ） 6）查明防护区内的植树情况及导线与树间距离是否符合规定。（ ） 7）线路附近有无射击、放风筝、抛扔外物、抛掷导电物体和在杆塔、拉线上拴牲畜等。（ ） 8）查明沿线有无污秽情况。（ ） 9）查明沿线泥石流等异常现象，检查线路防洪设施是否完好。（ ） 10）有无违反《电力设施保护条例》的建筑。（ ）
√	10	跌落式熔断器、隔离开关	1）瓷件等外绝缘有无裂纹、闪络、破损和脏污。（ ） 2）熔丝管有无弯曲、变形。（ ） 3）触头间接触是否良好，有无过热、烧损、熔化现象。（ ） 4）各部件的组装是否良好，有无松动、脱落。（ ） 5）引线接点连接是否良好，与各部间距是否合适。（ ） 6）安装是否牢固，相间距离、倾斜角是否符合规定。（ ）
√	11	电缆	1）电缆周围悬挂、堆积物。（ ） 2）电缆周围有无开山放炮及其他影响安全运行的施工作业等。（ ） 3）电缆通道内有无树木、违章建筑。（ ） 4）电缆周围有无挖沟、取土、修路。（ ） 5）故障指示器是否实现故障后复位、是否损坏。（ ）

√	序号	作业内容	作业标准
√	12	柱上开关（断路器）	1）接线柱处有无鸟搭窝材料。（ ） 2）接线柱是否外绝缘化。（ ） 3）柱上开关（断路器）所在的电杆周围是否存在较高树木、藤蔓，使得拉合操作难以进行。（ ） 4）所在电杆下面是否有曾经触电死亡的鸟类。（ ）
√	13	变压器（箱式变电站）、环网柜、电缆分线箱	1）变压器是否漏油。（ ） 2）箱式变电站外壳有无严重锈蚀、脱落。（ ） 3）变压器线夹是否过热等。（ ） 4）箱式变电站柜门是否长期打开状态，柜门是否开焊、局部损坏、脱落。（ ） 5）环网柜、电缆分线箱基础是否良好。（ ） 6）落地式变压器台架是否有防猫登变压器措施。（ ） 7）接地体是否良好。（ ）

4.3 巡视阶段

巡视记录卡

日期：

序号	线路名称	杆号	缺陷详细内容	缺陷分类	备注
				详情见巡视记录	

4.4 竣工

序号	操作内容	注意事项	备注
1	清理工作现场	整理工器具及材料，清理实训现场	
2	召开班后会	（1）学员点名：应到人数（ ），实到人数（ ），缺勤人数。（ ） 缺勤原因：（ ）。 （2）总结当天实训工作完成情况，对表现好的学员进行表扬，指出不足并分析点评，提出改进意见和防范措施。 （3）对下次实训工作提出要求	
3	办理工作终结手续	（1）全部工作完毕后，检查实训现场所有安全措施已拆除。已恢复常设围栏。 （2）所有人员已撤离操作区域。 （3）工作负责人向运维人员汇报工作结束，并终结工作票	

项目评价

巡视完成后，根据学员任务完成情况和编写的架空配电线路现场巡视记录表，填写评分记录表（表3-3），做好综合点评（表3-4）。

一、技能操作评分

表3-3　　　　　　　　架空配电线路巡视评分记录表

序号	项目	考核要点	配分	评分标准	扣分原因	得分
1				工作准备		
1.1	工器具检查	选择工器具齐全，符合使用要求	10	（1）工器具齐全，每缺1件扣2分（2）工具未检查，每件扣1分		
1.2	着装穿戴	穿工作服、绝缘鞋；戴安全帽、线手套	5	（1）未穿工作服、绝缘鞋，未戴安全帽、线手套，每项扣2分。（2）着装穿戴不规范，每项扣1分		
1.3	携带资料	按要求携带本区段的10kV线路条图、安全设施保护宣传材料单、外联单（安全协议书）	5	缺少1份扣2分		
2				工作过程		
2.1	工器具使用	工器具检查与使用	10	（1）工器具未检查，每项扣2分。（2）工器具使用不当，每次扣2分		
2.2	现场巡视	按要求完成杆塔、拉线、导线、绝缘子、金具、沿线附近其他工程、柱上断路器、隔离开关、跌落式熔断器、变压器、防雷接地装置巡视。巡视路线选择正确，注意避开危险区域	30	（1）每遗漏1处，每处扣5分。（2）巡视不到位，每处扣2分		

89

序号	项目	考核要点	配分	评分标准	扣分原因	得分
2.3	巡视记录表及缺陷统计表填写	正确表述每处缺陷。缺陷等级划分正确。缺陷处理处理意见合理。记录填写完整，无错别字	30	（1）缺陷漏判，每处扣3分。 （2）缺陷误判，每处扣3分。 （3）缺陷等级划分不正确扣2分。 （4）缺陷处理意见不合理扣3分。 （5）记录填写不完整，每处扣2分。 （6）出现错别字，每处扣1分。		
3	工作终结验收					
3.1	安全文明生产	巡视中严格遵守安全规程；无不安全行为	10	（1）出现不安全行为，每次扣5分。 （2）作业完毕，现场未清理恢复扣5分，不彻底扣2分。 （3）损坏工器具，每件扣3分		
合计得分						
考评员栏	考评员：		考评组长：		时间：	

二、项目综合点评

表 3-4 架空配电线路巡视综合点评记录表

序号	项目	培训师对项目评价	
		存在问题	改进建议
1	安全措施		
2	作业流程		
3	作业方法		
4	巡视技巧		
5	工具使用		
6	仪器使用		
7	资料编制		
8	文明操作		

📋 课后自测及相关实训

1. 总结架空配电线路巡视检查内容。
2. 总结架空配电线路防护基本内容。
3. 列举配电线路的常见缺陷。
4. 编制 10kV 架空配电线路巡视实训作业指导书。
5. 在模拟线路上进行 10kV 架空配电线路巡视。

项目二　电缆配电线路巡视

📖 项目目标

　　熟悉电缆配电线路巡视相关基础知识。掌握电缆配电线路巡视作业工器具使用。熟悉电缆配电线路巡视工作流程及巡视内容。掌握电缆配电线路巡视工作要点。能进行电缆配电线路巡视和巡视记录编写。

👤 项目描述

　　学习电缆配电线路巡视基本知识。在培训师指导监护下，编写实训作业指导书，准备巡视资料和作业工器具，开展电缆配电线路巡视，填写线路巡视记录。

💻 知识准备

　　电缆线路的巡视监护工作由专人负责，将电缆线路划分为若干区域，配备专业人员进行巡视和监护，并根据具体情况制订设备巡视的项目和周期。同时根据《中华人民共和国电力法》和《电力设施保护条例》，重点向各市政建设和公用事业单位进行宣传。电缆线路的运行管理部门应与这些单位建立经常性联系的制度，以利于及时掌握各地区的挖掘施工情况，加强巡查和守护，并根据各地的情况来制订有关规定和工作方法。

一、基本要求

　　电缆及通道运维管理是对电缆及通道采取的巡视、检测、维护等技术管理措施和手段的总称，主要包括生产准备、工程验收、巡视管理、通道管理、状态评价、带电检测与在线监测、缺陷管理、隐患管理、专项管理、电缆及通道标准化管理、运行分析管理、电缆及附属退役、档案资料管理、人员培训等工作。其基本要求涵盖以下几点：

　　（1）电缆及通道运行维护工作应贯彻安全第一、预防为主、综合治理的方针，严格执行相关规程的有关规定。

　　（2）运维人员应熟悉《中华人民共和国电力法》《电力设施保护条例》《电力设施保

护条例实施细则》及《国家电网公司电力设施保护工作管理办法》等国家法律、法规和公司有关规定。

（3）运维人员应掌握电缆及通道状况，熟知有关规程制度，定期开展分析，提出相应的事故预防措施并组织实施，提高设备安全运行水平。

（4）运维人员应经过技术培训并取得相应的技术资质，认真做好所管辖电缆及通道的巡视、维护和缺陷管理工作，建立健全技术资料档案，并做到齐全、准确，与现场实际相符。

（5）运维单位应参与电缆及通道的规划、路径选择、设计审查、设备选型及招标等工作。根据历年反事故措施、安全措施的要求和运行经验，提出改进建议，力求设计、选型、施工与运行协调一致。应按相关标准和规定对新投运的电缆及通道进行验收。

（6）运维单位应建立岗位责任制，明确分工，做到每回电缆及通道有专人负责。每回电缆及通道应有明确的运维管理界限，应与发电厂、变电站、架空线路、开闭所和临近的运行管理单位（包括用户）明确划分分界点，不应出现空白点。

（7）运维单位应全面做好电力电缆及通道的巡视检查、安全防护、状态管理、维护管理和验收工作，并根据设备运行情况，制定工作重点，解决设备存在的主要问题。

（8）运维单位应开展电力设施保护宣传教育工作，建立和完善电力设施保护工作机制和责任制，加强电力电缆及通道保护区管理，防止外力破坏。在邻近电力电缆及通道保护区的打桩、深基坑开挖等施工，应要求对方做好电力设施保护。

（9）运维单位对易发生外力破坏、偷盗的区域和处于洪水冲刷区易坍塌等区域内的电缆及通道，应加强巡视，并采取针对性技术措施。

（10）运维单位应建立电力电缆及通道资产台账，定期清查核对，保证账物相符。对与公用电网直接连接的且签订代维护协议的用户电缆应建立台账。

（11）运维单位应积极采用先进技术，实行科学管理。新材料和新产品应通过标准规定的试验、鉴定或工厂评估合格后方可挂网试用，在试用的基础上逐步推广应用。

（12）同一户外终端塔，电缆回路数不应超过 2 回。采用两端 GIS 的电缆线路，GIS 应加装试验套管，便于电缆试验。

二、巡视周期

运维单位应根据电缆及通道特点划分区域，结合状态评价和运行经验确定电缆及通道的巡视周期。同时依据电缆及通道区段和时间段的变化，及时对巡视周期进行必要的调整。

（1）35kV 及以下电缆通道外部及户外终端巡视：每 1 个月巡视一次。

（2）发电厂、变电站内电缆通道外部及户外终端巡视：每三个月巡视一次。

（3）电缆通道内部巡视：每三个月巡视一次。

（4）电缆巡视：每三个月巡视一次。

（5）35kV 及以下开关柜、分支箱、环网柜内的电缆终端结合停电巡视检查一次。

（6）单电源、重要电源、重要负荷、网间联络等电缆及通道的巡视周期不应超过半个月。

（7）对通道环境恶劣的区域，如易受外力破坏区、偷盗多发区、采动影响区、易塌方区等应在相应时段加强巡视，巡视周期一般为半个月。

（8）水底电缆及通道应每年至少巡视一次。

（9）对于城市排水系统泵站供电电源电缆，在每年汛期前进行巡视。

（10）电缆及通道巡视应结合状态评价结果，适当调整巡视周期。

三、电缆及通道巡视

电缆及通道巡视要求：

（1）运维单位对所管辖电缆及通道，均应指定专人巡视，同时明确其巡视的范围、内容和安全责任，并做好电力设施保护工作。

（2）运维单位应编制巡视检查工作计划，计划编制应结合电缆及通道所处环境、巡视检查历史记录以及状态评价结果。

（3）运维单位对巡视检查中发现的缺陷和隐患进行分析，及时安排处理并上报上级生产管理部门。

（4）运维单位应将预留通道和通道的预留部分视作运行设备，使用和占用应履行审批手续。

（5）巡视检查分为定期巡视、故障巡视、特殊巡视三类。

（6）定期巡视包括对电缆及通道的检查，可以按全线或区段进行。巡视周期相对固定，并可动态调整。电缆和通道的巡视可按不同的周期分别进行。

（7）故障巡视应在电缆发生故障后立即进行，巡视范围为发生故障的区段或全线。对引发事故的证物证件应妥为保管设法取回，并对事故现场应进行记录、拍摄，以便为事故分析提供证据和参考。对事故现场处理后的电缆中间接头位置及附近情况应记录、拍摄，以便今后再次出现动土作业之前参考使用。

（8）特殊巡视应在气候剧烈变化、自然灾害、外力影响、异常运行和对电网安全稳定运行有特殊要求时进行，巡视的范围视情况可分为全线、特定区域和个别组件。对电缆及通道周边的施工行为应加强巡视，已开挖暴露的电缆线路，应缩短巡视周期，必要时安装移动视频监控装置进行实时监控或安排人员看护。

四、电缆巡视检查要求及内容

（1）电缆巡视应沿电缆逐个接头、终端建档进行并实行立体式巡视，不得出现漏点（段）。

（2）电缆巡视检查的要求及内容按照表 3-5 执行。

表 3-5   电缆巡视检查的要求及内容

巡视对象	部件	要求及内容
电缆本体	本体	(1) 是否变形。 (2) 表面温度是否过高
	外护套	是否存在破损情况和龟裂现象
附件	电缆终端	(1) 套管外绝缘是否出现破损、裂纹，是否有明显放电痕迹、异味及异常响声；套管密封是否存在漏油现象；瓷套表面不应严重结垢。 (2) 套管外绝缘爬距是否满足要求。 (3) 电缆终端、设备线夹、与导线连接部位是否出现发热或温度异常现象。 (4) 固定件是否出现松动、锈蚀、支撑瓷瓶外套开裂、底座倾斜等现象。 (5) 电缆终端及附近是否有不满足安全距离的异物。 (6) 支撑绝缘子是否存在破损情况和龟裂现象。 (7) 法兰盘尾管是否存在渗油现象。 (8) 电缆终端是否有倾斜现象，引流线不应过紧
	电缆接头	(1) 是否浸水。 (2) 外部是否有明显损伤及变形，环氧外壳密封是否存在内部密封胶向外渗漏现象。 (3) 底座支架是否存在锈蚀和损坏情况，支架应稳固是否存在偏移情况。 (4) 是否有防火阻燃措施。 (5) 是否有铠装或其他防外力破坏的措施
附属设备	避雷器	(1) 避雷器是否存在连接松动、破损、连接引线断股、脱落、螺栓缺失等现象。 (2) 避雷器动作指示器是否存在图文不清、进水和表面破损、误指示等现象。 (3) 避雷器均压环是否存在缺失、脱落、移位现象。 (4) 避雷器底座金属表面是否出现锈蚀或油漆脱落现象。 (5) 避雷器是否有倾斜现象，引流线是否过紧。 (6) 避雷器连接部位是否出现发热或温度异常现象
	接地装置	(1) 接地箱箱体（含门、锁）是否缺失、损坏，基础是否牢固可靠。 (2) 主接地引线是否接地良好，焊接部位是否做防腐处理。 (3) 接地类设备与接地箱接地母排及接地网是否连接可靠，是否松动、断开。 (4) 同轴电缆、接地单芯引线或回流线是否缺失、受损
	在线监测装置	(1) 在线监测硬件装置是否完好。 (2) 在线监测装置数据传输是否正常。 (3) 在线监测系统运行是否正常
附属设施	电缆支架	(1) 电缆支架应稳固，是否存在缺件、锈蚀、破损现象。 (2) 电缆支架接地是否良好
	标识标牌	(1) 电缆线路铭牌、接地箱铭牌、警告牌、相位标识牌是否缺失、清晰、正确。 (2) 路径指示牌（桩、砖）是否缺失、倾斜
	防火设施	(1) 防火槽盒、防火涂料、防火阻燃带是否存在脱落。 (2) 变电站或电缆隧道出入口是否按设计要求进行防火封堵措施

五、通道巡视检查要求及内容

（1）通道巡视应对通道周边环境、施工作业等情况进行检查，及时发现和掌握通道环境的动态变化情况。

（2）在确保对电缆巡视到位的基础上宜适当增加通道巡视次数，对通道上的各类隐患或危险点安排定点检查。

（3）对电缆及通道靠近热力管或其他热源、电缆排列密集处，应进行电缆环境温度、土壤温度和电缆表面温度监视测量，以防环境温度或电缆过热对电缆产生不利影响。

（4）通道及保护区巡视检查要求及内容按照表 3-6 执行。

表 3-6　　　　　　　　　　通道及保护区巡视检查的要求及内容

巡视对象		要求及内容
通道	直埋	（1）电缆相互之间，电缆与其他管线、构筑物基础等最小允许间距是否满足要求。 （2）电缆周围是否有石块或其他硬质杂物以及酸、碱强腐蚀物等
	电缆沟	（1）电缆沟墙体是否有裂缝、附属设施是否故障或缺失。 （2）竖井盖板是否缺失，爬梯是否锈蚀、损坏。 （3）电缆沟接地网接地电阻是否符合要求
	隧道	（1）隧道出入口是否有障碍物。 （2）隧道出入口门锁是否锈蚀、损坏。 （3）隧道内是否有易燃、易爆或腐蚀性物品，是否有引起温度持续升高的设施。 （4）隧道内地坪是否倾斜、变形或渗水。 （5）隧道墙体是否有裂缝、附属设施是否故障或缺失。 （6）隧道通风亭是否有裂缝、破损。 （7）隧道内支架是否锈蚀、破损。 （8）隧道接地网接地电阻是否符合要求。 （9）隧道内电缆位置正常，无扭曲，外护层无损伤，电缆运行标识清晰齐全；防火墙、防火涂料、防火包带应完好无缺，防火门开启正常。 （10）隧道内电缆接头有无变形，防水密封良好；接地箱有无锈蚀，密封、固定良好。 （11）隧道内同轴电缆、保护电缆、接地电缆外皮无损伤，密封良好，接触牢固。 （12）隧道内接地引线无断裂，紧固螺丝无锈蚀，接地可靠。 （13）隧道内电缆固定夹具构件、支架，应无缺损、无锈蚀，应牢固无松动。 （14）现场检查有无白蚁、老鼠咬伤电缆。 （15）隧道投料口、线缆孔洞封堵是否完好。 （16）隧道内其他管线有无异常状况。 （17）隧道通风、照明、排水、消防、通信、监控、测温等系统或设备是否运行正常，是否存在隐患和缺陷

巡视对象		要求及内容
通道	工作井	(1) 接头工作井内是否存在积水现象，地下水位较高、工作井内易积水的区域敷设的电缆是否采用阻水结构。 (2) 工作井是否出现基础下沉、墙体坍塌、破损现象。 (3) 盖板是否存在缺失、破损、不平整现象。 (4) 盖板是否压在电缆本体、接头或者配套辅助设施上。 (5) 盖板是否影响行人、过往车辆安全。 (6) 盖板是否有"电力电缆"井盖标识，是否有排污管接入井内
	排管	(1) 排管包封是否破损、变形。 (2) 排管包封混凝土层厚度是否符合设计要求的，钢筋层结构是否裸露。 (3) 预留管孔是否采取封堵措施
	电缆桥架	(1) 电缆桥架电缆保护管、沟槽是否脱开或锈蚀，盖板是否有缺损。 (2) 电缆桥架是否出现倾斜、基础下沉、覆土流失等现象，桥架与过渡工作井之间是否产生裂缝和错位现象。 (3) 电缆桥架主材是否存在损坏、锈蚀现象
	水底电缆	(1) 水底电缆管道保护区内是否有挖砂、钻探、打桩、抛锚、拖锚、底拖捕捞、张网、养殖或其他可能破坏海底电缆管道安全的水上作业。 (2) 水底电缆管道保护区内是否发生违反航行规定的事件。 (3) 临近河（海）岸两侧是否受潮水冲刷的现象，电缆盖板是否露出水面或移位，河岸两端的警告牌是否完好
保护区	保护区及终端站	(1) 电缆通道保护区内是否存在土壤流失，造成排管包封、工作井等局部点暴露或者导致工作井、沟体下沉、盖板倾斜。 (2) 电缆通道保护区内是否修建建筑物、构筑物。 (3) 电缆通道保护区内是否有管道穿越、开挖、打桩、钻探等施工。 (4) 电缆通道保护区内是否被填埋。 (5) 电缆通道保护区内是否倾倒化学腐蚀物品。 (6) 电缆通道保护区内是否有热力管道或易燃易爆管道泄漏现象。 (7) 终端站、终端塔（杆、T接平台）周围有无影响电缆安全运行的树木、爬藤、堆物及违章建筑等

六、巡查结果的处理

（1）巡线人员应将巡视同电缆线路的结果记入巡线记录簿内。运行部门应根据巡视结果，采取对策消除缺陷。

（2）在巡视检查电缆线路中，如发现有零星缺陷，应记入缺陷记录簿内，据此编订月度或季度的维护小修计划。

（3）在巡视检查电缆线路中，如发现有普遍性的缺陷，应记入大修缺陷记录簿内，据以编制年度大修计划。

（4）巡线人员如发现电缆线路有重要缺陷，应立即报告运行管理人员，并做好记录，填写重要缺陷通知单。运行管理人员接到报告后应及时采取措施，消除缺陷。

电缆线路内部故障虽不能通过巡视直接发现，但对电缆敷设环境条件的巡视、检查、分析，仍能发现缺陷和其他影响安全运行的问题。运行人员必须按规定的周期、项目、标准对电缆线路进行定期或不定期的巡视、检查和测试，并应巡视线路的情况及时记入巡线记录簿。在电缆线路保护区内的施工现场或已暴露出的电缆应增加巡视密度。实行定期巡视责任制，运行人员应负责电缆线路的故障巡查，并参加事故处理和调查分析。

七、电力设施保护条例相关规定

（1）电力电缆线路保护范围。架空、地下、水底电力电缆和电缆联结装置，电缆管道、电缆隧道、电缆沟、电缆桥，电缆井、盖板、入孔、标石、水线标识牌及其有关辅助设施。

（2）电力电缆线路保护区。地下电缆为电缆线路地面标桩两侧各 0.75m 所形成的两平行线内的区域；海底电缆一般为线路两侧各 2 海里（3.704km，港内为两侧各 100m），江河电缆一般不小于线路两侧各 100m（中、小河流一般不小于各 50m）所形成的两平行线内的水域。

（3）任何单位或个人在电力电缆线路保护区内，必须遵守下列规定：

1）不得在地下电缆保护区内堆放垃圾、矿渣、易燃物、易爆物，倾倒酸、碱、盐及其他有害化学物品，兴建建筑物、构筑物或种植树木、竹子。

2）不得在海底电缆保护区内抛锚、拖锚。

3）不得在江河电缆保护区内抛锚、拖锚、炸鱼、挖沙。

📽 项目实施

一、作业流程及内容

（一）电缆配电线路巡视作业流程图（见图 3-2）

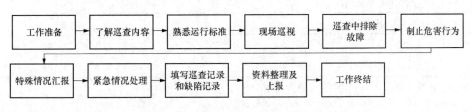

图 3-2　电缆配电线路巡视的工作流程图

（二）工作内容

1. 工作准备

所需工器具有便携式气体检测仪、头盔灯或手电、对讲机、逃生呼吸器、绝缘手套、测距仪、照相机、录音笔、手持式智能巡检终端（RFID 等）、安全帽、劳动保护用品、通用电工工具、中性笔等。

2. 现场巡视

按照巡视要求，对电缆及通道进行现场巡视，并填写巡视记录表见表 3-7。

表 3-7 　　　　　　　　　　　　电缆及通道巡视记录表

月　日			星期		天气		巡视类型
线路名称					起止终端站		
序号	巡视对象			完成时间	巡视情况		状态
1	电缆						
2	附件		终端				
			电缆接头				
3	附属设备		避雷器				
			供油装置				
			接地装置				
			在线监测装置				
4	附属设施		电缆支架				
			终端站				
			标识和警示牌				
			防火设施				
5	电缆通道		直埋				
			电缆沟				
			隧道				
			工作井				
			排管（拖拉管）				
			桥架和桥梁				
			水底电缆				
6	电缆保护区内情况						
7	其他						

处理意见：

备注：

二、工作要点

(一) 工作要求

(1) 巡视前，要仔细检查所带的相关资料、个人防护用品，常用工具备件携带齐全。

(2) 巡视时，应先核对电缆线路铭牌，按照巡视缺陷记录表认真做好记录，巡视过程中不能碰触设备，不得做与巡视无关的作业。

(3) 巡视时，应随时查看周围环境状况，及时发现可能潜在的风险。

(4) 巡视结束后，巡视人员应认真填写巡视记录，并做好各类缺陷数量统计并汇报工作负责人。

电缆导体最高允许温度见表 3-8。

表 3-8   电缆导体最高允许温度

电缆类型	电压（kV）	最高运行温度（℃）	
		额定负荷时	短路时
聚氯乙烯	≤6	70	160
黏性浸渍纸绝缘	10	70	250[a]
	35	60	175
不滴流纸绝缘	10	70	250[a]
	35	65	175
自容式充油电缆（普通牛皮纸）	≤500	80	160
自容式充油电缆（半合成纸）	≤500	85	160
交联聚乙烯	≤500	90	250[a]

注 [a] 铝芯电缆短路允许最高温度为 200℃。

(二) 工作要点

电缆及通道巡视期间，应对进入有限空间的检查、巡视人员开展安全交底、危险点告知等，交底告知内容包括：

1) 有限空间存在的危险点及控制措施和安全注意事项。

2) 进出有限空间的程序及相关手续。

3) 检测仪器和个人防护用品等设备的正确使用方法。

4) 应急逃生预案。

三、实训作业指导书

电缆配电线路巡视实训作业指导书如下。

编号：

_____培训班

电缆配电线路巡视
实训作业指导书

批准：_____ _____年____月____日
审核：_____ _____年____月____日
编写：_____ _____年____月____日

作业日期　年　月　日　时至　年　月　日　时

1　适用范围

本指导性技术文件规定了××××10kV电缆配电线路巡视的现场标准化作业的工作步骤和技术要求。

本指导性技术文件适用于××××培训电缆配电线路巡视的操作。

2　编制依据

国家电网公司 Q/GDW 1799.2—2013《电力安全工作规程（线路部分）》

国家电网安质〔2014〕265号《国家电网公司电力安全工作规程（配电部分）（试行）》

Q/GDW 1519—2014《配电网运维规程》

Q/GDW 11838—2018《电缆配电线路试验规程》

GB 50168—2018《电气装置安装工程电缆线路施工及验收标准》

Q/GDW 11790—2017《电力电缆及通道标志技术规范》

DLT 1253—2013《电力电缆线路运行规程》

GB 50217—2018《电力工程电缆设计标准》

《电力设施保护条例》

3　作业前准备

3.1　准备工作安排

√	序号	内容	标准	责任人	备注
	1	接受任务	培训师根据教学计划安排，核对实训班级、实训时间、实训地点	培训师	
	2	现场勘察	（1）核实工作内容、停电范围、保留的带电部位、作业现场的条件、应合接地刀闸（应挂接地线）、环境及危险点。 （2）制定针对性安全措施，工作负责人根据勘察结果填写现场勘察记录	培训师	
	3	人员安排	工作前，工作负责人应根据工作任务、工作难度、人员技能水平和现场场地、工位，组织开展承载力分析，合理安排工作班成员，确保工作班人数、安全能力和业务能力、实训工位满足实训要求	培训师、学员	
	4	工作票填写	培训师在作业前填写好工作票，并交给签发人审查、签发	培训师	
	5	学习指导书	（1）培训师根据现场环境和实训人员情况对实训作业指导书进行优化。 （2）由培训师组织所有参加该项工作人员学习本作业指导书	培训师、学员	

√	序号	内容	标准	责任人	备注
	6	工具材料准备	结合现场勘察情况和工作需要，提前准备现场工作所需安全工器具、物料、备品备件、试验仪器、图纸、说明书等物品并做好检查	培训师、学员	
	7	资料准备	(1) 课程单元教学设计。 (2) 实训作业指导书。 (3) 工作票。 (4) 班前会、班后会记录。 (5) 实训室日志。 (6) 项目应急预案及应急处置卡	培训师	

已执行项打"√"，不执行项打"×"。下同

3.2 人员要求

√	序号	内容	备注
	1	现场工作人员的身体状况良好，精神饱满	
	2	培训师具备必要的电气知识和配电网运检技能，熟悉现场作业环境和实训设施，熟悉该项目的危险点预控措施，能正确使用作业工器具，了解有关技术标准要求	
	3	学员必须掌握《电力安全工作规程》的相关知识，并经安规考试合格，经医师鉴定无妨碍工作的病症，方可参加实训	

3.3 作业分工

本项目需 3 人，具体分工情况见下表。

√	序号	责任人	职责	人数	备注
	1	工作负责人（监护人）	(1) 对工作全面负责，在测试工作中要对作业人员明确分工，保证工作质量。 (2) 对项目质量及结果负责。 (3) 识别现场作业危险源，组织落实防范措施。 (4) 工作前对工作班成员进行危险点告知，交代安全措施和技术措施，并确认每一个工作班成员都已知晓。 (5) 对作业过程中的安全进行监护	1 人	培训师
	2	作业人员	(1) 负责电缆线路巡视工作。 (2) 负责巡视记录表填写工作	2 人	学员

3.4　工器具及材料

√	序号	名称	型号/规格	单位	数量	备注
	1	便携式气体检测仪	应选用氧气、可燃气、硫化氢、一氧化碳四合一复合型气体检测仪	台	1	
	2	头盔灯或手电	(防爆型)	把	1	
	3	对讲机		部	2	
	4	逃生呼吸器	正压隔绝式	个	1	
	5	绝缘手套		副	1	
	6	测距仪		台	1	
	7	照相机		个	1	
	8	录音笔		支	1	
	9	手持式智能巡检终端（RFID等）		台	1	
	10	安全帽		顶	1	
	11	劳动保护用品	绝缘鞋、线手套、工作服	套	1	
	12	通用电工工具	钢丝钳、扳手、螺丝刀	套	1	
	13	中性笔		支	1	

3.5　危险点分析

√	序号	危险点分析
	1	雷雨、雪、大雾、酷暑、大风等恶劣天气造成的伤害
	2	盖板落入砸伤电缆
	3	蛇及其他小动物伤害
	4	未设置围栏，行人、车辆误入
	5	误入带电间隔，误碰设备
	6	有害气体伤害
	7	绊、滑倒摔伤

3.6　安全措施

√	序号	内容
	1	在5级及以上大风、大雨、大雾、雷电以及沙尘暴等恶劣天气情况下不进行电缆巡视工作，正在进行中的巡视应暂停
	2	配备相关药品和防身器具，防止蛇及其他小动物攻击，以便急救
	3	沟内外双向测试通信工具，保证通信时刻畅通

√	序号	内容
	4	电缆隧道内部必须具备有效的安全照明、通风、防火、排水、标识牌等基本保证措施；进入隧道前进行异性气体测试，再通风至少 15min；如需进入隧道深处，应该随时使用氧浓度检测仪检查隧道内部的含氧量，必要时，佩戴防毒面具
	5	巡视中发现危及高压电缆线路安全运行的紧急缺陷时，除应立即汇报外，还应做好现场安全及保护措施
	6	巡视人员进入沟、井、隧道时，应在井口装设封闭围栏及交通安全标识，设专人监护，防止人员及行人、车辆跌入造成伤害及盖板落入沟内砸伤电缆，注意人身安全，防止巡视人员跌入窨井、电缆沟和电缆支架伤人及被其他车辆撞伤
	7	观察电缆线路运行情况，与带电设备裸露部分保持足够距离
	8	按照规定穿必备的工作服、工作鞋、戴安全帽，携带便携式应急灯，需要触及电缆外护套，应戴绝缘手套
	9	巡视人员进站必须持工作票，核对高压电缆线路名称、间隔，站外巡视，应有全体巡视人员确认电缆终端塔名称、编号正确无误
	10	夏天要采取措施防止中暑，带足饮水及防止中暑药品，使用空调车
	11	电缆隧道、偏僻山区、夜间、事故或恶劣天气等巡视工作，应至少两人一组进行。对有恐高症的人员，禁止登高巡视
	12	巡视人员攀登电缆头杆塔及进变电站进行检查，必须有专人加强监护
	13	测量电缆护层环流前后，应检查接地电缆与接地极连接牢固，戴绝缘手套
	14	巡视沟、隧道内电缆，有充足照明，随时观察沟底及周围情况

4 实训项目及技术要求

4.1 开工

√	项目	操作内容及要求	备注
	现场复勘	工作负责人核对实训现场，检查现场工作条件、作业环境等满足实训条件	
	履行工作许可手续	（1）工作负责人按照工作票所列工作内容与运维人员联系，申请工作许可，申请时应用专业术语。 （2）完成施工现场的安全措施后，工作许可人会同工作负责人到现场再次检查所做的安全措施，对具体的设备指明实际的隔离措施，证明检修设备确无电压。 （3）对工作负责人指明带电设备的位置和注意事项，最后双方在工作票上分别确认、签名。记录许可时间	

续表

✓	项目	操作内容及要求	备注
	召开现场班前会	(1) 学员点名：应到人数（　），实到人数（　），缺勤人数（　）。缺勤原因：（　　　　　　　　　　　　　　　）。 (2) 介绍培训任务、监护指导分工和安全风险预控措施（特别是对作业中的"老虎口"要特别提醒，关键事项做到提前交底。现场"老虎口"和风险点应指定监护人，执行安措等关键工序应指定责任人）。 (3) 确定工作班成员身体健康良好，适应当日工作。 (4) 讲解着装及装束要求，并进行互查合格。 (5) 讲解并检查正确佩戴安全帽。 (6) 交代手机、书包、杯子等定置管理要求。 (7) 正确使用实训设备、仪器、仪表、工器具。 (8) 实训室安全注意事项和学员行为规范。 (9) 实训室周围环境及应急逃生措施	
	布置安全措施	(1) 装设围栏。 (2) 检查安全工器具。 (3) 验电、悬挂接地线。 (4) 悬挂标识牌（各小组循环进行）	
	工器具现场检查	(1) 检查施工工器具的外观情况。 (2) 检查施工工器具机械试验及电气试验的试验标签在有效期内	

4.2　实训内容及标准

4.2.1　普通户内外终端巡视卡

电缆型号、规格		安装位置		
终端头类型		备注		
巡视项目	巡视标准		月／日	月／日
终端接点温度	终端头全铜线夹与线路、间隔引线线夹结合处温度≤90℃，三相温差不大于30％，线夹无裂纹			
电缆户内外终端头	无严重污垢、无裂纹、无倾斜，无放电痕迹现象，无锈蚀			
终端头密封件	无松动，紧固，密封良好			
终端头接地	接地极间应紧固良好，无锈蚀，接地装置外观检查良好			
户内外终端头部件	终端头上相色标识清晰、无脱落，金属部件外观表面无损伤			
终端头电缆	固定电缆金具无锈蚀、变形、丢失，电缆保护完整，电缆PE层无损伤，电缆保护管完好，围墙无损坏，电缆线路标牌完整，名称相位标识清晰			

续表

电缆型号、规格		安装位置		
终端头类型		备注		
巡视项目	巡视标准		月 / 日	月 / 日
电缆户外终端	电缆终端杆、塔无私拉乱接现象，运行标志齐全，终端杆塔及围墙没有下沉和歪斜现象，电缆终端带电裸露与邻近物（树木、建筑物及其他）应保持足够的安全距离，建筑物 3.0m，树木 2.0m			
电缆故障仪	电缆户内外终端故障仪是否已挂好			
缺陷内容				

4.2.2 电缆沟隧道及电缆巡视卡

电缆型号、规格		安装位置		
接头类型		备注		
巡视项目	巡视标准		月 / 日	月 / 日
电缆沟盖板及井盖	电缆沟盖板应齐全、完整，无破损，封盖严密，电缆井盖无破损，无丢失			
电缆沟、竖井	（1）进入电缆沟、竖井内，先排除井内沼气，戴安全帽，井口应有专人看守，检查时如有刺激性气味或身体不适，应迅速离开工作现场。 （2）电缆竖井内应无积水、积油、杂物，电缆应排列整齐，固定可靠，支架及金属件无锈蚀，防火设施、涂料、阻火墙完好。 （3）无积水和杂物，电缆支架牢固可靠，无严重锈蚀，电缆排列有序。 （4）孔洞封堵严密，阻火墙完好。 （5）全线电缆沟、井应无挖掘痕迹及线路标桩应完整无缺。 （6）沟内无居民倾倒液化气及煤气管道泄漏等刺激性气味			
周边环境	（1）电缆沟、竖井表面无违章建筑物、堆积物，沟体无倾斜、变形及渗水。 （2）电缆沟沿线检查井应能正常开揭，便于施工及检修。 （3）检查电缆保护范围内施工单位的安全措施			
电缆	（1）PE外护层无损伤痕迹，进出管口电缆无压伤变形，电缆无扭曲变形，保证电缆弯曲半径不小于 1.7m。 （2）电缆线路上无堆积物、酸碱性等腐蚀物，电缆挂牌上的标识应清晰，电缆标牌不能丢失。 （3）多根并列电缆在一起时，应保持同回路相间距离，以免某条电缆发热故障影响其他电缆。 （4）现场认真检查有无被昆虫、小动物咬伤电缆			
缺陷内容				

4.3　竣工

序号	操作内容	注意事项	备注
1	清理工作现场	整理工器具及材料，清理实训现场	
2	召开班后会	(1) 学员点名：应到人数（ ），实到人数（ ），缺勤人数（ ）。 缺勤原因：（ ）。 (2) 总结当天实训工作完成情况，对表现好的学员进行表扬，指出不足并分析点评，提出改进意见和防范措施。 (3) 对下次实训工作提出要求	
3	办理工作终结手续	(1) 全部工作完毕后，检查实训现场所有安全措施已拆除。已恢复常设围栏。 (2) 所有人员已撤离操作区域。 (3) 工作负责人向运维人员汇报工作结束，并终结工作票	

📋 项目评价

　　巡视完成后，根据学员任务完成情况和编写的电缆及通道巡视记录表（3-7），填写评分记录表（表3-9），做好综合点评（表3-10）。

一、技能操作评分

表3-9　　　　　　　　　　　　电缆配电线路巡视评分记录表

序号	项目	考核要点	配分	评分标准	扣分原因	得分
1				工作准备		
1.1	工器具检查	选择工器具齐全，符合使用要求	10	(1) 工器具齐全，每缺1件扣2分。 (2) 工具未检查，每件扣1分		
1.2	着装穿戴	穿工作服、绝缘鞋；戴安全帽、线手套	5	(1) 未穿工作服、绝缘鞋，未戴安全帽、线手套，每项扣2分。 (2) 着装穿戴不规范，每项扣1分		
1.3	宣传材料	按要求携带安全设施保护宣传材料单、外联单（安全协议书）	5	每缺少1份，扣2分		

序号	项目	考核要点	配分	评分标准	扣分原因	得分
2				工作过程		
2.1	工器具使用	工器具检查与使用	10	(1) 工器具未检查，每项扣2分。 (2) 工器具使用不当，每次扣2分		
2.2	现场巡视	按要求完成电缆本体、附件、附属设备、附属设施巡视。巡视路线选择正确，注意避开危险区域	30	(1) 每遗漏1处，每处扣5分。 (2) 巡视不到位，每处扣2分		
2.3	巡视记录表及缺陷统计表填写	正确表述每处缺陷。缺陷等级划分正确。缺陷处理处理意见合理。记录填写完整，无错别字	30	(1) 缺陷漏判，每处扣3分。 (2) 缺陷误判，每处扣3分。 (3) 缺陷等级划分不正确扣2分。 (4) 缺陷处理意见不合理扣3分。 (5) 记录填写不完整，每处扣2分。 (6) 出现错别字，每处扣1分		
3				工作终结验收		
3.1	安全文明生产	巡视中严格遵守安全规程；无不安全行为	10	(1) 出现不安全行为，每次扣5分。 (2) 作业完毕，现场未清理恢复扣5分，不彻底扣2分。 (3) 损坏工器具，每件扣3分		
				合计得分		
考评员栏	考评员：		考评组长：		时间：	

二、项目综合点评

表 3 - 10　　　　　　　　　　　电缆配电线路巡视综合点评记录表

序号	项目	培训师对项目评价	
		存在问题	改进建议
1	安全措施		
2	作业流程		
3	作业方法		
4	巡视技巧		
5	工具使用		
6	仪器使用		
7	资料编制		
8	文明操作		

课后自测及相关实训

1. 总结 10kV 电缆线路通道及保护区巡视检查内容。
2. 总结电缆配电线路巡视工作流程和巡视要点。
3. 编制 10kV 电缆线路线路巡视实训作业指导书。
4. 在模拟线路上进行 10kV 电缆线路巡视。

项目三　配电线路验收

项目目标

了解配电线路施工原材料及器材检验要求。了解架空配电线路施工验收工艺规范。了解电缆配电线路施工验收工艺规范。掌握架空配电线路验收流程、内容及工作要求。能进行项目危险点分析和预控措施制定。能协作完成架空配电线路验收工作。能编写配电线路交接验收卡。

项目描述

学习《配电网施工检修工艺规范》《35kV 及以下架空电力线路施工及验收规范》等规程规范，学习配电线路验收作业流程及内容、工作要求。在培训师指导监护下，准备配电线路验收资料和工器具，开展配电线路验收实训，编制配电线路交接验收。

📖 知识准备

学习内容主要为 Q/GDW 10742—2016《配电网施工检修工艺规范》中杆塔基础施工工艺规范、接地装置施工工艺规范、架空线路施工工艺规范、10kV 电缆施工工艺规范相关知识。

一、原材料及器材检验

（1）架空电力线路工程所使用的原材料、器材，具有下列情况之一者，应重做检验：

1）超过规定保管期限者。

2）因保管、运输不良等原因而有变质损坏可能者。

3）对原始试验结果有怀疑或试样代表性不够者。

（2）架空电力线路使用的线材，架设前应进行外观检查，且应符合下列规定：

1）不应有松股、交叉、折叠、断裂及破损等缺陷。

2）不应有严重腐蚀现象。

3）钢绞线、镀锌铁线表面镀锌层应良好，无锈蚀。

4）绝缘线表面应平整、光滑、色泽均匀，绝缘层厚度应符合规定。绝缘线的绝缘层应挤包紧密，且易剥离，绝缘线端部应有密封措施。

（3）由黑色金属制造的附件和紧固件，除地脚螺栓外，应采用热浸镀锌制品。金属附件及螺栓表面不应有裂纹、砂眼、锌皮剥落及锈蚀等现象。

（4）各种连接螺栓宜有防松装置。防松装置弹力应适应，厚度应符合规定。

（5）金具组装配合应良好，安装前应进行外观检查，且应符合下列规定：

1）表面光洁，无裂纹、毛刺、飞边、砂眼、气泡等缺陷。

2）线夹转动灵活，与导线接触面符合要求。

3）镀锌良好，无锌皮剥落、锈蚀现象。

（6）绝缘子及瓷横担绝缘子安装前应进行外观检查，且应符合下规定：

1）瓷件与铁件组合无歪斜现象，且结合紧密，铁件镀锌良好。

2）瓷釉光滑，无裂纹、缺釉、斑点、烧痕、气泡或瓷釉烧坏等缺陷。

3）弹簧销、弹簧垫的弹力适宜。

（7）环形钢筋混凝土电杆制造质量应符合现行国家标准《环形钢筋混凝土电杆》的规定。安装前应进行外观检查，且应符合下列规定：

1）表面光洁平整，壁厚均匀，无露筋、跑浆等现象。

2）放置地平面检查时，应无纵向裂缝，横向裂缝的宽度不应超过 0.1mm。

3）杆身弯曲不应超过杆长的 1/1000。

（8）预应力混凝土电杆制造质量应符合现行国家标准《环形预应力混凝土电杆》的规定。安装前应进行外观检查，且应符合下列规定：

1）表面光洁平整，壁厚均匀，无露筋、跑浆等现象。

2）应无纵、横向裂缝。

3）杆身弯曲不应超过杆长 1/1000。

二、杆塔基础施工

1. 基坑施工前的定位应符合下列规定

（1）直线杆顺线路方向位移，10kV 及以下架空电力线路不应超过设计档距的 3%。直接杆横线路方向位移不应超过 50mm。

（2）转角杆、分支杆的横线路、顺线路方向的位移均不应超过 50mm。

2. 电杆基础坑深度

电杆基础坑深度应符合设计规定。电杆基础深度的允许偏差应为＋100mm、－50mm。同基基础坑在允许偏差范围内应按最深的坑操平。岩石基础坑的深度不应小于设计规定数值。

电杆埋设深度在设计未作规定时按表 3-11 所示。

表 3-11　　　　　　　　　　电杆埋设深度在设计未作规定时要求（m）

杆长	10	12	15	18
埋深	1.7	1.9	2.3	2.8

3. 电杆基础采用卡盘时，应符合下列规定

（1）安装前应将其下部土壤分层回填夯实。

（2）安装位置、方向、深度应符合设计要求。深度允许偏差为±50mm。当设计无要求时，上平面距地面不应小于 500m。

（3）与电杆连接应紧密。

4. 基坑回填土应符合下列规定

（1）土块应打碎。

（2）35kV 架空电力线路基坑每回填 300mm 应夯实一次，10kV 及以下架空电力线路基坑每回填 500mm 应夯实一次。

（3）松软土质的基坑，回填土时应增加夯实次数或采取加固措施。

（4）回填土后的电杆基坑宜设置防沉土层。土层上部面积不宜小于坑口面积，培土高度应超过地面 300mm。

（5）当采用抱杆立杆留有滑坡时，滑坡（马道）回填土应夯实，并留有防沉土层。

三、接地装置施工

（一）主接地网敷设、焊接

1. 工艺规范

（1）接地体埋设深度应符合设计规定，当设计无规定时，不应小于 600mm。

（2）主接地网的连接方式应符合设计要求，一般采用焊接，焊接应牢固、无虚焊。对于接地材料为有色金属采用热制焊。

（3）钢接地体的搭接应使用搭接焊。接地网敷设，焊接后在反腐层损坏焊痕外100mm内再做防腐处理。

（4）裸铜绞线与铜排及铜棒接地体的焊接应采用热熔焊方法。

（5）建筑物内的接地网应采用暗敷的方式，根据设计要求留有接地端子。

2. 施工要点

（1）搭接长度和焊接方式应符合以下规定：①扁钢—扁钢，扁钢为其宽度的2倍（且至少3个棱边焊接）。②圆钢—圆钢，圆钢为其直径的6倍（接触部位两边焊接）。③扁钢—圆钢，搭接长度为圆钢直径的6倍（接触部位两边焊接）。④在"十"字搭接处，应采取弥补搭接面不足的措施以满足上述要求。

（2）热熔焊具体要求：①对应焊接点的模具规格应正确完好，焊接点导体和焊接模具清洁；②大接头焊接应预热模具，模具内热熔剂填充密实；③接头内导体应熔透；④铜焊接头表面光滑、无气泡，应用钢丝刷清除焊渣并涂刷防腐清漆。

（二）预埋铁件接地连接

1. 工艺规范

应用镀锌层完好的扁钢进行接地，焊接应牢固可靠，无虚焊，搭接长度、截面应符合规范规定。多台配电设备应共用预埋型钢。

2. 施工要点

预埋铁件应无断开点，通常应与主接地网有不少于3个独立的接地点。

（三）设备接地安装

1. 工艺规范

（1）引上接地体与设备连接采用螺栓搭接，搭接面要求紧密，不得留有缝隙。

（2）设备接地测量、预制应能使引上接地体横平竖直、工艺美观。

（3）接地线与变压器中性点的连接应牢固，且防松垫圈等零件应齐全。

（4）与户外箱式变压器、环网柜和柱上配电变压器等电气装置外露导电部分连接的接地线应与接地装置连接。

（5）引入配电室的每条架空线路安装的避雷器的接地线，应与配电室的接地装置相连接，且应在入地处敷设集中接地装置。

（6）当低压系统采用TT、IT接地型式时，电气装置应设独立的接地装置，不得与电源处的系统接地共用接地装置；电气装置外露导电部分的保护接地线应与接地装置连接。

（7）接地电阻值应符合设计及技术原则要求。

2. 施工要点

（1）设备接地的高度一致，朝向应尽可能一致。

（2）集中接地的引上线应做一定的标识，区别于主接地引上线。

（3）高、低压配电室门的铰链处应采用软铜线进行加强接地，保证接地的良好。

（4）电缆沟内支架焊接固定在通长扁钢上。

（5）户外箱式变压器、环网柜和柱上配电变压器等电气装置的接地装置，宜围绕户外箱式变压器、环网柜和柱上配电变压器敷设成闭合环形。

（四）在交接验收时，应向甲方提交下列资料和文件

（1）实际施工的记录图。

（2）变更设计的证明文件。

（3）安装技术记录（包括隐蔽工程记录等）。

（4）测试记录。柱上配电变压器敷设成闭合环形。

四、架空线路施工

（一）施工前现场检查

1. 工艺规范

（1）钢筋混凝土电杆表面应光洁平整，壁厚均匀，无露筋、偏筋、漏浆、掉块等现象。

（2）钢筋混凝土电杆杆顶应封堵。

（3）钢管杆及附件均应热镀锌，锌层均匀，无漏锌、锌渣、锌刺。

（4）铁塔塔材尺寸、螺栓孔允许偏差合格，镀锌表面应连续、完整，不应有过酸洗、起皮、漏镀等使用上有害的缺陷。

2. 施工要点

（1）混凝土电杆杆身应无纵向裂纹，横向裂纹宽度不应大于 0.1mm，长度不允许超过 1/3 周长，且 1000mm 内横向裂纹不超过 3 处。

（2）钢筋混凝土电杆杆身弯曲不超过杆长的 1/1000。

（3）钢管杆整根及各段的弯曲度不超过其长度的 2/1000。

（二）电杆组立

1. 立杆机立杆法

（1）工艺规范：

1）杆坑应位于立杆机内重心适当位置，支点坚固、支腿平稳。

2）起吊绳应系在电杆重心偏上位置。

3）操作手摇卷扬机时应用力均匀。

（2）施工要点：

1）立杆机法只能用于竖立 12m 及以下的拔梢杆。

2）用直径约 25mm、长度超过杆长 1.5 倍的棕绳或具有足够强度的线绳作为拉绳，绑扎应采用活结。

2. 汽车起重机立杆法

(1) 工艺规范：

1) 立杆时，汽车开到距基坑口适当位置；一般起吊时，吊臂和地面的垂线成30°夹角。

2) 放下汽车起重机的液压支撑腿时，应使汽车轮胎不受力；将吊点置于电杆的重心偏上处，进行吊立电杆。

3) 电杆起立后，应及时调整杆位，使其符合立杆质量的要求，然后进行回填土。

(2) 施工要点：

应在回填夯实并确保杆身稳固后松开起吊绳索。

3. 固定人字抱杆立杆法

(1) 工艺规范：

1) 两抱杆根位于坑口两侧，前后锚桩与人字抱杆顶点杆坑中心在同一垂直面上。打好前后临时拉线和绞磨的桩锚。

2) 起立过程中电杆重心应在基坑中心。

3) 电杆入坑后应校直电杆，并立即分层夯实回填土。

(2) 施工要点：

1) 抱杆长度一般可取杆塔重心高度加1500～2000mm，临时拉线桩到杆坑中心距离，可取杆塔高度1.2～1.5倍。抱杆的根开根据实际经验在2000～3000mm范围内。

2) 滑轮组应根据被吊电杆重量决定。

3) 抱杆起立到70°左右应放慢动作，调节好前后横绳。起立80°时，停止牵引，用临时拉线调整杆塔。

4. 电杆组立质量检查

(1) 工艺规范：电杆立好后应正直，沿线电杆在一条直线上，位置偏差符合设计或规范要求。电杆回填、埋深符合要求。

(2) 施工要点：

1) 直线杆的横向位移不大于50mm。

2) 直线杆杆梢的位移不大于杆梢直径的1/2。

3) 转角杆的横向位移不大于50mm。

4) 转角杆组立后，杆根向内角的偏移不大于50mm、不能向外角偏移。杆梢应向外角方向倾斜，但不得超过一个杆梢直径，不允许向内角方向倾斜。

5) 终端杆立好后，应向拉线侧预偏，其预偏值不应大于杆梢直径，紧线后不应向受力侧倾斜。

6) 回填土每升高300mm夯实一次，防沉土台高出地面300mm。

(三) 横担安装

1. 工艺规范

(1) 横担安装应平正，安装偏差应符合GB 51302—2018《架空绝缘配电线路设计标准》设计要求。

（2）架空线路所采用的铁横担、铁附件均应热镀锌。检修时，若有严重锈蚀、变形应予更换。

（3）同杆架设线路横担间的最小垂直距离应满足表3-12。

表3-12 同杆架设线路横担间的最小垂直距离应满足距离（mm）

架设方式	直线杆	分支或转角杆
10kV之间	800（500）	450/600（500）
10kV与0.4kV	1200（1000）	1000（1000）
0.4kV之间	600（300）	300（300）

注 （）内为同杆架设的绝缘线路适用数据。

2. 施工要点

（1）横担端部上下歪斜不大于20mm，左右扭斜不大于20mm；双杆横担与电杆连接处的高差不大于连接距离的5/1000，左右扭斜不大于横担长度的1/100。

（2）瓷横担绝缘子直立安装时，顶端顺线路歪斜不大于10mm；水平安装时，顶端宜向上翘起5°～15°，顶端顺线路歪斜不大于20mm。

（3）当安装于转角杆时，顶端竖直安装的瓷横担支架应安装在转角的内角侧（瓷横担应装在支架的外角侧）。

（4）对原有单侧双横担加强方式进行检修，直线杆横担应装于受电侧，90°转角杆及终端杆应装在拉线侧，转角杆应装在合力位置方向。新安装横担应为水平加强横担方式。

（四）导线架设

1. 放线前检查

（1）工艺规范：

1）导线型号、规格应符合设计要求。

2）导线展放时，应清理线路走廊内的障碍物，满足架线施工要求。

3）跨越架与被跨越物、带电体间的最小距离，应符合规定。

（2）施工要点：

1）导线不应有松股、交叉、折叠、断裂及破损等缺陷。

2）导线不应有严重腐蚀现象。

3）钢绞线、镀锌铁线表面镀锌层应良好，无锈蚀。

4）绝缘线端部应有密封措施。

5）绝缘线的绝缘层应紧密挤包，目测同心度应无较大偏差，表面平整圆滑，色泽均匀，无尖角、颗粒，无烧焦痕迹。

2. 线盘布置

（1）工艺规范：

1）放线前应先制定放线计划，合理分配放线段。

2）根据地形，适当增加放线段内的放线长度。

3）根据放线计划，将导线线盘运到指定地点。

4）应设专人看守，并具备有效制动措施。

5）临近带电线路施工线盘应可靠接地。

（2）施工要点：

1）导线布置在交通方便、地势平坦处。地形有高低时，应将线盘布置在地势较高处，减轻放线牵引力。

2）导线放线应考虑减少放线后的余线，尽量将长度接近的线轴集中放在各耐张杆处。

3）导线放线裕度在采用人力放线时，平地增加 3％，丘陵增加 5％，山区增加 10％；在采用固定机械牵引放线时，平地增加 1.5％，丘陵增加 2％，山区增加 3％。

（五）放线操作

1. 放线准备

（1）工艺规范：

1）放线架应支架牢固，出线端应从线轴上方抽出，并应检查放出导线的质量。

2）在每基电杆上设置滑轮，把导线放在轮槽内。

（2）施工要点：

1）线轴应转动灵活，轴杠应水平，线轴应有制动装置。

2）绝缘线应使用塑料滑轮或套有橡胶护套的铝滑轮；滑轮应具有防止线绳脱落的闭锁装置；滑轮直径不应小于绝缘线外径的 12 倍，槽深不小于绝缘线外径的 1.25 倍，槽底部半径不小于 0.75 倍绝缘线外径，轮槽的倾角不大于 15°。

3）绝缘线宜采用网套牵引。

2. 人力放线

（1）工艺规范：

1）人力牵引导线放线时，拉线人员之间应保持适当距离。

2）领线人员应对准前方，随时注意信号。

（2）施工要点：

1）牵引过程中应保持牵引平稳。

2）导线不应拖地，各相导线之间不得交叉。

3）跨（穿）越障碍物时应采取相应措施。

4）牵引时应在首、末、中间派人观察，及时发现导线掉槽、滑轮卡滞等故障，发现异常情况后及时用对讲机联系。

3. 机械牵引放线

（1）工艺规范：

1）将牵引绳分段运至施工段内各处，使其依次通过放线滑车。

2）牵引绳之间用旋转连接器或抗弯连接器连接贯通。

3）用机械卷回牵引绳，拖动架空导线展放。

（2）施工要点：

1）固定机械牵引所用牵引绳，应为无捻或少捻钢绳。

2）旋转连接器不能进牵引机械卷筒。

3）牵引钢绳与导线连接的接头通过滑车时，牵引速度不宜超过 20m/min。

4）牵引时应在首、末、中间派人观察，及时发现导线掉槽、滑轮卡滞等故障，发现异常情况后及时用对讲机联系。

（六）紧线

1. 紧线准备

（1）工艺规范：

1）紧线施工应在全紧线段内的杆塔全部检查合格后方可进行。

2）紧线前应按要求装设临时拉线。

3）放线工作结束后，应尽快紧线。

（2）施工要点：

1）总牵引地锚与紧线操作杆塔之间的水平距离，应不小于挂线点高度的两倍，且与被紧架空导线方向应一致。

2）紧线应紧靠挂线点。

3）紧线时，人员不准站在或跨在已受力的导线上或导线的内角侧和展放的导线圈内以及架空线的垂直下方。

4）跨越重要设施时应做好防导线跑线措施。

2. 耐张杆塔补强

（1）工艺规范：

1）当以耐张杆塔作为操作或锚线杆塔紧线时，应设置临时拉线。

2）临时拉线装设在耐张杆塔导线的反向延长线上。

3）临时拉线对地夹角宜小于 45°。

（2）施工要点：

1）临时拉线一般使用钢丝绳或钢绞线。

2）临时拉线一般采用一锚一线。

3）临时拉线不得固定在可能移动的物体上。

3. 紧线

（1）工艺规范：

1）绝缘子、拉紧线夹安装前应进行外观检查，并确认符合要求。

2）紧线时，应随时查看地锚和拉线状况。

3）导线的弧垂值应符合设计数值。

（2）施工要点：

1）安装时应检查碗头、球头与弹簧销子之间的间隙；在安装好弹簧销子的情况下，球头不得自碗头中脱出。

2）紧线顺序。导线三角排列，宜先紧中导线，后紧两边导线；导线水平排列，宜先紧中导线，后紧两边导线；导线垂直排列时，宜先紧上导线，后紧中、下导线。

3）绝缘线展放中不应损伤导线的绝缘层和出现扭、弯等现象，接头应符合相关规定，破口处应进行绝缘处理。

4）三相导线弧度误差不得超过－5‰或＋10‰，一般同一档距内弧度相差不宜超过 50mm。

（七）导线固定

1. 导线固定及附件安装

（1）工艺规范：

1）导线的固定应牢固、可靠。绑线绑扎应符合"前三后四双十字"的工艺标准，绝缘子底部要加装弹簧垫。

2）紧线完成、弧垂值合格后，应及时进行附件安装。

（2）施工要点：

1）直线转角杆。对瓷质绝缘子，导线应固定在转角外侧的槽内；对瓷横担绝缘子导线应固定在第一裙内。

2）直线跨越杆。导线应双固定，导线本体不应在固定处出现角度。

3）裸铝导线在绝缘子或线夹上固定应缠绕铝包带，缠绕长度应超出接触部分30mm。铝包带的缠绕方向应与外层线股的绞制方向一致。

4）绝缘导线在绝缘子或线夹上固定应缠绕粘布带，缠绕长度应超过接触部分30mm，缠绕绑线应采用不小于 2.5mm^2 的单股塑铜线，严禁使用裸导线绑扎绝缘导线。

2. 导线连接

（1）工艺规范：

1）铝绞线及钢芯铝绞线在档距内承力连接一般采用钳压接续管或采用预绞式接续条。

2）10kV 绝缘线及低压绝缘线在档距内承力连接一般采用液压对接接续管。

3）对于绝缘导线，接头处应做好防水密封处理。

（2）施工要点：

1）10kV 架空电力线路当采用跨径线夹连接引流线时，线夹数量不应少于 2 个，并使用专用工具安装，楔形线夹应与导线截面匹配。

2）连接面应平整、光洁，导线及并沟线夹槽内应清除氧化膜，涂电力复合脂。

3）铜绞线与铝绞线的接头，宜采用铜铝过渡线夹、铜铝过渡线，或采用铜线搪锡插接。

3. 净空距离

（1）工艺规范：导线架设后，导线对地及交叉跨越距离，应符合 GB 50061、DL/T 602 相关标准规范及设计要求。

（2）施工要点：

1）3～10kV 线路每相引流线，引下线与邻相的引流线，引下线或导线之间，安装后的净空距离应不小于 300mm；3kV 以下电力线路应不小于 150mm。

2）架空线路的导线与拉线，电杆或构架之间安装后的净空距离，3～10kV 时应不小于 200mm；3kV 以下时应不小于 100mm。

3）中压绝缘线路每相过引线、引下线与邻相的过引线、引下线及低压绝缘线之间的净空距离不应小于 200mm；中压绝缘线与拉线、电杆或构架间的净空距离不应小于 200mm。

4）低压绝缘线每相过引线、引下线与邻相的过引线、引下线之间的净空距离不应小于 100mm；低压绝缘线与拉线、电杆或构架间的净空距离不应小于 50mm。

五、电缆线路施工

（一）施工前现场检查

1. 工艺规范

（1）根据施工设计图纸选择电缆路径，沿路径勘察，查明电缆线路路径上临近地下管线，制订详细的施工方案。

（2）施工前对各盘电缆进行验收，检查电缆有无机械损伤，封端是否良好。当对电缆的外观和密封状态有怀疑时，应进行潮湿判断。

（3）电缆敷设前，对电缆井使用抽风机进行充分排气，排气后对气体进行检测并清理杂物，检查疏通电缆管道，检查电缆管内无积水，无杂物堵塞，检查管孔入口处是否平滑，井内转角等是否满足电缆弯曲半径的规范要求等并做好记录。

（4）施工前应进行绝缘预校验，护层绝缘试验。

（5）电缆敷设前应测量现场温度，应确保施工时的环境温度不小于 0℃；当温度低于 0℃时，应采取措施。

（6）在室外制作电缆终端与接头时，其空气相对湿度宜为 70% 及以下，当湿度大时，可提高环境温度或加热电缆。制作塑料绝缘电力电缆终端与接头时，应防止尘埃、杂物落入绝缘内。严禁在雾或雨中施工。

（7）电力电缆不能与通信电缆、自来水管、燃气管、热力管等线路混沟敷设。

2. 施工要点

（1）确定电缆盘，电缆盖板，敷设机具，挖掘机械等主要材料的摆放位置，设置临时施工围栏。

（2）电缆盘不得平卧放置，核实电缆是否满足接入电气设备的长度。

（3）确定沟边线的基线，放好开挖线，做好现场防护围挡板，做好各方面安全措施。

（4）检查施工内容相对应的材料验证是否符合设计要求，收集出厂合格证或检验报告，检查施工工具是否齐备，检验、核对接头材料以及配件是否齐全和完整。

（5）夜间施工应在缆沟两侧装红色警示灯，破路施工应在被挖掘的道路口设警示灯。

（6）对电缆槽盒、电缆沟盖板等预构件必须仔细检查，对有露筋、蜂窝、麻面、裂缝、破损等现象的预构件一律清除，严禁使用。

（7）对已完成的电缆槽盒或电缆沟的长度进行核实，对电缆沟进行抽风机排气，清理杂物，检查转角等是否满足电缆弯曲半径的规范要求及电缆本身的要求。若是多段电缆的，要确定电缆中间头安装的位置。

（8）对已完成的电缆沟底进行平整。检查电缆与其他管道、道路、建筑是否满足最小允许净距需符合要求。

（9）对电缆沟内成品支架做好保护措施，防止损坏支架、防止铁件支架伤人、伤电缆或卡阻电缆的牵引。

（二）电缆敷设

1. 工艺规范

（1）电缆及附件的规格、型号及技术参数等应符合设计要求。

（2）机械牵引时，应满足 GB 50168—2018《电气安装工程　电缆线路施工及验收标准》要求，牵引端应采用专用的拉线网套或牵引头，牵引强度不得大于规范要求，应在牵引端设置防捻器，中间应使用电缆放线滑车。

（3）电缆在任何敷设方式及其全部路径条件的上下左右改变部位，最小弯曲半径均应满足 Q/GDW 1512—2014《电力电缆及通道运维规程》或设计要求。

（4）电缆头制作前，应将用于牵引部分的电缆切除。电缆终端和接头处应留有一定的备用长度，电缆中间接头应放置在电缆井或检查井内。若并列敷设多条电缆，其中间接头位置应错开，其净距不应小于 500mm。

（5）电缆敷设后，电缆头应悬空放置，将端头立即做好防潮密封，以免水分侵入电缆内部，并应及时制作电缆终端和接头。同时应及时清除杂物，盖好盖板，还要将盖板缝隙密封，施工完后电缆进入电缆沟、隧道、竖井、建筑物、盘（柜）以及穿入管道处出入口应保证封闭，管口进行密封并做防水处理。

（6）单芯电缆钢管敷设应三相同时穿入一个管径。

2. 施工要点

（1）电缆在装卸的过程中，设专人负责统一指挥，指挥人员发出的指挥信号必须清晰、准确。采用吊车装卸电缆盘时，起吊钢丝绳应套在盘轴的两端，不应直接穿在盘孔中起吊。人工短距离滚动电缆盘前，应检查线盘是否牢固，电缆两端应固定，滚动方向须与线盘上箭头方向一致。

（2）电缆的端部应有可靠的防潮措施。

（3）交联聚乙烯绝缘电力电缆敷设时最小弯曲半径，无铠装的单芯为直径的 20 倍，多芯为直径的 15 倍；有铠装的单芯为直径的 15 倍，多芯为直径的 12 倍。

（4）机械敷设时，铜芯电缆允许牵引强度牵引头部时为 $70N/mm^2$，铝芯电缆为 $40N/mm^2$；钢丝网套牵引铅护套电缆时为 $10N/mm^2$，铝护套电缆为 $40N/mm^2$，塑料护套为 $7N/mm^2$。

（5）电缆盘就位后，安装放线架需稳固，确保钢轴平衡，电缆盘距地高度在 50～100mm 为宜，并有可靠的制动措施。电缆敷设时，电缆应从盘的上端引出，不应使电缆在支架上及地面摩擦拖拉。电缆进入电缆管路前，可在其表面涂上与其护层不起化学作用的润滑物，减小牵引时的摩擦阻力。

（6）直线部分应每隔 2500～3000mm 设置一个直线滑车。在转角或受力的地方应增加滑轮组（"L"状的转弯滑轮），设置间距要小，控制电缆弯曲半径和侧压力，并设专人监视，电缆不得有铠装压扁、电缆绞拧、护层折裂等机械损伤，需要时可以适当增加输送机。

（7）电缆敷设时，转角处需安排专人观察，负荷适当，统一信号、统一指挥。在电缆盘两侧须有协助推盘及负责刹盘滚动的人员。拉引电缆的速度要均匀，机械敷设电缆的速度不宜超过 15m/min，在较复杂路径上敷设时，其速度应适当放慢。

（8）电缆进出建筑物、电缆井及电缆终端头、电缆中间接头、拐弯处、工井内电缆进出管口处应挂标识牌。沿支架桥架敷设电缆在其首端、末端、分支处应挂标识牌，电缆沟敷设应沿线每距离 20m 挂标识牌。电缆标牌上应注明电缆编号、规格、型号、电压等级及起止位置等信息。标牌规格和内容应统一，且能防腐。

（三）10kV 电缆固定

1. 工艺规范

（1）固定点应设在应力锥下和三芯电缆的电缆终端下部等部位。

（2）电缆终端搭接和固定必要时加装过渡排，搭接面应符合规范要求。

（3）各相终端固定处应加装符合规范要求的衬垫。

（4）电缆固定后应悬挂电缆标识牌，标识牌尺寸规格统一。

（5）固定在电缆隧道、电缆沟的转弯处，电缆桥架的两端和采用挠性固定方式时，应选用移动式电缆夹具。所有夹具松紧程度应基本一致，两边螺丝应交替紧固，不能过紧或过松。

（6）电缆及其附件、安装用的钢制紧固件、除地脚螺栓外应用热镀锌制品。

（7）电流互感器安装在电缆护套接地引线端上方时，接地线直接接地；电流互感器安装在电缆护套接地引线端下方时，接地线必需回穿电流互感器一次，回穿的接地线必须采取绝缘措施。

2. 施工要点

（1）终端头搭接后不得使搭接处设备端子和电缆受力。

（2）铠装层和屏蔽均应采取两端接地的方式；当电缆穿过零序电流互感器时，零序电流互感器安装在电缆护套接地引线端上方时，接地线直接接地；零序电流互感器安装在电缆护套接地引线端下方时，接地线必须回穿零序电流互感器一次，回穿的接地线必须采取绝缘措施。

（3）直埋电缆进出建筑物、电缆井及电缆终端、电缆中间接头处应挂标识牌。

（4）沿支架桥架敷设电缆在其首端、末端、分支处应挂标识牌。

（5）单芯电缆或多芯电缆分相后的各相电缆的刚性固定，宜采用铝合金等不构成磁性闭合回路的夹具。

（6）垂直敷设或超过 45°倾斜敷设的电缆在每个支架、桥架上每隔 150～200mm 处应加以固定。

六、配电设备验收

（1）杆上变压器及变压器台的安装，尚应符合下列规定：

1）水平倾斜不大于台架根开的 1/100。

2）一、二次引线排列整齐、绑扎牢固。

3）油枕、油位正常，外壳干净。

4）接地可靠，接地电阻值符合规定。

5）套管压线螺栓等部件齐全。

6）呼吸孔道通畅。

（2）跌落式熔断器的安装，尚应符合下列规定：

1）各部分零件完整。

2）转轴光滑灵活，铸件不应有裂纹、砂眼、锈蚀。

3）瓷件良好，熔丝管不应有吸潮膨胀或弯曲现象。

4）熔断器安装牢固、排列整齐，熔管轴线与地面的垂线夹角为 15°～30°。熔断器水平相间距离不小于 500mm。

5）操作时灵活可靠、接触紧密。合熔丝管时上触头应有一定的压缩行程。

6）上、下引线压紧，与线路导线的连接紧密可靠。

（3）柱上断路器和负荷开关的安装，尚应符合下列规定：

1）水平倾斜不大于托架长度的 1/100。

2）引线连接紧密，当采用绑扎连接时，长度不小于150mm。

3）外壳干净，不应有漏油现象，气压不低于规定值。

4）操作灵活，分、合位置指示正确可靠。

5）外壳接地可靠，接地电阻值符合规定。

（4）柱上隔离开关安装，尚应符合下列规定：

1）瓷件良好。

2）操作机构动作灵活。

3）隔离开关合闸时接触紧密，分闸后应有不小于200mm的空气间隙。

4）与引线的连接紧密可靠。

5）水平安装的隔离开关，分闸时，宜使静触头带电。

6）三相连动隔离开关的三相隔离开关应分、合同期。

（5）杆柱上避雷器的安装，尚应符合下列规定：

1）瓷套与固定抱箍之间加垫层。

2）排列整齐、高低一致，相间距离1～10kV时，不小于350mm；1kV以下时，不小于150mm。

3）引线短而直、连接紧密，采用绝缘线时，其截面积应符合下列规定。

a. 引上线：铜线不小于$16mm^2$，铝线不小于$25mm^2$。

b. 引下线：铜线不小于$25mm^2$，铝线不小于$35mm^2$。

4）与电气部分连接，不应使避雷器产生外加应力。

5）引下线接地可靠，接地电阻值符合规定。

七、架空线路试验

（1）10kV架空电力线路的试验项目：

1）测量绝缘子和线路的绝缘电阻。

2）检查相位。

3）冲击合闸试验。

4）测量杆塔的接地电阻。

（2）测量绝缘子和线路的绝缘电阻规定：

1）绝缘子的试验应按本标准的悬式绝缘子和支柱绝缘子部分规定进行。

2）测量并记录线路的绝缘电阻值。10kV架空绝缘配电线路使用2500V绝缘电阻表测量，电阻值不低于$1000M\Omega$。

（3）检查各相两侧的相位应一致。

（4）在额定电压下对空载线路的冲击合闸试验，应进行3次，合闸过程中线路绝缘不应有损坏。

（5）测量杆塔的接地电阻值，应符合设计的规定。

📹 项目实施

一、作业流程及内容

（一）配电线路及设备交接验收作业流程图（见图 3-3）

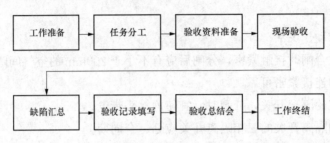

图 3-3　配电线路及设备交接验收工作流程图

（二）工作内容

1. 工作准备

（1）根据本次作业内容和性质确定好交接验收人员，并组织学习配电线路及设备交接验收项目与标准。

（2）个人安全工器具准备。

（3）验收资料、工具准备。

（4）工作负责人员对小组成员进行分组验收，交代工作内容、验收范围和安全注意事项。

2. 现场验收

（1）杆塔基础、拉线及接地的验收。

（2）架空线路的验收。

（3）绝缘子、横担的验收。

（4）交叉跨越及弧垂的验收。

（5）土建、电气、外部环境验收。

3. 缺陷汇总

工作负责人将发现的缺陷以书面形式汇总，反馈施工单位整改。

4. 记录填写

验收结束后，负责人会同全体验收人员根据工程现场实际情况对验收结果进行汇总分析。工作负责人将验收结果按要求填写"配电线路及设备交接验收记录卡"（表 3-13），记录本次交接验收内容，有无遗留缺陷等。

表 3 - 13　　　　　　　　　　　**配电线路及设备交接验收卡**

线路名称		导线型号		导线长度		排列方式	
验收单位		验收日期		施工单位		施工负责人	

验收项目	验收内容	验收情况 （合格√　不合格×）	备注
图纸资料的验收	（1）提交的图纸、资料、试验报告应合格、齐备。 （2）现场设备变更情况严格按照设备变更单要求。 （3）变更内容是否有设计变更通知书		
杆塔基础、拉线及接地的验收	（1）电杆基础坑深度应符合设计规定。电杆基础坑深度的允许偏差应为＋100mm、－50mm。 （2）法兰杆、钢杆基础螺栓螺帽齐全，并浇铸，混凝土表面质量良好。 （3）拉线应根据电杆的受力情况装设。拉线与电杆的夹角宜采用45°。当受地形限制可适当减小，且不应小于30°。 （4）拉线与10kV设备距离小于30cm，与400V设备距离小于20cm时当装设绝缘子时，在断拉线情况下，拉线绝缘子距地面不应小于2.5m，地面范围的拉线应设置保护套。 （5）铁塔、钢管杆及柱上开关等设备的接地应符合规定，接地电阻值不应大于10Ω		
导线的验收	（1）导线的固定应牢固、可靠。 （2）不同金属导线的连接应有可靠的过渡金具。 （3）配电线路的导线与拉线、电杆或构架间的净空距离应满足规定		
绝缘子、横担的验收	（1）根据导线排列类型，横担之间的最小垂直距离是否满足要求。 （2）线路单横担的安装，直线杆应装于受电侧；分支杆、90°转角杆（上、下）及终端杆应装于拉线侧。 （3）绝缘子安装牢固，连接可靠		
交叉跨越、弧垂的验收	（1）导线紧好后，同档内各相导线弧垂宜一致，水平排列的导线弧垂相差不应大于50mm。 （2）线路档距与设计相符。 （3）导线对地及交叉跨越距离，应满足规定要求。 （4）对永久建筑物及树木之间的最小安全距离应符合规定。 （5）相序复核与记录相符		

续表

验收项目	验收内容	验收情况 （合格√ 不合格×）	备注
电气设备的验收	电气设备安装应牢固可靠，各部件外观良好，操作灵活，指示清楚，电气距离符合规定		
外部环境检查	配电线路的运行通道应良好，有无车辆撞杆的可能，导线与周围的树木、建筑物必须满足最小安全距离的要求		

存在的缺陷：

整改意见		施工负责人（签字）	
验收结论		工作负责人（签字）	

二、工作要点

1. 一般要求

（1）配电线路的架空电力线路的安装应按已批准的设计进行施工。

（2）采用的设备、器材及材料应符合国家或部颁的现行技术标准，并有合格证明，设备应有铭牌。

（3）采用新工艺、新技术，应制订不低于规范水平的质量标准或工艺要求。

（4）工程质量应符合规定。

（5）调整、试验项目及其结果应符合规范规定。

（6）技术资料和文件应齐全。

2. 在架空配电线路验收时应按下列要求进行检查

（1）采用器材的型号、规格。

（2）线路设备标志应齐全。

（3）电杆组立的各项误差。

（4）拉线的制作和安装。

（5）导线的弧垂、相间距离、对地距离、交叉跨越距离及对建筑物接近距离。

（6）电气设备外观应完整无缺损。

（7）相位正确、接地装置符合规定。

（8）沿线的障碍物、应砍伐的树及树枝等杂物应清除完毕。

3. 验收时应提交下列资料和文件

（1）竣工图。

（2）变更设计的证明文件（包括施工内容明细表）。

（3）安装技术记录（包括隐蔽工程记录）。

（4）交叉跨越距离记录及有关协议文件。

（5）调整试验记录。

（6）接地电阻实测值记录。

（7）有关的批准文件。

📖 项目评价

验收完成后，根据学员任务完成情况和编写的配电线路及设备交接验收卡，填写评分记录表（表 3-14），做好综合点评（表 3-15）。

一、技能操作评分

表 3-14 配电线路交接验收评分记录表

序号	项目	考核要点	配分	评分标准	扣分原因	得分
1	工作准备					
1.1	着装穿戴	穿工作服、绝缘鞋；戴安全帽、线手套	5	（1）未穿工作服、绝缘鞋，未戴安全帽、线手套，缺少每项扣 2 分。 （2）着装穿戴不规范，每处扣 1 分		
1.2	材料选择及工器具检查	选择材料及工器具齐全，符合使用要求	5	（1）工器具齐全，缺少或不符合要求每件扣 1 分。 （2）工具未检查试验、检查项目不全、方法不规范每件扣 1 分。 （3）设备材料未做外观检查每件扣 1 分。 （4）备料不充分扣 5 分		
2	工作过程					
2.1	图纸资料的验收	（1）提交的图纸、资料、试验报告应合格、齐备。 （2）现场设备变更情况严格按照设备变更单要求。 （3）变更内容是否有设计变更通知书	15	（1）每漏检一项，扣 2 分。 （2）检查不细致，每项扣 1 分		

续表

序号	项目	考核要点	配分	评分标准	扣分原因	得分
2.2	现场验收	（1）杆塔基础、拉线及接地的验收。 （2）检查导线的固定、连接牢固可靠，与拉线、电杆或构架间的净空距离应满足规定。 （3）绝缘子、横担的安装符合要求。 （4）交叉跨越、弧垂的，应满足规定要求。 （5）电气设备安装应牢固可靠，各部件外观良好，操作灵活，指示清楚，电气距离符合规定。 （6）配电线路的运行通道应良好	40	（1）验收检查不到位，每项扣5分。 （2）接地电阻测量不规范，扣5分。 （3）导线弧垂观测不规范，扣5分。 （4）通道检查不细致，扣3分		
2.3	交接验收卡填写	项目填写齐全。结论正确。用语准确。书写规范、无错别字	15	（1）项目填写齐全，每缺一项扣1分。 （2）整改意见填写不明确扣3分。 （3）验收结论填写不明确扣3分		
2.4	缺陷管理	缺陷判断准确，描述清晰，处理意见正确	10	（1）缺陷判断不准确，每项扣3分。 （2）缺陷表述不准确每项扣1分		
3		工作终结验收				
3.1	安全文明生产	（1）分析项目危险点及预控措施。 （2）汇报结束前，所选工器具材料放回原位，摆放整齐；无不安全行为	10	（1）出现不安全行为，每次扣5分。 （2）现场清理不完整扣2分。 （3）损坏工器具，每件扣3分		
合计得分						
考评员栏	考评员：		考评组长：		时间：	

二、项目综合点评

表 3 - 15　　　　　　　　　　配电线路验收综合点评记录表

序号	项目	培训师对项目评价	
		存在问题	改进建议
1	安全措施		
2	作业流程		
3	作业方法		
4	作业结果		
5	工具使用		
6	仪器使用		
7	记录填写		
8	文明操作		

课后自测及相关实训

1. 汽车起重机立杆法的工艺规范和施工要点有哪些?
2. 总结归纳设备接地安装的工艺规范和施工要点。
3. 总结归纳架空线路施工工艺标准。
4. 电缆敷设的施工要点有哪些?

学习情境四

配电线路检修

【情境描述】

架空线路登杆和配电线路检修，是配电网检修和施工的常规工作，也是配电线路检修从业人员的主要工作内容和专业技能。本情境为学习配电网检修知识和检修规程，观摩指导老师对操作项目的讲解示范，开展工作准备和实训操作。

【教学目标】

掌握配电网检修基本知识。了解配电网检修规程相关内容。熟练掌握架空线路登杆技能。能进行拉线制作及安装、横担安装、耐张绝缘子更换、配电电缆故障测寻操作，掌握相应工作流程和内容。

【教学环境】

多媒体教室，10kV 架空模拟线路，10kV 电缆模拟线路，相关测试仪器、工器具及安全用具。

检修操作中，要按照"实训现场就是工作现场""管业务必须管安全""谁主管谁负责"要求，遵照《安全管理》要求，严格执行"两票三制"和班前会、班后会制度。按照标准化作业要求，认真履行"三种人"管理规定，从严管理培训教学，全力保障实训安全。

实训作业中的"三种人"（工作票签发人、工作许可人、工作负责人），由专职培训师和经验丰富一线兼职培训师组成。实训管理单位要定期组织专兼职培训师进行安规考试合格后，确定每一个实训项目的"三种人"。

每个实训班级要按照培训师与学员不少于 1∶15 的比例配置。每个实训项目的指导培训师，要做到由熟悉设备的专职培训师和现场经验丰富的兼职培训师共同完成。

实训前，培训师负责勘察现场、工作办理、准备教学资料，带领学员做好场地和设施准备工作。履行工作许可手续、召开班前会后，方可开展实训。每个操作项目实训时，培训师先进行演示，然后开始分组训练。每个实训项目，除培训师作为项目工作负责人外，可根据现场实训需求，增加学员作为每个实训工位的专职监护人。实训结束后，培训师组织学员做好现场清扫、班后会、工作终结和经验分享工作。

项目一　架空线路登杆

📖 项目目标

掌握登杆作业工器具使用。能进行登杆作业危险点分析与预控措施制定。熟悉登杆作业流程及作业内容。能熟练进行架空线路登杆。

👤 项目描述

学习安全带、脚扣、登高板使用基本知识。在培训师指导监护下，准备作业工器具，使用脚扣（登高板）和防坠器进行登杆实训。实训电杆采用 $\phi190\times12m$ 的电杆。

💻 知识准备

一、安全带

1. 安全带组成

安全带是高处作业人员预防坠落伤亡的防护用品。由带子、绳子和金属配件组成，总称安全带。

（1）安全绳：安全带上保护人体不坠落的系绳。

（2）围杆带：电工、电信、园林等工种围在杆上作业时使用的带子。

（3）缓冲器：当人体坠落时，能减少人体受力，吸收部分冲击能量的装置。

2. 安全带的使用

（1）安全带使用前，做一次外观全面检查。

（2）安全带使用时要对安全带的各部件做一次冲击试验。

（3）在工作中应正确佩戴安全带。

（4）安全带的后备绳应水平拴挂或高挂低用，严禁低挂高用。

（5）高空作业人员在工作中移位时，不得失去安全带的保护。

（6）安全带不得拴挂在比较尖锐的构件上。在杆塔上作业时，围杆带、后备绳应拴在不同位置牢固的构件上。

（7）后备绳超 3m 以上使用时应加装缓冲装置。

二、脚扣

常用脚扣分为用于登水泥杆带胶皮的可调式脚扣和用于登木质电杆的不可调式脚扣。

1. 脚扣使用注意事项

（1）常用可调式铁脚扣，主要用来攀登拔梢水泥杆。它的上半部是由圆形铁管制成，在半圆形铁管的平面上用几个螺丝固定一块硬橡胶，半圆管的下部制成方形穿到下半部的方形铁箍中，方形铁箍焊到下半部的圆形铁管上，用来调节圆弧的大小，下半部与杆接触处也焊有一块长方形铁板并用螺丝将一块硬橡胶交替固定于其上，下半部的半圆管和长方形铁板同时都焊在脚踏的凹形铁板下面，凹形铁板的两侧开有扁孔用来穿脚扣带，制作脚扣用的铁管必须是优质钢材，并经过国家标准检验部门检验许可后方可生产出厂。

（2）脚扣使用前必须仔细检查有无合格证，是否按规定周期试验，是否在检验周期内，各部分有无断裂、腐朽现象，脚扣皮带是否完好牢固，如有损坏应及时更换，不得用绳子或电线代替。

（3）在登杆前应对脚扣进行人体荷载冲击试验，检查脚扣是否牢固可靠。穿脚扣时，脚扣带的松紧要适当，应防止脚扣在脚上转动或脱落。

（4）上杆时，一定按电杆的规格，调节好脚扣的大小，使之牢固地扣住电杆，上、下杆的每一步都必须使脚扣与电杆之间完全扣牢，否则容易出现下滑及其他事故。雨天或冰雪天因易出现滑落伤人事故，故不宜采用脚扣登杆。

（5）脚扣登杆应全过程系好、系牢安全带，不得失去安全保护。

2. 脚扣登杆

（1）检查杆根应牢固，埋深合格，拉线紧固，杆身无纵向裂纹，预应力环形混凝土电杆不得有横向裂纹，钢筋混凝土电杆横向裂纹宽度不得大于 0.5mm。

（2）检查脚扣所有的螺丝是否齐全，脚扣皮带是否良好，调节是否灵活，焊口有无开裂，有无变形，是否在合格期内；登杆前对脚扣进行冲击试验，试验时根据杆根的直径，调整好合适的脚扣节距，使脚扣能牢固地扣住电杆，以防止下滑或脱落到杆下，先登一步电杆，然后使整个人体重力以冲击的速度加在一只脚扣上，若无问题再试另一只脚扣。当试验证明两只脚扣都完好时方可进行登杆作业。

（3）将安全带绕过电杆，调节好合适的长度系好，扣环扣好，做好登杆前准备。

（4）登杆时，应用两手掌上下扶住电杆，上身离开电杆（350cm 左右），臀部向后下方坐，使身体成弓形。当左脚向上跨扣时，左手同时向上扶住电杆，右脚向上跨扣时，右手同时向上扶住电杆。

（5）在左脚蹬实后，身体重心移到左脚上，右脚才可抬起，再向上移一步，手也才可随着向上移动，两手脚配合要协调。

（6）当脚扣可靠扣住电杆后（方法：用力往下蹬，使脚扣与电杆扣牢），再开始移动身体。

（7）两只脚交替上升，步子不宜过大，并注意防止两只脚扣互碰。身体上身前倾，臀部后坐，双手扶住围杆带，忌搂抱电杆。等到一定高度适当收缩脚扣节距，使其适合变细的杆径。快到顶时，要防止横担碰头，待双手快到杆顶时要选择好合适的工作位置，系好安全带。

（8）脚扣节距调整要领：若调节左脚脚扣时，右脚踩稳，左脚脚扣从杆上拿出来并抬起，左手扶住电杆，右手绕过电杆，抓住左脚脚扣上半部拉出或推进到合适的位置，来达到调节的目的，若调节右脚则程序正好相反。

（9）杆上作业时，经常要向两侧探身，应注意使受力的一只脚站稳。同时腰带一定要绷紧受力，正确的操作方法是：向左侧探身作业应左脚在下，右脚在上；向右侧探身作业时应右脚在下，左脚在上。操作时人身体的重量都集中在下面的一只脚上，上面的一只脚只起辅助作用，但也一定要扣好，防止脚扣松弛后掉下打到下面的脚扣。

三、登高板

登高板是选用质地坚韧的木材，如水曲柳、柞木等，制作成30～50mm厚的长方形踏板（也称升降板）。绳索采用白棕绳，绳两端系结在踏板两头的凹槽内。在绳的中间套上一个心形铁环再穿上一个铁制挂钩。登高板绳长应保持操作者一人加手长。

1. 登高板使用注意事项

（1）使用前，一定要检查有无合格证，是否按规定周期进行试验，是否在检验周期以内。踏板有无开裂或腐蚀，绳索有无腐蚀或断股现象，若发现应及时更换处理。

（2）使用时必须正钩，即钩朝外。切勿反钩，以免造成脱钩事故。

（3）登杆前应先挂好踏板，用人体作冲击荷载试验，以检验踏板的可靠性。

（4）严禁将绳索打结后使用。

2. 登高板登杆要领

（1）先把一块登高板钩挂在电杆上，高度以操作者能跨上为准，另一块反挂在肩上。

（2）用右手握住挂钩端双根棕绳，并用大拇指顶住挂钩，左手握住左边贴近木板的单根棕绳，把右脚跨上踏板，然后右手用力使人体上升，待重心转到右脚，左手即向上扶住电杆。

（3）当人体上升到一定高度时，松开右手并向上扶住电杆使人体站直，将左脚绕过左边单根棕绳踏入木板内。

（4）站稳后，在单杆上方挂另一块登高板，然后右手紧握上一块登高板的双根棕绳，并用大拇指顶住挂钩，左手握住左边贴近木板的单根棕绳，把左脚从下面登高板左边的单根棕绳内绕出，改成站在下登高板正面，接着将右脚跨上上面登高板，手脚同时用力，使人体上升。

（5）当人体左脚离开下面登高板后，需要将下面的踏板解下，此时左脚必须抵在下面登高板挂钩的下面，然后用左手将下面登高板挂钩摘下，向上站起。以后重复上述各步骤进行攀登，直至所需高度。

3. 登高板下杆要领

（1）人体站稳在所使用的登高板上（左脚绕过左边棕绳踏在踏板上）。

（2）弯腰把另一块登高板挂在下方电杆上，然后右手紧握登高板挂钩处两根棕绳，并用大拇指抵住挂钩，左脚抵住电杆下伸，随即用左手握住下面登高板的挂钩处，人体也随左脚的下落而下降，同时把下登高板降到适当位置，将左脚插入下登高板二棕绳间并抵住电杆。

（3）将左手握住上登高板的左端棕绳，同时左脚用力抵住电杆，以防止登高板滑下和人体摇晃。

（4）双手紧握上登高板的两根棕绳，左脚抵住电杆不动，人体逐渐下降，双手也随人体下降而下移握紧棕绳的位置，直至贴近两端木板。

（5）人体向后仰，同时右脚从上登高板退下，使人体不断下降，直至右脚踏到下登高板。

（6）把左脚从下踏板两根棕绳内抽出，人体贴近电杆站稳，左脚下移并绕过左边棕绳踏到下登高板上。

（7）以后各步骤重复进行，直至人体双脚着地为止。

🎥 项目实施

一、作业流程及内容

（一）架空线路登杆实训作业流程图（见图 4-1）

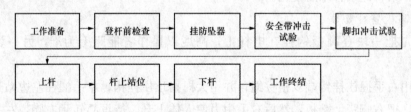

图 4-1　架空线路登杆实训工作流程图

（二）工作内容

1. 工器具和材料准备

（1）工器具。验电器、绝缘手套、速差保护器、安全带、脚扣、登高板、安全帽、线手套、传递绳、常用药品、个人用具等。

（2）材料。线路杆塔明细表、脚扣鞋带、警示牌等。

2. 登杆前安全检查

（1）检查杆根应牢固，埋深合格，拉线紧固，混凝土电杆不宜有纵向裂纹，横向裂纹不宜超过 1/3 周长，且裂纹宽度不宜大于 0.5mm。

（2）检查脚扣所有的螺丝是否齐全，是否松动。脚扣皮带是否良好，调节是否灵活，焊口有无开裂，有无变形，是否在试验合格期内。

（3）安全带使用前，作一次外观全面检查，外观无破损，是否在试验合格期内。

（4）登杆人员穿戴好安全带。

（5）辅助人员协助将速差防坠器下端挂在登杆人员背部的安全带挂环上。

3. 安全带冲击试验

对围杆带、后备保护绳做冲击试验。

4. 脚扣冲击试验

登杆前对脚扣进行冲击试验，试验时根据杆根的直径，调整好合适的脚扣节距，使脚扣能牢固地扣住电杆，以防止下滑或脱落到杆下，先登一步电杆，然后使整个人体重力以冲击的速度加在一只脚扣上，若无问题再试另一只脚扣。当试验证明两只脚扣都完好时方可进行登杆作业。

5. 登杆

（1）将安全带绕过电杆，调节好合适的长度系好，扣环扣好，做好登杆前准备。

（2）登杆时，应用两手掌上下扶住电杆，上身离开电杆（350cm 左右），臀部向后下方坐，使身体成弓形。当左脚向上跨扣时，左手同时向上扶住电杆，右脚向上跨扣时，右手同时向上扶住电杆。

（3）在左脚蹬实后，身体重心移到左脚上，右脚才可抬起，再向上移一步，手也才可随着向上移动，两手脚配合要协调。

（4）当脚扣可靠扣住电杆后（方法：用力往下蹬，使脚扣与电杆扣牢），再开始移动身体。

（5）两只脚交替上升，步子不宜过大，并注意防止两只脚扣互碰。身体上身前倾，臀部后坐，双手扶住围杆带切，忌搂抱电杆。等到一定高度适当收缩脚扣节距，使其适合变细的杆径。快到顶时，要防止横担碰头，待双手快到杆顶时要选择好合适的工作位置，系好安全带后备保护绳。

6. 作业站位

杆上作业时，经常要向两侧探身，应注意使受力的一只脚站稳。同时腰带一定要绷紧受力，正确的操作方法是：向左侧探身作业应左脚在下，右脚在上；向右侧探身作业时应右脚在下，左脚在上。操作时人身体的重量都集中在下面的一只脚上，上面的一只脚只起辅助作用，但也一定要扣好，防止脚扣松弛后掉下打到下面的脚扣。

7. 下杆

将所带物品，传递到杆下。下杆方法基本是上杆动作的重复，只是方向相反，但要注意步幅不可过大。

二、工作要点

1. 一般要求

（1）凡在坠落高度基准面 2m 及以上的高处进行的作业，都应视作高处作业。

（2）参加高处作业的人员，应每年进行一次体检。

（3）高处作业应使用工具袋。上下传递材料、工器具应使用绳索，邻近带电线路作业的，应使用绝缘绳索传递，较大的工具应用绳拴在牢固的构件上。

（4）低温或高温环境下的高处作业，应采取保暖或防暑降温措施，作业时间不宜过长。

（5）在5级及以上的大风以及暴雨、雷电、冰雹、大雾、沙尘暴等恶劣天气下，应停止露天高处作业。特殊情况下，确需在恶劣天气进行抢修时，应制定相应的安全措施，经本单位批准后方可进行。

（6）高处作业，除有关人员外，他人不得在工作地点的下面通行或逗留，工作地点下面应有遮栏（围栏）或装设其他保护装置。若在格栅式的平台上工作，应采取有效隔离措施，如铺设木板等。

2. 安全带使用

（1）安全带的挂钩或绳子应挂在结实牢固的构件上，或专为挂安全带用的钢丝绳上，并应采用高挂低用的方式。禁止挂在移动或不牢固的物件上〔如隔离开关（刀闸）支持绝缘子、母线支柱绝缘子、避雷器支柱绝缘子等〕。

（2）安全带和专作固定安全带的绳索在使用前应进行外观检查。

（3）安全带应定期检验，不合格者不得使用。安全带各部件静负荷试验周期为1年。每次试验荷载时间为5min。围杆带、围杆绳、安全绳试验静拉力为2205N，护腰带试验静拉力为1470N。

（4）作业人员作业过程中，应随时检查安全带是否拴牢。高处作业人员在转移作业位置时不得失去安全保护。

（5）腰带和保险带、绳应有足够的机械强度，材质应耐磨，卡环（钩）应具有保险装置，操作应灵活。保险带、绳使用长度在3m以上的应加缓冲器。

（6）在杆塔高空作业时，应使用有后备绳的双保险安全带，安全带和保护绳应分挂在杆塔不同部位的牢固构件上，应防止安全带从杆顶脱出或被锋利物损坏。人员在转位时，手扶的构件应牢固，且不得失去后备保护绳的保护。

3. 登高工具试验

（1）脚扣应定期检验，不合格者不得使用。脚扣静负荷试验周期为1年。每次试验施加1176N静压力，持续时间按5min。

（2）登高板应定期检验，不合格者不得使用。登高板静负荷试验周期为1年。每次试验施加2205N静压力，持续时间按5min。

4. 登杆工作要点

（1）登杆作业前，应先检查根部、基础和拉线是否牢固。新立电杆在杆基未完全牢固或做好临时拉线前，严禁攀登。遇有冲刷、起土、上拔或导地线、拉线松动的电杆，应先培土加固，打好临时拉线或支好杆架后，再行登杆。

（2）登杆塔前，应先检查登高工具和设施，如脚扣、登高板、安全带防坠装置等是否完整牢靠。

（3）禁止携带器材登杆或在杆塔上移位。

（4）严禁利用绳索、拉线上下杆塔或顺杆下滑。

（5）上横担进行工作前，应检查横担连接是否牢固和腐蚀情况，检查时安全带（绳）应系在主杆或牢固的构件上。

三、实训作业指导书

架空线路登杆实训作业指导书如下。

编号：

_____培训班

架空线路登杆实训
实训作业指导书

批准：_____ _____年___月___日
审核：_____ _____年___月___日
编写：_____ _____年___月___日

作业日期　年　月　日　时至　年　月　日　时

1　适用范围

本指导性技术文件规定了××××10kV架空线路登杆实训的现场标准化作业的工作步骤和技术要求。

本指导性技术文件适用于××××培训架空线路登杆的操作。

2　编制依据

国家电网安质〔2014〕265号《国家电网公司电力安全工作规程（配电部分）（试行）》

Q/GDW 1519—2014《配电网运维规程》

Q/GDW 11261—2014《配电网检修规程》

Q/GDW 10738—2020《配电网规划设计技术导则》

3　作业前准备

3.1　准备工作安排

√	序号	内容	标准	责任人	备注
	1	接受任务	培训师根据教学计划安排，核对实训班级、实训时间、实训地点	培训师	
	2	现场勘察	（1）核实工作内容、停电范围、保留的带电部位、作业现场的条件、应合接地刀闸（应挂接地线）、环境及危险点。 （2）制定针对性安全措施，工作负责人根据勘察结果填写现场勘察记录	培训师	
	3	人员安排	工作前，工作负责人应根据工作任务、工作难度、人员技能水平和现场场地、工位，组织开展承载力分析，合理安排工作班成员，确保工作班人数、安全能力和业务能力、实训工位满足实训要求	培训师、学员	
	4	工作票填写	培训师在作业前填写好工作票，并交给签发人审查、签发	培训师	
	5	学习指导书	（1）培训师根据现场环境和实训人员情况对实训作业指导书进行优化。 （2）由培训师组织所有参加该项工作人员学习本作业指导书	培训师、学员	
	6	工具材料准备	结合现场勘察情况和工作需要，提前准备现场工作所需安全工器具、物料、备品备件、试验仪器、图纸、说明书等物品并做好检查	培训师、学员	

√	序号	内容	标准	责任人	备注
	7	资料准备	(1) 课程单元教学设计。 (2) 实训作业指导书。 (3) 工作票。 (4) 班前会、班后会记录。 (5) 实训室日志。 (6) 项目应急预案及应急处置卡	培训师	

已执行项打"√"，不执行项打"×"。下同

3.2 人员要求

√	序号	内容	备注
	1	现场工作人员的身体状况良好，精神饱满	
	2	培训师具备必要的电气知识和配电网运检技能，熟悉现场作业环境和实训设施，熟悉该项目的危险点预控措施，能正确使用作业工器具，了解有关技术标准要求	
	3	学员必须掌握《电力安全工作规程》的相关知识，并经安规考试合格，经医师鉴定无妨碍工作的病症，方可参加实训	

3.3 作业分工

本项目需 3 人，具体分工情况见下表。

√	序号	责任人	职责	人数	备注
	1	工作负责人（监护人）	(1) 对工作全面负责，在测试工作中要对作业人员明确分工，保证工作质量。 (2) 对项目质量及结果负责。 (3) 识别现场作业危险源，组织落实防范措施。 (4) 工作前对工作班成员进行危险点告知，交代安全措施和技术措施，并确认每一个工作班成员都已知晓。 (5) 对作业过程中的安全进行监护	1 人	培训师
	2	作业人员	(1) 负责工器具检查工作。 (2) 做好登杆实训工作	2 人	学员

3.4 工器具及材料

工器具表

序号	名称	规格	单位	数量	备注
1	验电器	10kV	支	1	
2	绝缘手套	12kV	副	1	

续表

序号	名称	规格	单位	数量	备注
3	速差保护器		套	1	
4	安全带		条	1	
5	脚扣		副	1	
6	登高板		副	1	
7	安全帽		顶	1	
8	线手套		副	1	
9	传递绳		根	1	
10	常用药品		份	若干	创可贴、医用胶布、碘酒
11	个人用具		套	1	安全防护、常规工具等

材料表

序号	名称	规格	单位	数量	备注
1	脚扣鞋带		份	若干	
2	线路杆塔明细表		份	1	
3	警示牌		块	若干	根据实际情况携带

3.5　危险点分析

√	序号	危险点分析
	1	倒杆
	2	脚扣断裂
	3	脚扣滑落
	4	高空坠落

3.6　安全措施

√	序号	内容
	1	登杆前对电杆及附属设施进行全面检查
	2	脚扣、安全带在使用前必须进行外观检查和冲击试验
	3	脚扣应严格按照操作的要求使用。登杆时，两脚相对的站姿规范：两脚（来自膝盖至脚心方向的集束光投影）投影采取外八字站姿，两脚尖向外，两脚后跟尽量靠近，两脚正投影的夹角始终保持在100°至180°之间；初练登杆时，切忌两脚互相平行站在电杆上
	4	在登杆的过程中应全过程使用防坠器及安全带
	5	杆上作业时人身体的重量都集中在下面的一只脚上，上面的一只脚只起辅助作用，但也一定要扣好，防止脚扣松弛后掉下打到下面的脚扣

√	序号	内容
	6	安全带的挂钩或绳子应挂在结实牢固的构件上，或专为挂安全带用的钢丝绳上，并应采用高挂低用的方式。禁止挂在移动或不牢固的物件上〔如隔离开关（刀闸）支持绝缘子、母线支柱绝缘子、避雷器支柱绝缘子等〕
	7	作业人员作业过程中，应随时检查安全带是否拴牢。高处作业人员在转移作业位置时不得失去安全保护

4 实训项目及技术要求

4.1 开工

√	项目	操作内容及要求	备注
	现场复勘	工作负责人核对实训现场，检查现场工作条件、作业环境等满足实训条件	
	履行工作许可手续	（1）工作负责人按照工作票所列工作内容与运维人员联系，申请工作许可，申请时应用专业术语。 （2）完成施工现场的安全措施后，工作许可人会同工作负责人到现场再次检查所做的安全措施，对具体的设备指明实际的隔离措施，证明检修设备确无电压。 （3）对工作负责人指明带电设备的位置和注意事项，最后双方在工作票上分别确认、签名。记录许可时间	
	召开现场班前会	（1）学员点名：应到人数（ ），实到人数（ ），缺勤人数（ ）。 缺勤原因：（ ）。 （2）介绍培训任务、监护指导分工和安全风险预控措施（特别是对作业中的"老虎口"要特别提醒，关键事项做到提前交底。现场"老虎口"和风险点应指定监护人，执行安措等关键工序应指定责任人）。 （3）确定工作班成员身体健康良好，适应当日工作。 （4）讲解着装及装束要求，并进行互查合格。 （5）讲解并检查正确佩戴安全帽。 （6）交代手机、书包、杯子等定置管理要求。 （7）正确使用实训设备、仪器、仪表、工器具。 （8）实训室安全注意事项和学员行为规范。 （9）实训室周围环境及应急逃生措施	
	布置安全措施	（1）装设围栏。 （2）检查安全工器具。 （3）验电、悬挂接地线。 （4）悬挂标识牌（各小组循环进行）	
	工器具现场检查	（1）检查施工工器具的外观情况。 （2）检查施工工器具机械试验及电气试验的试验标签在有效期内	

4.2 实训内容及标准

√	项目	操作内容及要求	备注
	登杆前 安全检查	（1）检查杆根应牢固，埋深合格，拉线紧固，混凝土电杆不宜有纵向裂纹，横向裂纹不超过 1/3 周长，且裂纹宽度不宜大于 0.5mm。 （2）检查脚扣所有的螺丝是否齐全，脚扣皮带是否良好，调节是否灵活，焊口有无开裂，有无变形，是否在试验合格期内。 （3）安全带使用前，做一次外观全面检查，外观无破损，是否在试验合格内	
	穿戴好安全带	（1）登杆人员穿戴好安全带。 （2）辅助人员协助将速差防坠器下端挂在登杆人员背部的安全带上	
	冲击试验	（1）将安全带绕过电杆，调节好合适的长度系好，扣环扣好，做好登杆前准备。 （2）对围杆带、后备保护绳做冲击试验。 （3）登杆前对脚扣进行冲击试验，试验时根据杆根的直径，调整好合适的脚扣节距，使脚扣能牢固地扣住电杆，以防止下滑或脱落到杆下，先登一步电杆，然后使整个人体重力以冲击的速度加在一只脚扣上，若无问题再试另一只脚扣。当试验证明两只脚扣都完好时方可进行登杆作业	
	登杆	（1）登杆时，应用两手掌上下扶住电杆，上身离开电杆（350cm 左右），臀部向后下方坐，使身体成弓形；登杆时，脚尖应朝上。当脚尖朝下时，脚扣的橡胶条与电杆的接触面小，正压力减少，登杆容易滑杆；脚尖朝下时，脚尖挑脚扣用力大，空中放松脚尖时，脚扣容易下滑落地；脚尖与地面平行时，在地球引力作用下，脚扣容易滑脱。脚扣的踏板宽 133mm 左右，人的脚宽一般在 73mm 至 93mm，当脚力在踏板中心线时，作用于脚扣的力臂比作用于踏板外沿减少 1 倍，得到的力矩就减少 1 倍，登杆就容易滑杆。女学员脚窄一些，登杆必须要求做到脚力作用于踏板外边，使落脚力矩达到最大值。登杆时，两脚要始终呈外八字，脚尖向外，脚后跟相贴，或一只脚的后跟与另一条腿裤子的邻近裤线（缝）相贴，最远不得超过45mm 距离，以防止初练登杆失稳滑杆。脚尖外八字时的夹角可控制在 100°至 180°之间，当需要上下移动脚扣时，为了使移动的脚扣躲避电杆表面或另一只脚扣，顺利越过，可采用扩大（脚外八字）夹角的办法。当左脚向上跨扣时，左手同时向上扶住电杆，右脚向上跨扣时，右手同时向上扶住电杆。 （2）当脚扣开始离开地面（或离开电杆表面）接触电杆前，小脚趾应上翻，使脚扣钢管平行于地面，以便于脚扣贴近电杆表面；在脚扣碰击电杆表面瞬间，大脚趾应上翻，脚掌外沿应用力踩踏脚扣外沿，脚力放在脚心后方，使脚尖朝上 23°至33°，使脚扣上的橡胶条紧贴电杆的表面积达到最理想值。 （3）脚扣在杆上被抬起前，小脚趾应上翻，使脚扣钢管平行于地面，以便于通过脚的外拉力从电杆表面拉出脚扣。 （4）在左脚蹬实后，身体重心移到左脚上，右脚才可抬起，再向上移一步，手也才可随着向上移动，两手脚配合要协调。 （5）当脚扣可靠扣住电杆后（方法：用力往下蹬，使脚扣与电杆扣牢），再开始移动身体。 （6）两只脚交替上升，步子不宜过大，并注意两只防止两只脚扣互碰。身体上身前倾，臀部后坐，双手扶住围杆带切，忌搂抱电杆。等到一定高度适当收缩脚扣节距，使其适合变细的杆径。快到顶时，要防止横担碰头，待双手快到杆顶时要选择好合适的工作位置，系好安全带后备保护绳	

√	项目	操作内容及要求	备注
	作业站位	向左侧探身作业应左脚在下，右脚在上；向右侧探身作业时应右脚在下，左脚在上。操作时人身体的重量都集中在下面的一只脚上，上面的一只脚只起辅助作用，但也一定要扣好，防止脚扣松弛后掉下打到下面的脚扣	
	下杆	将所带物品，传递到杆下。下杆方法基本是上杆动作的重复，只是方向相反，但要注意步幅不可过大	

4.3 竣工

序号	操作内容	注意事项	备注
1	清理工作现场	整理工器具及材料，清理实训现场	
2	召开班后会	(1) 学员点名：应到人数（ ），实到人数（ ），缺勤人数（ ）。 缺勤原因：（ ）。 (2) 总结当天实训工作完成情况，对表现好的学员进行表扬，指出不足并分析点评，提出改进意见和防范措施。 (3) 对下次实训工作提出要求	
3	办理工作终结手续	(1) 全部工作完毕后，检查实训现场所有安全措施已拆除。已恢复常设围栏。 (2) 所有人员已撤离操作区域。 (3) 工作负责人向运维人员汇报工作结束，并终结工作票	

项目评价

登杆完成后，根据学员任务完成情况，填写评分记录表（表 4-1），做好综合点评（表 4-2）。

一、技能操作评分

表 4-1　　　　　　　　配电线路登杆评分记录表

序号	项目	考核要点	配分	评分标准	扣分原因	得分
1				工作准备		
1.1	工器具检查	选择工器具齐全，符合使用要求	10	(1) 工器具齐全，缺少每件扣1分。 (2) 工具未检查试验，每件扣1分		

序号	项目	考核要点	配分	评分标准	扣分原因	得分
1.2	着装穿戴	穿工作服、绝缘鞋；戴安全帽、线手套	5	（1）未穿工作服、绝缘鞋，未戴安全帽、线手套，每缺少一项扣2分。 （2）着装穿戴不规范，每处扣1分。		
2				工作过程		
2.1	工器具使用	工器具检查与使用	15	（1）工器具使用不当每次扣2分。 （2）未对安全带、脚扣做冲击性试验（冲击性试验后不检查）每件扣2分。 （3）不检查扣环或安全带扣扎不正确每项扣2分		
2.2	登高作业	检查杆根，登杆平稳、踩牢；正确使用安全带；杆上作业站立位置正确；避免高空意外落物；材料上拔过程中不得碰电杆	40	（1）未核对线路名称、杆号、色标每项扣2分，未检查杆根、杆身、基础、拉线每项扣2分。 （2）上下杆过程中脚踏空、手抓空、脚扣下滑每次扣3分，脚扣互碰每项扣2分、脚扣脱落每次扣10分、人员滑落本项不得分。 （3）作业时瞬间失去安全带或安全绳的保护每次扣10分，登杆不使用安全带扣20分。 （4）杆上作业两脚站立位置错误每次扣3分。 （5）杆上落物，抛物每次扣2分		
3				工作终结验收		
3.1	安全文明生产	爱护工具、节约材料，按要求进行拆装，操作现场清理干净彻底；汇报结束后，恢复现场；无不安全行为	30	（1）出现不安全行为，每次扣5分。 （2）作业完毕，现场未清理恢复扣5分，不彻底扣2分。 （3）损坏工器具每件扣3分		
				合计得分		
考评员栏		考评员：		考评组长：　　　　时间：		

145

二、项目综合点评

表 4 - 2　　　　　　　　　　配电线路登杆项目综合点评记录表

序号	项目	培训师对项目评价	
		存在问题	改进建议
1	安全措施		
2	作业流程		
3	作业方法		
4	登杆技巧		
5	工具使用		
6	文明操作		

📖 课后自测及相关实训

1. 安全带的安全检查项目有哪些？
2. 登高工具的安全检查项目有哪些？
3. 登高过程中安全注意事项有哪些？
4. 使用脚扣、安全带、防坠器进行架空线路登杆训练。

项目二　拉线制作及安装

📋 项目目标

熟悉拉线的组成。能区分各种拉线类别。掌握拉线制作及安装流程及作业内容。掌握拉线制作及安装工艺要求及工作要点。能进行项目危险点分析和预控措施制定。能编写实训作业指导书和办理工作票，能进行拉线制作及安装。

🖥 项目描述

学习拉线组成基本知识，认知各种拉线。在培训师指导监护下，学员完成实训现场勘察、工作票填写、作业指导书编写，现场进行作业工器具准备，制作线杆拉线、安装拉线（GJ—35mm^2），加装拉线绝缘子。

💻 知识准备

拉线是配电线路的重要组成部分。拉线的作用是使拉线产生的力矩平衡杆塔承受的不平衡力矩，增加杆塔的稳定性。凡承受固定性不平衡荷载比较显著的电杆，如终端杆、角度杆、跨越杆等均应装设拉线。为了避免线路受强大风力荷载的破坏，或在土质松软的地区为了增加电杆的稳定性，也应装设拉线。在整立施工中，尽量利用拉线杆塔的永久拉线代替整立施工中的临时拉线（常采用麻绳或钢绳）。

一、拉线的组成

从上到下，配电线路杆塔的拉线一般由下列元件构成：拉线抱箍、延长环、楔形线夹（俗称上把）、绞线、拉线绝缘子、绞线、UT 型线夹（俗称下把、底把）、拉线棒和拉线盘。拉线组成如图 4 - 2 所示。

二、拉线的分类

根据拉线形式不同，一般有以下几种拉线类型：

（1）普通拉线。用于线路的终端杆塔、小角度的转角杆塔、耐张杆塔等处，主要起平衡张力的作用。一般和电杆呈 45°角，如果受地形限制时，不应小于 30°，且不大于 60°，如图 4 - 3 所示。

（2）人字拉线。人字拉线又称两侧拉线，装设在直线杆塔垂直线路方向的两侧，用于增强杆塔抗风或稳定性，如图 4 - 4 所示。

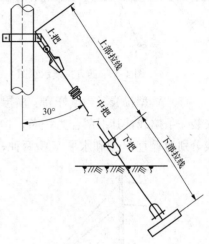

图 4 - 2　拉线组成示意图

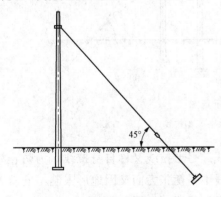

图 4 - 3　普通拉线示意图

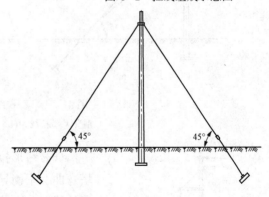

图 4 - 4　人字拉线示意图

（3）四方拉线。四方拉线又称十字拉线，在垂直线路方向杆塔的两侧和顺线路方向杆塔的两侧均装设拉线，用于增加耐张杆塔、土质松软地区杆塔的稳定性或增强杆塔抗风性及防止导线断线而缩小事故范围，如图 4 - 5 所示。

（4）水平拉线。水平拉线又称过道拉线，也称高桩拉线，在不能直接做普通拉线的地方，如跨越道路等地方，可作过道拉线。做法是在道路的另一侧或不妨碍人行道旁立一根拉线桩，拉线桩的倾斜角为 10°～20°，在桩上做一条拉线埋入地下，拉线在电杆和拉线桩中间跨越道路等处，保证了一定的高度（一般不低于 6m），不会妨碍车辆的通行，如图 4 - 6 所示。

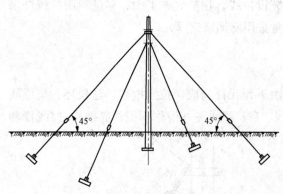

图 4-5　四方拉线示意图

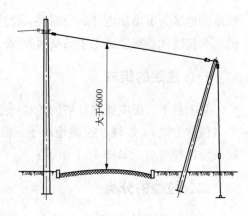

图 4-6　水平拉线示意图

（5）V 型拉线。当电杆高、横担多、架设导线较多时，在拉力的合力点上下两处各安装一条拉线，其下部合为一条，构成 V 型拉线。V 型拉线又称为 Y 型拉线，这种拉线分别为垂直 V 型和水平 V 型两种，如图 4-7 所示。

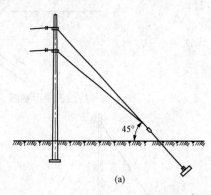

(a)

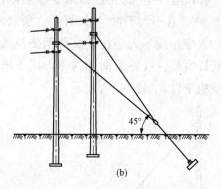

(b)

图 4-7　V 型拉线示意图

（a）垂直 V 型拉线；（b）水平 V 型拉线

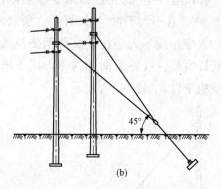

图 4-8　弓形拉线示意图

（6）弓形拉线。弓形拉线又称自身拉线，为防止杆塔弯曲、平衡导线不平衡张力而又因地形限制不安装普通拉线时，安装弓形拉线，如图 4-8 所示。

（7）共同拉线。应用在直线线路上，如在同一电杆上，一侧导线粗，一侧导线细，两侧负荷不一样产生了不平衡张力，但装设拉线又没有地方，就只能将拉线安装在第二根电杆上，如图 4-9 所示。

（8）撑杆。因地形限制不便于安装普通拉线而在导线张力或张力合力的方向上装设撑杆以平衡导线的不平衡张力，如图 4-10 所示。

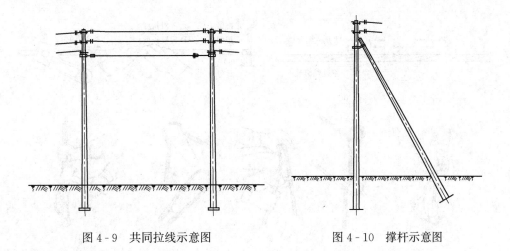

图 4-9　共同拉线示意图　　　　　　　　图 4-10　撑杆示意图

🔭 项目实施

一、作业流程及内容

（一）拉线制作和安装作业流程图（见图 4-11）

上把制作	上把安装	下把制作与安装
·裁线 ·穿线 ·弯拉线环 ·整形 ·装配 ·绑扎 ·防腐处理	·登杆 ·安装拉线抱箍 ·安装拉线 ·下杆	·收紧拉线 ·制作拉线环 ·装配 ·安装调整 ·完成安装 ·清理现场

图 4-11　拉线制作和安装的工作流程图

（二）工作内容

1. 工器具和材料准备

（1）活扳手、手钳、卷尺、断线钳、记号笔、帆布垫、手锤、钢绞线、楔形线夹、UT 线夹工器具等。

（2）镀锌铁丝材料等。

2. 拉线上把的制作

拉线上把（楔形线夹）的制作如图 4-12 所示。

（1）裁线。由于镀锌钢绞线的刚性较大，为避免散股，在制作拉线下料前应用细扎丝在拉线计算长度处进行绑扎，然后用断线钳将其断开。如图 4-12（a）所示。

（2）穿线。取出楔形线夹的舌板，将钢绞线穿入楔形线夹，并根据舌板的大小在距离钢绞线端头 300mm 加上舌板长度处做弯线记号，应注意主线在线夹平面侧，尾线在

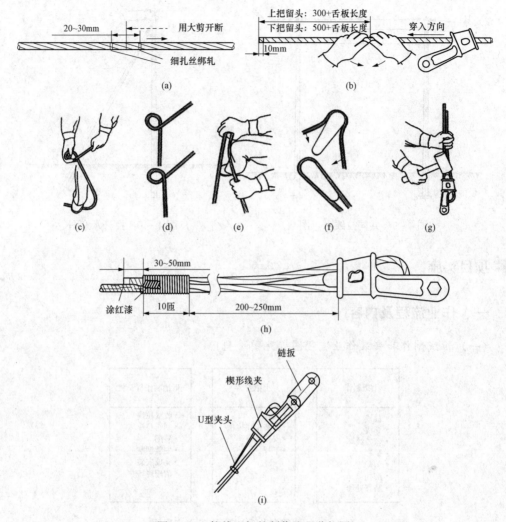

图 4 - 12　拉线上把的制作流程分解图

(a) 裁线；(b) 穿线量尺寸；(c) 弯拉线环；(d) 拉线环；(e) 调整拉线环；

(f) 拉线环与舌板的配合；(g) 装配楔形线夹；(h) 楔形线夹安装绑扎尺寸；

(i) U 型夹头来固定尾线图

凸肚侧。如图 4 - 12 (b) 所示。

（3）弯拉线环。用双手将钢绞线在记号处弯一小环，然后如图 4 - 12 (c) 所示。用脚踩住主线，一手拉住线头，另一手握住并控制弯曲部位，协调用力将钢绞线弯曲成环；为保证拉线环的平整，应将端线分别如图 4 - 12 (d) 所示换边弯曲。

（4）整形。为防止钢绞线出现急弯，将做好的拉线环如图 4 - 12 (e) 所示的方式，分别用膝盖抵住钢绞线主线、尾线进行整形，使其呈如图 4 - 12 (f) 所示的开口销状，以保证钢绞线与舌板间结合紧密。

（5）装配。拉线环制作完成后，将拉线的回头尾线端从楔形线夹凸肚侧穿出，放入舌板并适度地用木锤敲击，使其与拉线与线夹间的配合紧密，如图 4-12（g）所示。

（6）绑扎。在尾线回头端距端头 30～50mm 的地方，用 12♯或 10♯镀锌铁丝缠绕 100mm 对拉线进行绑扎，如图 4-12（h）所示，使拉线的回头尾线与主线间的连接牢固，也可以使用 U 型夹头来固定尾线如图 4-12（i）所示。

（7）防腐处理。按拉线安装施工的规定要求，完成制作后应在扎线及钢绞线的端头涂上红漆，以提高拉线的防腐能力。

另外需要说明，一般情况下拉线可以不装拉线绝缘子，但当 10kV 线路的拉线从导线之间穿过或跨越导线时，按规定要装设拉紧绝缘子；0.4kV 线路拉线一律要装设拉紧绝缘子。且要求在断拉线情况下拉紧绝缘子距地面不应小于 2.5m。拉线绝缘子分为悬式绝缘子和圆柱形拉线绝缘子，这两种拉线绝缘子的安装方法不同，前者可以用楔形线夹连接，连接的方法和工艺标准和上把一致，后者的连接按规定将上、下拉线交叉套在拉线绝缘子上，用（12♯或 10♯）镀锌铁丝绑扎（长度不少于 100mm）或 U 型夹头将尾线锁紧，（也可以用两根预绞丝交叉穿过拉线绝缘子后与钢绞线连接），这样即使拉线绝缘子损坏，其上、下拉线也不会断开脱落，具体安装如图 4-13 所示。

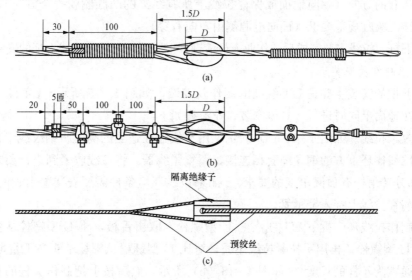

图 4-13　拉线绝缘子的安装
（a）镀锌铁丝绑扎方式安装；（b）钢线卡固定方式安装；（c）预绞丝固定方式安装

3. 上把安装

拉线上把制作完成后，便可进行拉线的杆上安装。拉线的杆上安装示意图如图 4-14 所示，具体安装步骤如下：

（1）登杆。按上杆作业的要求完成电杆、登杆工具等必需的检查工作。取得现场施工负责人的允许后带上必备操作工具上杆，并在指定位置站好位、系好安全带。绑好传递滑车和传递绳。

（2）安装拉线抱箍。将拉线抱箍连接延长环传递到杆上并固定安装在距电杆合适位

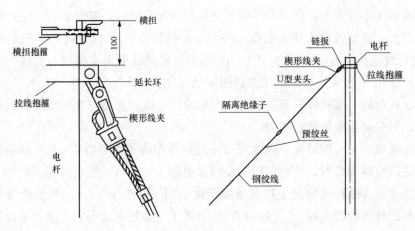

图 4-14　拉线上把安装示意图

置（一般为横担下方 100mm 处），并根据拉线装设的要求，调整好拉线抱箍方向。

（3）安装拉线。连接楔形线夹与延长环，穿入螺栓，插入销钉，这个过程需要保证楔形线夹凸肚的方向（朝向地面或保证拉线上所有线夹的凸肚侧朝一个方向），螺栓穿向应符合施工验收规范要求（面向电源侧由左向右穿）。

（4）下杆。拉线安装完成后，作业人员清理杆上工具下杆结束拉线上把的安装作业。

4. 下把制作及安装

拉线下把的安装主要是 UT 线夹的制作及安装，如图 4-15 所示，UT 线夹的安装与制作均在地面上同时进行。具体安装作业流程如下：

（1）收紧拉线。如图 4-15（a）所示，用卡线器在适当的高度将钢绞线卡住，另一端与套在拉线棒环下方的钢丝绳套相连接，调整紧线器，将拉线收紧到设计要求的角度（设计对部分转角杆有预偏角度的要求）。如果拉线环境条件需要安装警示管的情况下，应在卡线前在拉线上穿入警示管。

（2）制作拉线环。拆下 UT 线夹的 U 型螺栓，取出舌板，将 U 型螺栓从拉棒环穿入，抬起 U 型螺栓，再用手拉紧拉线尾线，对比 U 型螺栓从螺栓端头向下量取 200mm 的距离（通常为丝杆的长度），如图 4-15（b）所示，然后按上把制作流程的第三到第四步过程制作好拉线环。

（3）装配。将拉线从 UT 线夹穿出（线回头尾线端从 UT 线夹凸肚侧穿出）并应保证主线在线夹平面侧，装上舌板，如图 4-12（g）用木锤敲击使拉线环与舌板能紧密配合。

（4）安装调整。将 U 型螺栓丝杆涂上润滑剂，重新套进拉棒环后穿入 UT 线夹，使 UT 型线夹凸肚方向与楔形线夹方向一致，装上垫片、螺帽，并调节螺母使拉线受力后撤出紧线器。拉线调好后，应将 U 型螺栓上两个螺母拧紧（最好采用防盗螺帽），螺母拧紧后螺杆应露扣，并保证有不小于 1/2 丝杆的长度以供调节，其舌板应在 U 型螺栓的中心轴线位置。

（5）完成安装。在 UT 线夹出口量取拉线露出长度（不超过 500mm），将多余部分

152

剪去；而后在尾线距端头 150mm 的地方，用镀锌铁丝由下向上缠绕 50～80mm 长度，如图 4-15（c）所示，使拉线的回头尾线与主线间的连接牢固，并将扎线尾线拧麻花 2～3 圈；而后按规定在扎线及钢绞线端头涂上红漆，以提高拉线的防腐能力。

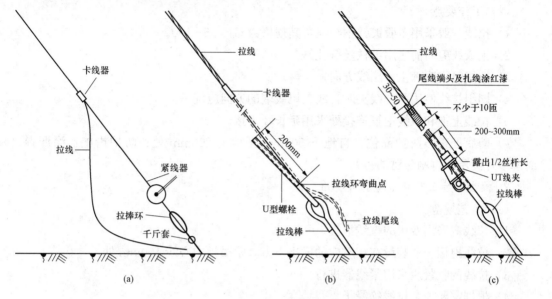

图 4-15　UT 线夹的制作安装图
（a）收紧拉线示意图；（b）量拉线环尺寸；（c）UT 线夹的安装尺寸

二、工作要点

1. 拉线制作的工艺规范与验收标准

（1）工艺规范。

当采用 UT 线夹及楔形线夹固定安装拉线时的基本要求如下：

1）安装前丝扣上应涂润滑剂。

2）线夹舌板与拉线接触应紧密，受力后无滑动现象，线夹凸肚应在尾线侧，安装时不应损伤线股。

3）拉线弯曲部分不应明显松脱，拉线断头处与拉线应有可靠固定。拉线处露出的尾线长度以 400mm 为宜（上把 300～400mm，下把 300～500mm）；尾线回头后与本线应扎牢，并在扎线及尾线端头上涂红油漆进行防腐处理。

4）上、下楔形线夹及 UT 线夹的凸肚和尾线方向应一致，同一组拉线使用双线夹并采用连板时，其尾线端的方向应统一。

5）UT 线夹或花篮螺栓的螺杆应露扣，并应有不小于 1/2 螺杆丝扣长度可供调紧，调整后，UT 线夹的双螺母应并紧，U 型螺栓应封固。

6）水平拉线的拉桩杆的埋设深度不应小于杆长的 1/6，拉线距路面中心的垂直距离不应小于 6m，拉桩坠线与拉桩杆夹角不应小于 30°，拉桩杆应向张力反方向倾斜 10°～

20°，坠线上端距杆顶应为 250mm，水平拉线对通车路面边缘的垂直距离不应小于 5m。

7）当拉线位于交通要道或人易接触的地方，须加装警示套管保护。套管上端垂直距地面不应小于 1.8m，并应涂有明显红、白相间油漆的标志。

（2）工作要点。

1）拉线一般采用多股镀锌钢绞线，其规格为 GJ - 35 - 100。

2）钢绞线剪断前应用细铁丝绑扎好。

3）拉线时应明确主、副线方向。

4）同组拉线使用两个线夹时，线夹尾线端的方向应统一。

5）拉线上把和拉线抱箍连接处采用延长环连接。

6）防腐处理，防护部位：自地下 500mm 至地上 200mm 处；防护措施：涂沥青，缠麻袋片两层，再刷防腐油。

2. 拉线安装工艺规范与验收标准

（1）工艺规范。

1）拉线应采用专用的拉线抱箍。

2）拉线抱箍一般装设在相对应的横担下方，距横担中心线 100mm 处。

3）拉线的收紧应采用紧线器进行。

4）根据需要加装拉线绝缘子。

5）拉线底把应采用热镀锌拉线棒，安全系数不应小于 3，最小直径不应小于 16mm。

6）拉线宜加装警示标识。

7）拉线地锚必须安装在地面或现浇混凝土构件上（梁、柱），安装在墙上的必须做防锈处理。

8）同一方向多层拉线的拉锚应不共点，保证有两个或两个以上拉锚。

9）拉线地锚应埋设端正，不得有偏斜，地锚的拉线盘与拉线垂直。

（2）工作要点。

1）楔形线夹的螺栓与延长环连接好后 R 型销针的开口在 30°～60°。

2）线夹舌板与拉线接触应紧密，受力后无滑动现象，线夹的凸肚应在尾线侧，安装时不应损伤线股。

3）有坠线的拉线柱埋深为柱长 1/6，坠线上端固定点距柱顶距离应为 250mm。

4）当拉线装设绝缘子时，断拉线情况下绝缘子距地面不应小于 2500mm。

5）UT 线夹应有不小于 1/2 螺杆丝扣长度可供调紧。调整后，UT 线夹的双螺母应并紧。

6）若为拉线检修更换拉线（整体或部件），在拆除旧拉线（或部件）前应采取加装临时拉线措施，防止线路因失去拉线保护导致线路跑偏、倒杆等。

三、实训作业指导书

拉线制作及安装实训作业指导书如下。

编号：

_____培训班

拉线制作及安装
实训作业指导书

批准：_____ _____年___月___日
审核：_____ _____年___月___日
编写：_____ _____年___月___日

作业日期　　年　　月　　日　　时至　　年　　月　　日　　时

1 适用范围

本指导性技术文件规定了××××拉线制作及安装工作的现场标准化作业的工作步骤和技术要求。

本指导性技术文件适用于××××新入职员工培训、职工技能培训架空配电线路拉线制作的操作。

2 编制依据

国家电网公司 Q/GDW 1799.2—2013《电力安全工作规程（线路部分）》

国家电网安质〔2014〕265 号《国家电网公司电力安全工作规程（配电部分）（试行）》

Q/GDW 1519—2014《配电网运维规程》

Q/GDW 11261—2014《配电网检修规程》

Q/GDW 10738—2020《配电网规划设计技术导则》

3 作业前准备

3.1 准备工作安排

√	序号	内容	标准	责任人	备注
	1	接受任务	培训师根据教学计划安排，核对实训班级、实训时间、实训地点	培训师	
	2	现场勘察	（1）核实工作内容、停电范围、保留的带电部位、作业现场的条件、应合接地刀闸（应挂接地线）、环境及危险点。 （2）制定针对性安全措施，工作负责人根据勘察结果填写现场勘察记录	培训师	
	3	人员安排	工作前，工作负责人应根据工作任务、工作难度、人员技能水平和现场场地、工位，组织开展承载力分析，合理安排工作班成员，确保工作班人数、安全能力和业务能力、实训工位满足实训要求	培训师、学员	
	4	工作票填写	培训师在作业前填写好工作票，并交给签发人审查、签发	培训师	
	5	学习指导书	（1）培训师根据现场环境和实训人员情况对实训作业指导书进行优化。 （2）由培训师组织所有参加该项工作人员学习本作业指导书	培训师、学员	
	6	工具材料准备	结合现场勘察情况和工作需要，提前准备现场工作所需安全工器具、物料、备品备件、试验仪器、图纸、说明书等物品并做好检查	培训师、学员	

续表

√	序号	内容	标准	责任人	备注
	7	资料准备	(1) 课程单元教学设计。 (2) 实训作业指导书。 (3) 工作票。 (4) 班前会、班后会记录。 (5) 实训室日志。 (6) 项目应急预案及应急处置卡	培训师	

已执行项打"√"，不执行项打"×"。下同

3.2　人员要求

√	序号	内容	备注
	1	现场工作人员的身体状况良好，精神饱满	
	2	培训师具备必要的电气知识和配电网运检技能，熟悉现场作业环境和实训设施，熟悉该项目的危险点预控措施，能正确使用作业工器具，了解有关技术标准要求	
	3	学员必须掌握《电力安全工作规程》的相关知识，并经安规考试合格，经医师鉴定无妨碍工作的病症，方可参加实训	

3.3　作业分工

本项目需 3 人，具体分工情况见下表。

√	序号	责任人	职责	人数	备注
	1	工作负责人（监护人）	(1) 对工作全面负责，在测试工作中要对作业人员明确分工，保证工作质量。 (2) 对项目质量及结果负责。 (3) 识别现场作业危险源，组织落实防范措施。 (4) 工作前对工作班成员进行危险点告知，交代安全措施和技术措施，并确认每一个工作班成员都已知晓。 (5) 对作业过程中的安全进行监护	1 人	培训师
	2	作业人员	(1) 负责设备及工器具检查工作。 (2) 负责拉线上把、下把制作工作。 (3) 负责拉线上把安装工作（1人杆上安装，1人地面配合）。 (4) 负责拉线下把安装工作	2 人	学员

3.4 工器具及材料

√	序号	名称	型号/规格	单位	数量	备注
	1	活扳手	200m、250mm	把	每组各1	
	2	手钳	200mm	把	每组各1	
	3	卷尺	20m、5m	个	每组各1	
	4	断线钳		把	每组各1	
	5	记号笔		支	每组各1	
	6	帆布垫	800m×600mm	块	每组各1	
	7	手锤		把	每组各1	
	8	钢绞线	GJ-50	米		现场量取长度
	9	楔形线夹	NX-1	套	每组各1	
	10	UT线夹	UT-1	套	每组各1	
	11	镀锌铁丝	12#	根		800~1000mm

3.5 危险点分析

√	序号	危险点分析
	1	物体打击
	2	钢绞线反弹伤人
	3	中暑等其他伤害

3.6 安全措施

√	序号	内容
	1	检查学员精神状态,避免生病、精神萎靡者工作
	2	人员必须穿工作服、工作鞋,正确佩戴安全帽
	3	施工现场必须做好安全围蔽措施,防止无关人员进入工作区域
	4	交代好工作任务、对危险点进行分析和防范
	5	落实专人监护
	6	严格按照工作流程,避免混乱
	7	其他暂无工作人员应站在安全处观看,不得擅自离开,如无命令不得靠近

3.7 人员分工

√	序号	作业内容	工作负责人	作业人员
	1	准备工作、培训学员安排、现场指挥	培训师	
	2	拉线制作		培训学员
	3	按小组编号第一人操作、第二人协助		培训学员
	4	其余人员在安全处观察他人操作		培训学员
	5	以此循环		培训学员

4　实训项目及技术要求

4.1　开工

✓	项目	操作内容及要求	备注
	现场复勘	工作负责人核对实训现场，检查现场工作条件、作业环境等满足实训条件	
	履行工作许可手续	(1) 工作负责人按照工作票所列工作内容与运维人员联系，申请工作许可，申请时应用专业术语。 (2) 完成施工现场的安全措施后，工作许可人会同工作负责人到现场再次检查所做的安全措施，对具体的设备指明实际的隔离措施，证明检修设备确无电压。 (3) 对工作负责人指明带电设备的位置和注意事项，最后双方在工作票上分别确认、签名。记录许可时间	
	召开现场班前会	(1) 学员点名：应到人数（　），实到人数（　），缺勤人数（　）。 缺勤原因：（　　　　　　　　　　　　　　　　）。 (2) 介绍培训任务、监护指导分工和安全风险预控措施（特别是对作业中的"老虎口"要特别提醒，关键事项做到提前交底。现场"老虎口"和风险点应指定监护人，执行安措等关键工序应指定责任人）。 (3) 确定工作班成员身体健康良好，适应当日工作。 (4) 讲解着装及装束要求，并进行互查合格。 (5) 讲解并检查正确佩戴安全帽。 (6) 交待手机、书包、杯子等定置管理要求。 (7) 正确使用实训设备、仪器、仪表、工器具。 (8) 实训室安全注意事项和学员行为规范。 (9) 实训室周围环境及应急逃生措施	
	布置安全措施	(1) 装设围栏。 (2) 检查安全工器具。 (3) 验电、悬挂接地线。 (4) 悬挂标识牌（各小组循环进行）	
	工器具现场检查	(1) 检查施工工器具的外观情况。 (2) 检查施工工器具机械试验及电气试验的试验标签在有效期内	

4.2　实训内容及标准

✓	项目	操作内容及要求	备注
	裁线	由于镀锌钢绞线的刚性较大，为避免散股，在制作拉线下料前应用细扎丝在拉线计算长度处进行绑扎	
	穿线	取出楔形线夹的舌板，将钢绞线穿入楔形线夹，并根据舌板的大小在距离钢绞线端头300mm加上舌板长度处做弯线记号，应注意主线在线夹平面侧，尾线在凸肚侧	
	弯拉线环	用双手将钢绞线在记号处弯一小环，然后用脚踩住主线，一手拉住线头，另一手握住并控制弯曲部位，协调用力将钢绞线弯曲成环	

159

✓	项目	操作内容及要求	备注
	整形	为防止钢绞线出现急弯，将做好的拉线环，分别用膝盖抵住钢绞线主线、尾线进行整形，使其呈开口销状，以保证钢绞线与舌板间结合紧密	
	装配	拉线环制作完成后，将拉线的回头尾线端从楔形线夹凸肚侧穿出，放入舌板并适度地用木锤敲击，使其与拉线与线夹间的配合紧密	
	绑扎	在尾线回头端距端头 30～50mm 的地方，用 12♯ 或 10♯ 镀锌铁丝缠绕 100mm 对拉线进行绑扎，使拉线的回头尾线与主线间的连接牢固，也可以使用 U 型夹头来固定尾线	
	防腐处理	按拉线安装施工的规定要求，完成制作后应在扎线及钢绞线的端头涂上红漆，以提高拉线的防腐能力	
	登杆	按上杆作业的要求完成电杆、登杆工具等必需的检查工作。取得现场施工负责人的允许后带上必备操作工具上杆，并在指定位置站好位、系好安全带。绑好传递滑车和传递绳	
	安装拉线抱箍	将拉线抱箍连接延长环传递到杆上并固定安装在距电杆合适位置（一般为横担下方 100mm 处），并根据拉线装设的要求，调整好拉线抱箍方向	
	安装拉线	连接楔形线夹与延长环，穿入螺栓，插入销钉，这个过程需要保证楔形线夹凸肚的方向（朝向地面或保证拉线上所有线夹的凸肚侧朝一个方向），螺栓穿向应符合施工验收规范要求（面向电源侧由左向右穿）	
	下杆	拉线安装完成后，作业人员清理杆上工具下杆结束拉线上把的安装作业	
	收紧拉线	用卡线器在适当的高度将钢绞线卡住，另一端与套在拉线棒环下方的钢丝绳套相连接，调整紧线器，将拉线收紧到设计要求的角度（设计对部分转角杆有预偏角度的要求）。如果拉线环境条件需要安装警示杆的情况下，应在卡线前在拉线上穿入警示杆	
	制作拉线环	拆下 UT 线夹的 U 型螺栓，取出舌板，将 U 型螺栓从拉棒环穿入，抬起 U 型螺栓，再用手拉紧拉线尾线，对比 U 型螺栓从螺栓端头向下量取 200mm 的距离（通常为丝杆的长度），然后按上把制作流程的第三到第四步过程制作好拉线环	
	装配	将拉线从 UT 线夹穿出（线回头尾线端从 UT 线夹凸肚侧穿出）并应保证主线在线夹平面侧，装上舌板，用木锤敲击使拉线环与舌板能紧密配合	
	安装调整	将 U 型螺栓丝杆涂上润滑剂，重新套进拉棒环后穿入 UT 线夹，使 UT 线夹凸肚方向与楔形线夹方向一致，装上垫片、螺帽，并调节螺母使拉线受力后撤出紧线器。拉线调好后，将 U 型螺栓上应两个螺母拧紧（最好采用防盗螺帽），螺母拧紧后螺杆应露扣，并保证有不小于 1/2 丝杆的长度以供调节，其舌板应在 U 型螺栓的中心轴线位置	
	完成安装	在 UT 线夹出口量取拉线露出长度（不超过 500mm），将多余部分剪去；而后在尾线距端头 150mm 的地方，用镀锌铁丝由下向上缠绕 50～80mm 长度，使拉线的回头尾线与主线间的连接牢固，并将扎线尾线拧麻花 2～3 圈；而后按规定在扎线及钢绞线端头涂上红漆，以提高拉线的防腐能力	

4.3　竣工

序号	操作内容	注意事项	备注
1	清理工作现场	整理工器具及材料，清理实训现场	
2	召开班后会	(1) 学员点名：应到人数（　），实到人数（　），缺勤人数（　）。 缺勤原因：（　　　　　　　　　　　　　　　　　　　　　）。 (2) 总结当天实训工作完成情况，对表现好的学员进行表扬，指出不足并分析点评，提出改进意见和防范措施。 (3) 对下次实训工作提出要求	
3	办理工作终结手续	(1) 全部工作完毕后，检查实训现场所有安全措施已拆除。已恢复常设围栏。 (2) 所有人员已撤离操作区域。 (3) 工作负责人向运维人员汇报工作结束，并终结工作票	

📖 项目评价

　　登杆完成后，根据学员任务完成情况，填写评分记录表（表4-3），做好综合点评（表4-4）。

一、技能操作评分

表4-3　　　　　　　　　　　　　　拉线制作及安装评分记录表

序号	项目	考核要点	配分	评分标准	扣分原因	得分
1				工作准备		
1.1	工作准备	工作前期准备工作规范	3	(1) 工作服、安全帽、手套、绝缘鞋穿戴整齐，未穿戴扣2分/项。 (2) 工作服扣子未扣1分/个。 (3) 佩戴安全帽颜色与身份不符扣1分。 (4) 鞋带未系扣1分		
1.2	工具、材料	选择材料及工器具齐全，符合使用要求	5	(1) 工器具齐全，缺少或不符合要求每件扣1分。 (2) 工具未检查、检查项目不全、方法不规范每件扣1分。 (3) 设备材料未做外观检查每件扣1分。 (4) 备料不充分扣1分/件次，选料不正确扣1分		
1.3	辅助工作	备用选手作为辅助人员配合完成量尺、扶线、拉线绑扎等安全监护工作	2	备用人员参与其他工作扣2分		

序号	项目	考核要点	配分	评分标准	扣分原因	得分
2				工作过程		
2.1	拉线制作	正确制作拉线上把、中、下把，夹舌板与拉线接触紧密，线夹凸肚安装合理，拉线弯曲部分无明显松股，线夹处露出的尾线长度合适，绑扎整齐、紧密，缠绕长度符合要求。 上把尾线从楔形线夹处露出的长度为 300mm±10mm；尾线用 1 个钢丝卡子距尾线头 50mm 处卡住（U 型卡副线）。上、中、下把线头使用 20 号铁丝绑扎牢固，防止散股。 中把拉线绝缘子使用楔形线夹连接。两侧尾线从楔形线夹处露出的长度为 300mm±10mm；尾线用 1 个钢丝卡子距尾线头 50mm 处卡住（U 型卡副线）。从钢丝卡子 U 弯边沿开始量数据。线夹凸肚侧应向上并在同一侧。 下把尾线从 UT 线夹处露出的长度为 500±10mm，上、中、下把线头使用 20 号铁丝绑扎牢固，防止散股，绑扎终点距尾线末端，尾线用 10♯ 铁丝绑扎 150mm±5mm；副头应在 UT 凸出部分，使用双螺母固定，紧固后预留长度符合规程；留有 1/3～1/2 螺帽杆丝扣长度可供调整。 拉线绝缘子距离地面不小于 3m。 使用木锤加固线夹舌板与拉线的连接。 不得损伤拉线下把绑扎铁丝的镀锌层	65	（1）线夹舌板与拉线接触紧密，受力后无滑动现象，线夹凸肚在尾线侧，安装时不应损伤线股，每处不合格扣 1 分。 （2）钢绞线散股扣 1 分/处。 （3）拉线绝缘子方向安装错误扣 5 分；尾线露出长度每超±10mm 扣 1 分/处；线夹凸肚方向安装错误每处扣 2 分。 （4）钢绞线剪下废料每超 200mm 扣 1 分。 （5）尾线方向错误扣 5 分/处。 （6）钢绞线与舌块间隙不紧密每超 2mm 扣 1 分/处。 （7）铁丝绑扎长度每超±10mm 扣 1 分。 （8）尾线端头每超±10mm 扣 1 分。 （9）绑扎缝隙每超 1mm 扣 1 分。 （10）小辫收尾不合格扣 1 分。 （11）绑线损伤、钢绞线损伤、线夹损伤扣 1 分/件。 （12）UT 线夹双螺帽紧固后露出丝距小于 2 个丝扣的长度或超出 1/2 丝杆扣 2 分/处。 （13）缺少垫片备帽或备帽不紧扣 1 分。 （14）拉线完成后钢绞线在绑把内绞花扣 2 分；绞向不对扣 5 分。 （15）收尾没有拧紧、收尾不规范（小辫少于 3 扣）、收尾没有剪断压平、小辫压平方向不正确每处扣 2 分。 （16）钢丝卡子距离不正确每超 10mm 扣 1 分，上把拉线钢丝卡子 U 型不卡副线扣 1 分、拉线绝缘子两侧钢丝卡子安装错误扣 1 分/个；螺丝不紧固每处扣 1 分。 （17）拉线绝缘子安装高度不够的扣 5 分。 （18）制作过程中损伤线夹防护层扣 2 分。损坏绑扎铁丝镀锌层扣 2 分（收尾小辫除外）		

续表

序号	项目	考核要点	配分	评分标准	扣分原因	得分
2.2	拉线安装	使用紧线器正确调整、安装拉线。安装工艺规范，牢固螺丝穿向符合规定。拉线完成后受力正常、合理	10	（1）使用紧线器不正确每次扣2分；传递物件绳扣错误扣1分。 （2）不使用紧线器调整、安装拉线扣3分。 （3）漏安装元件扣2分/件；螺丝穿向错误扣2分。 （4）拉线完成后不受力或受力过度扣4分		
3				工作终结验收		
3.1	安全生产	遵守安全操作规程	10	（1）拉线、绝缘子坠落地面扣5分。 （2）紧线器、个人工具掉落地面扣2分；放置不当扣2分。 （3）其他金具零件掉落每件次扣1分。 （4）物体传递磕碰一次扣1分。 （5）杆上移位失去安全保护扣5分。 （6）对有重大违章者视情报裁判长扣除本项全部分数直至终止操作		
3.2	文明生产	作业场地整洁。工具、材料摆放、回收整齐	5	（1）工具使用不当每次扣1分。 （2）工具随手乱放每次扣1分。 （3）操作现场有遗留物每件扣1分。 （4）工具、材料回收放置不到位扣1分		
				合计得分		
考评员栏	考评员：		考评组长：		时间：	

二、项目综合点评

表4-4　　　　　拉线制作及安装综合点评记录表

序号	项目	培训师对项目评价	
		存在问题	改进建议
1	安全措施		
2	作业流程		
3	作业方法		
4	工具使用		
5	制作质量		
6	安装质量		
7	文明操作		

课后自测及相关实训

1. 列举拉线的类型及应用。
2. 整理拉线制作及安装流程和要点。
3. 观看拉线制作及安装视频。
4. 练习紧线器使用。
5. 练习拉线制作及安装。

项目三 横 担 安 装

项目目标

熟悉架空配电线路横担的作用和分类。掌握架空配电线路金具分类。掌握横担安装流程及作业内容。熟悉横担安装工艺要求及工作要点。能进行项目危险点分析和预控措施制定。能编写实训作业指导书和办理工作票，能进行横担及金具安装。

项目描述

学习 10kV 架空配电线路直线杆横担安装、绳扣制作基本知识。在培训师指导监护下，学员进行实训现场勘察、工作票填写、作业指导书编写，现场进行作业工器具准备、安全检查和横担安装。

知识准备

一、横担分类

横担、金具安装是在电杆等已经组立完成的基础上再进行的一项工作，是为导线架设、连接并进行固定做准备。

横担主要是支撑并固定导线，使导线间保持相间距离，保持导线与电杆等接地体的距离，以及支持熔断器、开关、避雷器等电气设备稳固地安装在杆塔上。

（1）直线横担。在直线杆上配置的横担可以是单块横担（用于一般的直线电杆），也可以是双块横担（用于较大的档距如交叉路口、跨越铁路和重要等级公路、转角度数较大但还是直线杆允许的范围），通过螺栓、垫圈、抱箍（或圆箍）与横担连接并固定于电杆上，见图 4-16 直线横担。

（2）耐张横担。在耐张杆上配置的横担，它通常以双块横担的形式安装于电杆上，通过单帽螺栓、双头四帽螺栓、垫圈等与横担连接并固定于电杆上，见图 4-17 耐张横担。

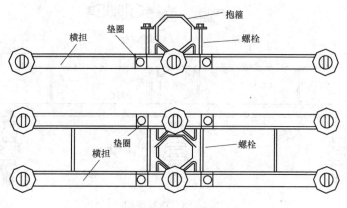

图 4-16　直线横担

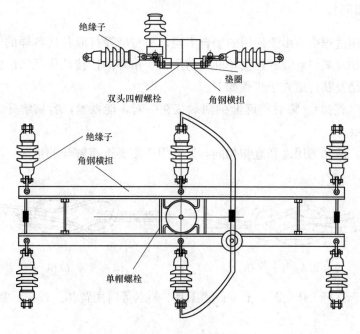

图 4-17　耐张横担

（3）终端横担。在终端杆上配置的横担，它通常以双横担的形式安装于电杆上，通过单帽螺栓、双头四帽螺栓、垫圈等与横担连接并固定于电杆上，与耐张横担有所区别的是它是承受导线单侧的张力，见图 4-18 终端横担。

因此在安装时应该掌握横担、金具安装（串）的组装要求，了解横担、金具材料等性能特点；按线路装置图要求正确安装并使之符合运行要求，在设计书（装置图）未详列之处通常根据相对应的规程如：架空配电线路设计技术规程、验收规程等规定指导安装。

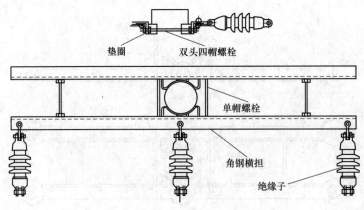

图 4-18 终端横担

二、绳扣制作

麻绳在使用过程中，由于使用的场合不同，需将麻绳打成各式各样的绳结，以满足不同的需要。如麻绳与麻绳的连接，麻绳与吊钩、吊环的连接，作捆绑的绳结等。麻绳的几种常用绳结及其打结方法步骤如下。

（1）平扣（直扣）。临时将麻绳的两端接在一起，能系紧，容易解开。平扣示意图如图 4-19 所示。

（2）活扣。活扣的用途和直扣相同，但它用于需要迅速解开的情况。活扣示意图如图 4-20 所示。

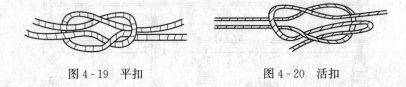

图 4-19 平扣   图 4-20 活扣

（3）背扣。在杆上作业时，上下传递工具、材料等时用背扣。背扣示意图如图 4-21 所示。

（4）倒扣。倒扣在临时拉线往地锚上固定时用。倒扣示意图如图 4-22 所示。

（5）倒背扣。在垂直起吊轻而细长的物件时用倒背扣。倒背扣如图 4-23 所示。

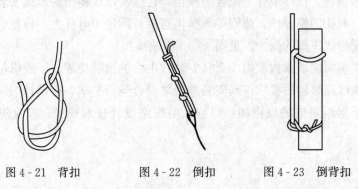

图 4-21 背扣   图 4-22 倒扣   图 4-23 倒背扣

（6）猪蹄扣（双套结）。在传递物件和抱杆顶部等处绑绳时用。猪蹄扣示意图如图 4 - 24 所示。

（7）紧线扣。紧线时用来绑接导线，也可用于拴腰绳系扣。紧线扣示意图如图 4 - 25 所示。

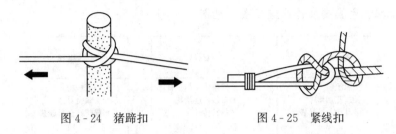

图 4 - 24　猪蹄扣　　　　　　　图 4 - 25　紧线扣

（8）抬扣。在抬重物时用抬扣，调整或解开都比较方便。抬扣示意图如图 4 - 26 所示。

（9）瓶扣。在吊物体时用此扣，物体吊起时能保证不摆动，而且扣结较结实可靠，吊瓷套管等物体多用此扣。瓶扣示意图如图 4 - 27 所示。

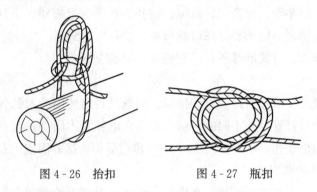

图 4 - 26　抬扣　　　　　　　图 4 - 27　瓶扣

（10）幌绳扣。用于临时拉线杆上。不用上杆解绳。幌绳扣示意图如图 4 - 28 所示。

（11）钩头扣。绳子挂在钩子上用。钩头扣示意图如图 4 - 29 所示。

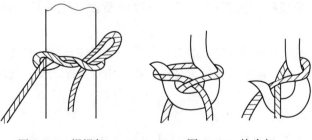

图 4 - 28　幌绳扣　　　　　　　图 4 - 29　钩头扣

📽 **项目实施**

一、作业流程及内容

（一）横担、金具安装作业流程图（见图4-30）

地面装配	登杆	杆上组装
• 按图配料 • 长腰孔加垫片 • 金具放入工具袋	• 携带传递绳登杆 • 安装传递滑轮 • 材料传递	• 安装横担 • 安装金具 • 横担、金具连接

图4-30 横担、金具安装工作流程图

（二）工作内容

1. 工器具和材料准备

（1）工器具。防坠器、安全带、吊绳、脚扣、扳手、老虎钳、手套、钢卷尺、螺丝刀、帆布垫、安全围栏、钳子套、撑口帆布袋、后备保护绳等。

（2）材料。横担、针式绝缘子、U型抱箍、M型垫铁等。

2. 地面装配

（1）根据装置图要求进行配置直线横担。问题是目前使用的大部分电杆是拔梢型电杆，即不同部位的电杆直径是不同的，所以需要在电杆上不同位置配置相应的螺栓和抱箍，有些横担有扁形长孔，一般使用M-16螺栓与横担连接并固定，在此孔安装螺栓时应该放上一片 $\Phi18$ 的垫圈。

（2）根据装置图要求进行配置耐张横担。由两个单帽螺栓和两个双头四帽螺栓、垫圈等与横担连接并固定于电杆上，用合适的螺栓、垫圈等加以配置。

（3）根据装置图要求进行配置终端横担。与耐张横担有区别的是承受导线单侧的张力；若选用上述耐张横担作为终端横担，一般则要在导线的另一侧加装拉线以平衡张力。

（4）根据施工图纸和金具（串）的组装要求配备相应金具，检查所有材料应符合质量要求、数量要求，由于这些金具体积较小，难以用传递绳捆绑，故按要求连接后装入工具袋。

3. 杆上组装

（1）登高工具及个人工具。要将登高使用的工具如脚扣或踩板、安全帽、安全带、保险钩、吊绳（材料传递绳子）和个人工具如扳手、电工钳、螺丝刀等应用之物都带齐并检查符合安全作业的要求。这些工具是安装横担、金具的必备工具，当电杆在潮湿状态需要施工时还需带上登杆的防滑工具或材料。

（2）其他工具。当要对原来的线路装置进行改造重新安装所需的横担、金具时，此时线路应该处于检修状态，而对需要改造的这一基电杆来讲是安装所需的横担、金具，因此还需准备相关工具，如验电器、绝缘杆、短路线、接地线、绝缘手套、标识牌、红白带、紧线器、压接管、滑轮等工具。

（3）横担安装标准。线路直线横担安装时，横担平面应装于受电侧。横担安装应平整，安装偏差应符合规定：横担端部上下歪斜不应大于20mm，横担端部左右扭斜不应大于20mm；双杆上安装的横担与电杆连接处的高差不应大于连接距离的5/1000；左右扭斜不应大于横担总长度的1/100。

（4）横担、金具安装的基本步骤：

1）安装人员站立在电杆的合适位置，用吊绳将需要安装的横担、金具材料分别进行安装，绳结应打在铁件杆上。当提升较重的横担时，可以在电杆端部安放一个滑轮用于提升重物。

2）先从电杆的顶部开始安装横担、金具。按照装置图的尺寸要求先装横担，待安装牢固后再安装该横担上的金具，螺栓应从送电侧穿入受电侧，按规定要求实施。紧固金具、支持金具等可以和绝缘子一并安装，除了应考虑绝缘子的安装要求外，还应考虑此金具与导线的合理匹配。当紧固金具、支持金具是螺栓型金具用于固定导线时，铝线的外层应包两层铝包带并用螺栓和垫块来固定导线（铜线可以直接固定），当紧固金具是楔块型耐张线夹时，铝线线芯上不必缠绕铝包带，可以直接安装。

3）在引线搭接时需要使用接续金具，此时应根据导线截面、材料质量等选择相应型号的金具，并满足规定数量的要求。要在导线上涂上电力脂（导电膏），用钢丝刷做清除氧化层工作并用干净布擦去污垢，再重复一次做清除氧化层工作（此时不用再擦），当接续金具是用螺栓固定时，用扳手即可安装，但当接续金具是用楔块固定导线时，需用专用工具来完成。

4）连接金具中的压接管在做清除氧化层工作方面与接续金具对导线的处理方法雷同，但还要用压接钳对不同类型的导线按不同要求进行压接，压接后应进行检查是否符合工艺要求。其余金具如拉线金具、保护金具、预绞丝金具相对比较简单，在此不一一赘述了。

二、工作要点

（一）工艺规范

（1）横担安装应平整，安装偏差应符合设计要求。

（2）架空线路所采用的铁横担、铁附件均应热镀锌。检修时，若有严重锈蚀、变形应予更换。

（3）同杆架设线路横担间的最小垂直距离应满足4-5表要求。

表 4-5   同杆架设线路横担间的最小垂直距离要求（mm）

架设方式	直线杆	分支或转角杆
10kV 与 10kV	800（500）	450/600（500）
10kV 与 0.4kV	1200（1000）	1000（1000）
0.4kV 与 0.4kV	600（300）	300（300）

注 （）内为同杆架设的绝缘线路适用数据。

（二）工作要点

（1）横担端部上下歪斜不大于 20mm，左右扭斜不大于 20mm；双杆横担与电杆连接处的高差不大于连接距离的 5/1000，左右扭斜不大于横担长度的 1/100。

（2）瓷横担绝缘子直立安装时，顶端顺线路歪斜不大于 10mm；水平安装时，顶端宜向上翘起 5°～15°，顶端顺线路歪斜不大于 20mm。

（3）当安装于转角杆时，顶端竖直安装的瓷横担支架应安装在转角的内角侧（瓷横担应装在支架的外角侧）。

（4）对原有单侧双横担加强方式进行检修，直线杆横担应装于受电侧，90°转角杆及终端杆应装在拉线侧，转角杆应装在合力位置方向。新安装横担应为水平加强横担方式。

三、实训作业指导书

横担安装实训作业指导书如下。

编号：

_____培训班

横担安装
实训作业指导书

批准：_____ _____年____月____日
审核：_____ _____年____月____日
编写：_____ _____年____月____日

作业日期　　年　月　　日　　时至　年　　月　　日　　时

1 适用范围

本指导性技术文件规定了××××10kV 线路直线杆横担安装的现场标准化作业的工作步骤和技术要求。

本指导性技术文件适用于××××培训 10kV 线路直线杆横担安装的操作项目。

2 编制依据

下列文件对于本文件的应用是必不可少的。凡是注日期的引用文件，仅注日期的版本适用于本文件。凡是不注日期的引用文件，其最新版本（包括所有的修改单）适用于本文件。

国家电网公司 Q/GDW 1799.2—2013《电力安全工作规程（线路部分）》

国家电网安质〔2014〕265 号《国家电网公司电力安全工作规程（配电部分）（试行）》

Q/GDW 1519—2014《配电网运维规程》

Q/GDW 11261—2014《配电网检修规程》

Q/GDW 10738—2020《配电网规划技术导则》

Q/GDW 1512—2014《电力电缆及通道运维规程》

Q/GDW 11262—2014《电力电缆及通道检修规程》

3 作业前准备

3.1 准备工作安排

√	序号	内容	标准	责任人	备注
	1	接受任务	培训师根据教学计划安排，核对实训班级、实训时间、实训地点	培训师	
	2	现场勘察	（1）核实工作内容、停电范围、保留的带电部位、作业现场的条件、应合接地刀闸（应挂接地线）、环境及危险点。（2）制定针对性安全措施，工作负责人根据勘察结果填写现场勘察记录	培训师	
	3	人员安排	工作前，工作负责人应根据工作任务、工作难度、人员技能水平和现场场地、工位，组织开展承载力分析，合理安排工作班成员，确保工作班人数、安全能力和业务能力、实训工位满足实训要求	培训师、学员	
	4	工作票填写	培训师在作业前填写好工作票，并交给签发人审查、签发	培训师	
	5	学习指导书	（1）培训师根据现场环境和实训人员情况对实训作业指导书进行优化。（2）由培训师组织所有参加该项工作人员学习本作业指导书	培训师、学员	

√	序号	内容	标准	责任人	备注
	6	工具材料准备	结合现场勘察情况和工作需要，提前准备现场工作所需安全工器具、物料、备品备件、试验仪器、图纸、说明书等物品并做好检查	培训师、学员	
	7	资料准备	(1) 课程单元教学设计。 (2) 实训作业指导书。 (3) 工作票。 (4) 班前会、班后会记录。 (5) 实训室日志。 (6) 项目应急预案及应急处置卡	培训师	

已执行项打"√"，不执行项打"×"。下同

3.2　人员要求

√	序号	内容	备注
	1	现场工作人员的身体状况良好，精神饱满	
	2	培训师具备必要的电气知识和配电网运检技能，熟悉现场作业环境和实训设施，熟悉该项目的危险点预控措施，能正确使用作业工器具，了解有关技术标准要求	
	3	学员必须掌握《电力安全工作规程》的相关知识，并经安规考试合格，经医师鉴定无妨碍工作的病症，方可参加实训	

3.3　作业分工

本项目需 3~4 人，具体分工情况见下表。

√	序号	责任人	职责	人数	备注
	1	工作负责人（监护人）	(1) 对工作全面负责，在测试工作中要对作业人员明确分工，保证工作质量。 (2) 对项目质量及结果负责。 (3) 识别现场作业危险源，组织落实防范措施。 (4) 工作前对工作班成员进行危险点告知，交代安全措施和技术措施，并确认每一个工作班成员都已知晓。 (5) 对作业过程中的安全进行监护	1 人	培训师
	2	杆上作业人员	负责设备及工器具检查工作，负责横担安装工作	1 人	学员
	3	地面配合人员	配合杆上作业人员做好，负责工器具及材料传递工作	1~2 人	学员

3.4　工器具及材料

√	序号	名称	型号/规格	单位	数量	备注
	1	防坠器	12m	个	1	
	2	安全带		条	2	
	3	吊绳	12m	根	2	
	4	脚扣	JK-T-350	副	2	
	5	扳手	12寸	把	2	
	6	扳手	10寸	把	2	
	7	老虎钳		把	2	
	8	手套		副	12	
	9	钢卷尺	3m	把	2	
	10	螺丝刀		把	2	
	11	帆布垫		张	1	
	12	安全围栏		米	若干	
	13	钳子套		把	1	
	14	撑口帆布袋		个	2	
	15	后备保护绳		根	2	
	16	横担	单横担	条	1	
	17	针式绝缘子	P-15T	支	2	
	18	U型抱箍	UP-220	副	6	
	19	M型垫铁	MB-220	个	1	

3.5　危险点分析

√	序号	危险点分析
	1	人体重心失稳站姿、动作引起的高空坠落
	2	高空落物伤人
	3	登杆前应对电杆、脚扣、安全带进行检查。登杆时应穿工作服、绝缘鞋、戴安全帽
	4	辅助学员不能在电杆下方逗留，防止杆上坠物伤人
	5	倒杆
	6	杆上人员受伤
	7	脚尖朝下、脚尖平行于地面导致脚扣滑落，引起的高空坠落
	8	其他不符合脚扣工作原理的动作、站姿，引起的高空坠落

3.6　安全措施

√	序号	内容
	1	检查学员精神状态，避免生病、精神萎靡者工作
	2	人员必须穿工作服、工作鞋，正确佩戴安全帽
	3	施工现场必须做好安全围蔽措施，防止无关人员进入工作区域
	4	交代好工作任务、对危险点进行分析和防范
	5	落实专人监护
	6	严格按照工作流程，避免混乱
	7	上杆前应检查线路名称、杆号是否正确、杆基是否牢固，埋深是否合适、电杆是否正直（裂纹符合规定要求）
	8	上杆前应先检查脚扣、安全带是在有效期内、有无磨损、变形、损坏。如不合要求禁止使用
	9	如用脚扣登杆应全程使用安全带保护，到位应立即挂好后备保险绳
	10	杆上人员的安全带应系在距杆顶不少于 0.5m 处，防止安全带从杆顶滑出
	11	铁附件应绑扎牢固，提升时杆下严禁站人
	12	任何材料，工具的传递应使用绳索，严禁用抛扔的办法
	13	杆上人员到位后，应立即将吊绳捆绑在电杆上
	14	其他暂无工作人员应站在安全处观看，不得擅自离开，如无命令不得靠近工作杆
	15	登杆前应检查鞋子是否湿滑、粘上太多泥巴和沙子，脚扣带子是否系紧

4　实训项目及技术要求

4.1　开工

√	项目	操作内容及要求	备注
	现场复勘	工作负责人核对实训现场，检查现场工作条件、作业环境等满足实训条件	
	履行工作许可手续	（1）工作负责人按照工作票所列工作内容与运维人员联系，申请工作许可，申请时应用专业术语。 （2）完成施工现场的安全措施后，工作许可人会同工作负责人到现场再次检查所做的安全措施，对具体的设备指明实际的隔离措施，证明检修设备确无电压。 （3）对工作负责人指明带电设备的位置和注意事项，最后双方在工作票上分别确认、签名。记录许可时间	
	召开现场班前会	（1）学员点名：应到人数（　），实到人数（　），缺勤人数（　）。 缺勤原因：（　　　　　　　　　　　　　　　　　　）。 （2）介绍培训任务、监护指导分工和安全风险预控措施（特别对作业中的"老虎口"要特别提醒，关键事项做到提前交底。现场"老虎口"和风险点应指定监护人，执行安措等关键工序应指定责任人）。 （3）确定工作班成员身体健康良好，适应当日工作。 （4）讲解着装及装束要求，并进行互查合格。 （5）讲解并检查正确佩戴安全帽。 （6）交代手机、书包、杯子等定置管理要求。 （7）正确使用实训设备、仪器、仪表、工器具。 （8）实训室安全注意事项和学员行为规范。 （9）实训室周围环境及应急逃生措施	

续表

√	项目	操作内容及要求	备注
	布置安全措施	(1) 装设围栏。 (2) 检查安全工器具。 (3) 验电、悬挂接地线。 (4) 悬挂标识牌（各小组循环进行）	
	工器具 现场检查	(1) 检查施工工器具的外观情况。 (2) 检查施工工器具机械试验及电气试验的试验标签在有效期内	

4.2 实训内容及标准

√	项目	操作内容及要求	备注
	检查电杆	按工作任务核对电杆双重名称、检查埋深、电杆是否正直、电杆是否埋设坚实（裂纹符合规定要求）	
	上杆准备	将安全带按正确方法穿戴身上，并对脚扣和安全带进行冲击实验，在身上捆绑好吊绳	
	上杆	按正确方法登杆，到位后将绳子一头捆绑在电杆上，另一头落地	
	吊装横担	将捆绑好的横担起吊到杆上	
	安装横担	将横担套入电杆安装牢固，并使横担的位置、水平符合要求	
	拆除横担	将横担拆除，用吊绳一头捆绑好	
	下放横担	将横担放下电杆	
	人员下杆	按正确方法下杆	

4.3 竣工

序号	操作内容	注意事项	备注
1	清理工作现场	整理工器具及材料，清理实训现场	
2	召开班后会	(1) 学员点名：应到人数（　），实到人数（　），缺勤人数（　）。 缺勤原因：（　　　　　　　　　　　　　　　　　　　　　）。 (2) 总结当天实训工作完成情况，对表现好的学员进行表扬，指出不足并分析点评，提出改进意见和防范措施。 (3) 对下次实训工作提出要求	
3	办理工作 终结手续	(1) 全部工作完毕后，检查实训现场所有安全措施已拆除。已恢复常设围栏。 (2) 所有人员已撤离操作区域。 (3) 工作负责人向运维人员汇报工作结束，并终结工作票	

🔖 项目评价

横担安装完成后，根据学员任务完成情况，填写评分记录表（表 4 - 6），做好综合点评（表 4 - 7）。

一、技能操作评分

表 4 - 6　　　　　　　　10kV 直线杆横担安装巡视评分记录表

序号	项目	考核要点	配分	评分标准	扣分原因	得分
1				工作准备		
1.1	着装穿戴	穿工作服、绝缘鞋；戴安全帽、线手套	5	（1）未穿工作服、绝缘鞋，未戴安全帽、线手套，每缺少一项扣 2 分。 （2）着装穿戴不规范，每处扣 1 分		
1.2	材料选择及工器具检查	选择材料及工器具齐全，符合使用要求	10	（1）工器具齐全，缺少或不符合要求每件扣 1 分。 （2）工具未检查试验、检查项目不全、方法不规范每项扣 1 分。 （3）备料每遗漏一件扣 1 分，选择错误每件扣 1 分		
2				工作过程		
2.1	工器具使用	工器具使用恰当，不得掉落	10	（1）工器具使用不当每次扣 2 分。 （2）工器具材料掉落每次扣 2 分		
2.2	登杆作业	检查杆根；登杆平稳、踩牢；全过程正确使用安全带；探身姿势应舒展，站位正确；避免高空意外落物；材料传递过程中不得发生碰撞，横担应垂直上下传递	35	（1）未检查杆根、杆身扣 2 分；不规范每项扣 1 分。 （2）未检查电杆名称、色标、编号扣 2 分；不规范每项扣 1 分。 （3）登杆前脚扣、安全带未做外观检查、未做冲击试验每项扣 2 分；不规范每件扣 1 分。 （4）上下杆时脚扣互碰、虚扣每次扣 1 分，脚扣下滑小于 10cm 每次扣 2 分、大于等于 10cm 或掉落每次扣 3 分。 （5）探身姿势不舒展、站位不正确每次扣 2 分。 （6）不正确使用安全带、后备保护绳每次扣 3 分，未检查扣环扣 2 分。 （7）未用传递绳传递物品每件扣 1 分；材料传递过程发生碰撞每次扣 1 分；横担未垂直上下传递每次扣 2 分。 （8）传递绳未固定在牢固构件上传递工具材料扣 2 分。 （9）高空意外落物每次扣 2 分；高空坠落本项不得分		

序号	项目	考核要点	配分	评分标准	扣分原因	得分
2.3	更换横担	拆卸横担方法正确，安装横担工艺规范、平整、牢固；螺栓安装方向正确	30	（1）拆卸横担及安装方法不正确每次扣5分。 （2）横担与杆顶误差每超过±50mm每处扣3分。 （3）横担安装不牢固扣5分。 （4）横担水平倾斜超标准±20mm扣2分；横担左右倾斜超标准±20mm扣2分。 （5）螺栓用在椭圆眼上，不使用垫片每个扣1分；螺栓安装方向不正确每处扣2分。 （6）横担方向反装、安装方向错误扣5分，重新调整扣3分。 （7）损坏横担、U型抱箍镀锌层每处扣2分		
3	工作终结验收					
3.1	安全文明生产	无损坏元件、工具；恢复现场；无不安全行为	10	（1）出现不安全行为，每次扣5分。 （2）作业完毕，现场不恢复扣5分、恢复不彻底扣2分。 （3）损坏工器具，每件扣3分		
合计得分						
考评员栏	考评员：	考评组长：		时间：		

二、项目综合点评

表4-7 直线杆横担安装综合点评记录表

序号	项目	培训师对项目评价	
		存在问题	改进意见
1	安全措施		
2	作业流程		
3	作业方法		
4	安装质量		
5	工具使用		
6	文明操作		

课后自测及相关实训

1. 整理 10kV 架配电线路横担的类别。
2. 总结横担安装工艺要求及工作要点。
3. 观看 10kV 横担及金具安装视频。
4. 练习 10kV 横担及金具安装。

项目四　耐张绝缘子更换

项目目标

　　熟悉架空配电线路连接金具的作用和分类，掌握 10kV 耐张绝缘子串组成，掌握 10kV 耐张绝缘子更换流程及作业内容，掌握耐张绝缘子更工艺要求及工作要点。能进行项目危险点分析和预控措施制定。能编写实训作业指导书和办理工作票，能进行 10kV 耐张绝缘子更换。

项目描述

　　本项目为 10kV 架空配电线路耐张绝缘子更换实训。在培训师指导监护下，学员完成实训现场勘察、工作票填写、作业指导书编写，现场进行作业工器具准备、安全检查和耐张绝缘子更换。

知识准备

一、连接金具

　　连接金具主要用于耐张线夹、悬式绝缘子（槽型和球窝型）、横担等之间的连接。与槽型悬式绝缘子配套的连接金具可由 U 型挂环、平行挂板等组合；与球窝型悬式绝缘子配套的连接金具可由直角挂板、球头挂环、碗头挂板等组合。金具的破坏载荷均不应小于该金具型号的标称载荷值，7 型不小于 70kN；10 型不小于 100kN；12 型不小于 120kN 等。所有黑色金属制造的连接金具及紧固件均应热镀锌。

　　（1）平行挂板。平行挂板用于连接槽型悬式绝缘子，以及单板与单板、单板与双板的连接，仅能改变组件的长度，而不能改变连接方向。单板平行挂板（PD 型）如图 4-31 所示，多用于与槽型绝缘子配套组装；双板平行挂板（P 型）用于与槽型悬式绝缘子组装，以及与其他金具连接，如图 4-32 所示；三腿平行挂板（PS 型）用于槽型悬式绝缘子与耐张线夹的连接，双板与单板的过渡连接等，如图 4-33 所示。

　　（2）U 型挂环。U 型挂环是用圆钢锻制而成，如图 4-34 所示，一般采用 Q235A 钢材锻造而成。加长 U 型挂环的型号为 UL 型，如图 4-35 所示，主要用于与楔形线夹配套。

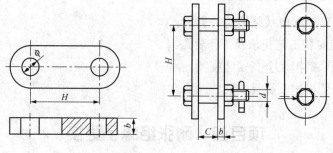

图4-31 PD型平行挂板   图4-32 P型平行挂板

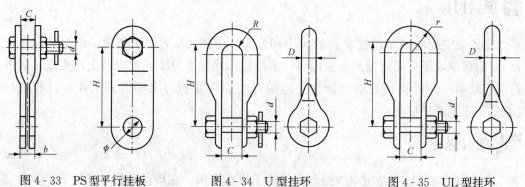

图4-33 PS型平行挂板   图4-34 U型挂环   图4-35 UL型挂环

（3）球头挂环。球头挂环的钢脚侧用来与球窝型悬式绝缘子上端钢帽的窝连接，球头挂环侧根据使用条件分为圆环接触和螺栓平面接触两种，与横担连接，如图4-36所示。在选用球头挂环时，应尽量避免点接触的组装方式，图4-37（a）是正确连接方式，图4-37（b）是不正确连接方式。

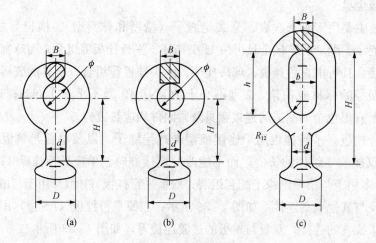

图4-36 球头挂环

(a) Q型；(b) QP型；(c) QH型

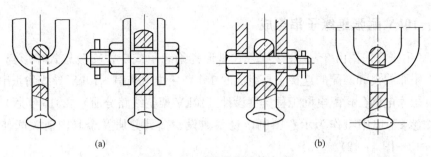

图 4 - 37　球头挂环连接方式

（a）正确；（b）不正确

（4）碗头挂板。碗头挂板如图 4 - 38 所示。碗头侧用来连接球窝型悬式绝缘子下端的钢脚（又称球头），挂板侧一般用来连接耐张线夹等。单联碗头挂板一般适用于连接螺栓型耐张线夹，为避免耐张线夹的跳线与绝缘子瓷裙相碰，可选用长尺寸的 B 型；双联碗头挂板一般适用于连接开口楔形耐张线夹。

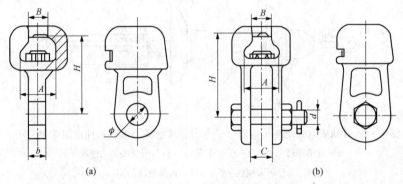

图 4 - 38　碗头挂板

（a）单联（W 型）；（b）双联（WS 型）

（5）直角挂板。直角挂板的连接方向互成直角，一般采用中厚度钢板经冲压弯曲而成，常用为 Z 型挂板，如图 4 - 39 所示。

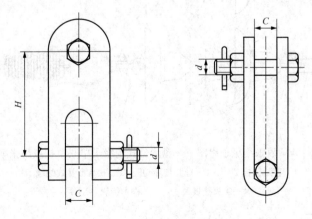

图 4 - 39　Z 型直角挂板

二、10kV 耐张绝缘子串组成

10kV 耐张杆采用由 2～3 片交流悬式盘形瓷绝缘子或 1 根交流悬式棒形瓷（复合）绝缘子、耐张线夹和匹配的连接金具组成的 10kV 导线耐张串。10kV 导线耐张串串型选择参照《国家电网公司配电网工程典型设计（10kV 架空线路分册）（2016 年版）》，以下 3 种耐张绝缘子串串型作为示意图例以说明典设、金具分册及金具图册关联使用要求（见图 4-40～图 4-42）。

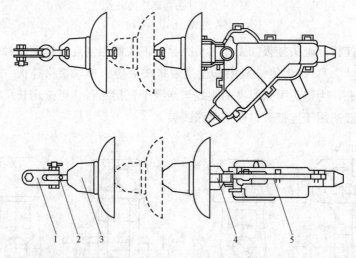

1—2—3 4—5

图 4-40　10kV 耐张绝缘子串图——盘形悬式绝缘子单联单挂点耐张串 - NXL

1—直角挂板 Z-7；2—球头挂环 QP-7；3—盘形悬式绝缘子；

4—碗头挂板 WS-7；5—楔形绝缘 NXL

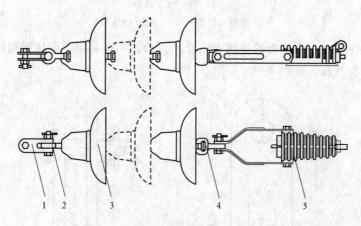

1—2—3 4—5

图 4-41　10kV 耐张绝缘子串图——盘形悬式绝缘子单联单挂点耐张串 - NXJG

1—直角挂板 Z-7；2—球头挂环 QP-7；3—盘形悬式绝缘子；

4—碗头挂板 W-7；5—楔形绝缘 NXJG

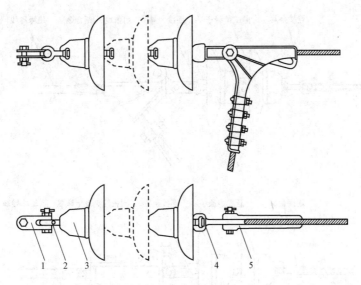

图 4-42　10kV 耐张绝缘子串图——盘形悬式绝缘子单联单挂点耐张串 - NXL

1—直角挂板 Z-7；2—球头挂环 QP-7；3—盘形悬式绝缘子；

4—碗头挂板 W-7B；5—螺栓型 NLL

三、10kV 耐张线夹与绝缘导线连接

10kV 耐张串中耐张线夹与绝缘导线连接可采用剥皮安装（见图 4-43、图 4-44）和不剥皮安装（见图 4-45）两种安装方式（多雷地区宜采用剥皮安装方式）。剥皮安装时裸露带电部位须加绝缘罩或包覆绝缘带保护，并做防水处理。

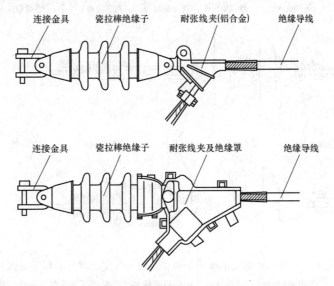

图 4-43　10kV 瓷拉棒绝缘子剥皮安装（海拔 1000m 及以下地区）

说明：①根据绝缘导线的截面选择匹配的耐张线夹。②绝缘导线端头应用自黏性绝缘胶带缠绕包扎并做防水处理。

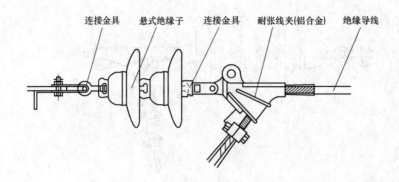

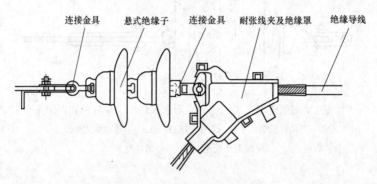

图 4-44　10kV 悬式绝缘子剥皮安装（海拔 1000m 及以下地区）

说明：①根据绝缘导线的截面选择匹配的耐张线夹。②绝缘导线端头应用自黏性绝缘胶带缠绕包扎并做防水处理。③悬式绝缘子包括盘形（棒形）瓷绝缘子及棒形合成绝缘子。

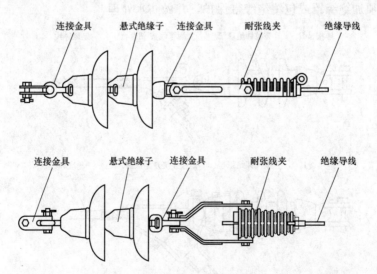

图 4-45　10kV 悬式绝缘子不剥皮安装（海拔 1000m 及以下地区）

说明：①根据绝缘导线的截面选择匹配的耐张线夹。②悬式绝缘子包括盘形（棒形）瓷绝缘子及棒形合成绝缘子。

项目实施

一、作业流程及内容

（一）耐张杆绝缘子更换作业流程图（见图4-46）

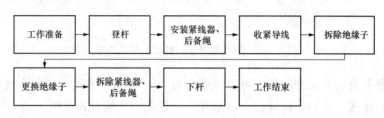

图4-46　耐张杆绝缘子更换工作流程图

（二）工作内容

1. 工器具和材料准备

（1）工器具。安全帽、安全带、脚扣、绝缘手套、线手套、高压验电器、接地线、传递绳、后备绳、双钩紧线器、卡线器、钢丝套子、悬式绝缘子、M型销子、绝缘电阻表、手锤、帆布、劳动保护用品、通用电工工具、中性笔等。

（2）材料。耐张棒形绝缘子、耐张悬式绝缘子、硅橡胶合成悬式绝缘子等。

2. 地面检查

根据施工图纸和耐张绝缘子串的组装要求准备相应材料，并考虑耐张绝缘子、连接金具、紧固金具与导线最大使用张力之相的相互匹配性，检查所有材料应符合质量要求、数量要求。

（1）瓷质悬式绝缘子。在中、高压配电线路上一般使用瓷质悬式（球型）绝缘子，根据导线规格型号选用合适的紧固金具（即耐张线夹）。再配碗头挂板、球头挂环和直角挂板等，耐张绝缘子（球型）安装方式如图4-47所示。

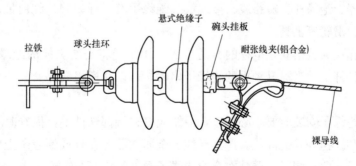

图4-47　耐张绝缘子（球型）安装方式

（2）棒型绝缘子。可以选择受张力30～45kN的瓷拉棒，两端分别配耐张线夹（与导线固定）和U型挂环（与横担固定），耐张绝缘子（棒型）安装方式如图4-48所示。

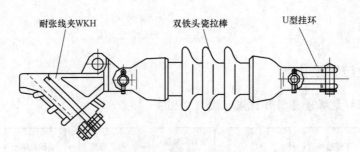

图 4-48　耐张绝缘子（棒型）安装方式

（3）硅橡胶合成悬式绝缘子。可以承受张力 70～100kN 的张力。其金具匹配与瓷质悬式（球型）绝缘子相同，硅橡胶合成绝缘子（悬式）安装方式如图 4-49 所示。

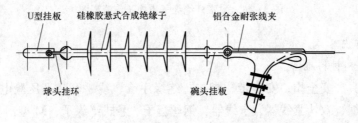

图 4-49　硅橡胶合成绝缘子（悬式）安装方式

3. 登杆更换

（1）登高工具及个人工具。要将登高使用的工具如脚扣或踩板、安全帽、安全带、保险钩、吊绳（材料传递绳子）和个人工具如扳手、电工钳、螺丝刀等应用之物都带齐并检查符合安全作业的要求；这些工具是耐张杆绝缘子更换的必备工具，当电杆在潮湿状态需要施工时还需带上登杆的防滑工具或材料。

（2）可能需要的其他工具。当原来的线路电杆是直线杆因需要改成耐张杆时，此时线路应该处于检修状态，而对这一基电杆来讲是安装耐张杆绝缘子，因此还需准备相关工具；如验电器、绝缘杆、短路线、接地线、绝缘手套、标识牌、红白带、紧线器、临时板线、锚桩、滑轮等工具。

（3）杆上作业人员站立在电杆的合适位置，用吊绳将需要更换的绝缘子进行传递，绳结应打在铁件杆上。当提升较重的绝缘子串时，可以在横担端部安放一个滑轮用于提升重物。

（4）合成绝缘子安装时要小心轻放，绳结应打在端部铁件上，提升时不得将合成绝缘子撞击电杆和横担等其他部位。严禁导线、金属物品等在合成绝缘子上摩擦滑行，严禁在合成绝缘子上爬行脚踩，严禁在合成绝缘子受力的状态下旋转。

（5）悬式瓷质绝缘子（球型）在更换过程中，安装 W 型销子时，应由下向上推入绝缘子铁件的碗口，这是因为一旦 W 型销子年久损坏脱落后，地面人员可以比较容易去发现其缺陷。

（6）在更换耐张棒形绝缘子时无需用绝缘电阻表进行摇测，但在连接耐张线夹和 U 型挂环时，在销钉端部应加上 R 型销子，R 型销子安装方式如图 4-50 所示。

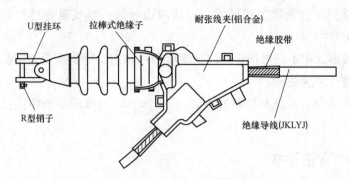

图 4-50　R 型销子安装方式

（7）在耐张绝缘子更换完毕后，应用干净的揩布将安装过程中沾上瓷质绝缘子表面的脏污抹去，但对于合成绝缘子不可以用布清揩，所以安装要小心，一般安装时不拆除外层包装，待导线紧固完毕后再拆除外层包装，带有外层包装的合成绝缘子（悬式）安装方式如图 4-51 所示。

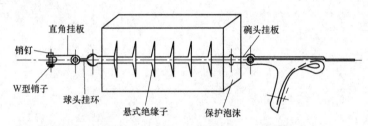

图 4-51　带有外层包装的合成绝缘子（悬式）安装方式

二、工作要点

（一）工艺规范

（1）各类用于耐张绝缘子出厂必须验收合格，产品应有合格的包装和标志。合成绝缘子的运输和搬运必须要在包装完好的条件下进行，搬运时要小心轻放。

（2）紧线时，应随时查看地锚和拉线状况。

（3）耐张绝缘子安装完毕后，必须符合组装要求，绝缘子无受损、无裂纹、卡阻现象，螺栓、销钉穿入方向正确，开口销在正常位置，钢件无裂纹，防腐层良好，胶装部分无松动现象，当绝缘子有正反朝向时，其绝缘子的盆径口应对准导线方向。

（4）悬式瓷质盆型绝缘子安装前应用 2500V 绝缘电阻表进行摇测，绝缘电阻应大于 500MΩ，但棒形绝缘子可以免去此举。

（二）工作要点

（1）安装时应检查碗头、球头与弹簧销子之间的间隙；在安装好弹簧销子的情况下，球头不得自碗头中脱出。

（2）紧线顺序：导线三角排列，宜先紧中相导线，后紧两边导线。

导线水平排列，宜先紧中相导线，后紧两边导线；导线垂直排列时，宜先紧上导线，后紧中、下导线。

（3）绝缘线展放中不应损伤导线的绝缘层和存在扭、弯等现象，接头应符合相关规定，破口处应进行绝缘处理。

（4）三相导线弛度误差不得超过−5%或+10%，一般同一档距内弛度相差不宜超过50mm。

三、实训作业指导书

耐张绝缘子更换实训作业指导书如下。

编号：

_____培训班

耐张绝缘子更换
实训作业指导书

批准：_____ _____年____月____日
审核：_____ _____年____月____日
编写：_____ _____年____月____日

作业日期　年　月　日　时至　年　月　日　时

1 适用范围

本指导性技术文件规定了××××10kV 架空配电线路耐张绝缘子更换的现场标准化作业的工作步骤和技术要求。

本指导性技术文件适用于××××培训更换架空配电线路耐张绝缘子的操作。

2 编制依据

国家电网公司 Q/GDW 1799.2—2013《电力安全工作规程（线路部分)》

国家电网安质〔2014〕265 号《国家电网公司电力安全工作规程（配电部分)（试行)》

Q/GDW 1519—2014《配电网运维规程》

Q/GDW 11261—2014《配电网检修规程》

Q/GDW 10738—2020《配电网规划设计导则》

3 作业前准备

3.1 准备工作安排

√	序号	内容	标准	责任人	备注
	1	接受任务	培训师根据教学计划安排核对实训班级、实训时间、实训地点	培训师	
	2	现场勘察	（1）核实工作内容、停电范围、保留的带电部位、作业现场的条件、应合接地刀闸（应挂接地线)、环境及危险点。（2）制定针对性安全措施，工作负责人根据勘察结果填写现场勘察记录	培训师	
	3	人员安排	工作前，工作负责人应根据工作任务、工作难度、人员技能水平和现场场地、工位，组织开展承载力分析，合理安排工作班成员，确保工作班人数、安全能力和业务能力、实训工位满足实训要求	培训师、学员	
	4	工作票填写	培训师在作业前填写好工作票，并交给签发人审查、签发	培训师	
	5	学习指导书	（1）培训师根据现场环境和实训人员情况对实训作业指导书进行优化。（2）由培训师组织所有参加该项工作人员学习本作业指导书	培训师、学员	
	6	工具材料准备	结合现场勘察情况和工作需要，提前准备现场工作所需安全工器具、物料、备品备件、试验仪器、图纸、说明书等物品并做好检查	培训师、学员	

√	序号	内容	标准	责任人	备注
	7	资料准备	(1) 课程单元教学设计。 (2) 实训作业指导书。 (3) 工作票。 (4) 班前会、班后会记录。 (5) 实训室日志。 (6) 项目应急预案及应急处置卡	培训师	

已执行项打"√"，不执行项打"×"。下同

3.2 人员要求

√	序号	内容	备注
	1	现场工作人员的身体状况良好，精神饱满	
	2	培训师具备必要的电气知识和配电网运检技能，熟悉现场作业环境和实训设施，熟悉该项目的危险点预控措施，能正确使用作业工器具，了解有关技术标准要求	
	3	学员必须掌握《电力安全工作规程》的相关知识，并经安规考试合格，经医师鉴定无妨碍工作的病症，方可参加实训	

3.3 作业分工

本项目需 3 人，具体分工情况见下表。

√	序号	责任人	职责	人数	备注
	1	工作负责人 （监护人）	(1) 对工作全面负责，在测试工作中要对作业人员明确分工，保证工作质量。 (2) 对项目质量及结果负责。 (3) 识别现场作业危险源，组织落实防范措施。 (4) 工作前对工作班成员进行危险点告知，交代安全措施和技术措施，并确认每一个工作班成员都已知晓。 (5) 对作业过程中的安全进行监护	1人	培训师
	2	杆上作业人员	负责设备及工器具检查工作，负责绝缘子更换工作	1人	学员
	3	地面配合人员	配合杆上作业人员做好工器具及材料传递工作	1人	学员

3.4 工器具及材料

√	序号	名称	型号/规格	单位	数量	备注
	1	安全帽		顶	1	
	2	安全带		条	1	
	3	脚扣		副	1	

√	序号	名称	型号/规格	单位	数量	备注
	4	绝缘手套	12kV	副	1	
	5	线手套		副	若干	
	6	高压验电器	10kV	支	1	
	7	接地线		组	1	
	8	定滑轮	0.5t	个	1	
	9	传递绳		条	1	
	10	后备绳	1.5t	套	1	
	11	双钩紧线器	2t	个	1	
	12	卡线器		个	1	
	13	钢丝套子		条	1	
	14	悬式绝缘子	XWP-70 或 FXBW-10/70	片	1	
	15	M型销子		把	若干	
	16	绝缘电阻表	2500V	块	1	
	17	手锤		把	1	
	18	帆布		块	2	
	19	劳动保护用品	绝缘鞋、线手套、工作服	套	1	
	20	通用电工工具	钢丝钳、扳手、螺丝刀	套	1	
	21	中性笔		只	1	

3.5 危险点分析

√	序号	危险点分析
	1	误登杆塔
	2	倒杆
	3	导线脱落
	4	身体后仰负重时，两脚后跟（来自膝盖至脚心方向的集束光投影）投影距离大于 45mm 引起双脚同时下滑、身体高空坠落
	5	身体后仰负重时，两脚（来自膝盖至脚心方向的集束光投影）投影未采取外八字站姿引起双脚同时下滑、身体高空坠落
	6	脚尖朝下、脚尖平行于地面导致脚扣滑落，引起的高空坠落
	7	其他不符合脚扣工作原理的动作、站姿，引起的高空坠落
	8	高空坠落物体打击

3.6 安全措施

√	序号	内容
	1	检查学员精神状态，避免生病、情绪不稳定者工作
	2	人员必须穿工作服、工作鞋，正确佩戴安全帽
	3	验电器、接地线、安全带、防坠器、脚扣、传递绳等试验合格，试验标签清晰。安全帽在有效期内，塑料帽≤2.5年，玻璃钢帽≤3.5年。对所有安全工具试用前,进行外观检查
	4	施工现场必须做好安全围蔽措施，防止无关人员进入工作区域
	5	交代好工作任务、对危险点进行分析和防范
	6	登杆前，应检查线路名称、杆号是否正确。严格执行停电验电、验电、装设接地线、悬挂标识牌和装设遮栏技术措施
	7	登杆塔前要对杆塔检查，包括杆塔是否有裂纹，杆塔埋设深度是否达到要求，拉线是否紧固，基础是否坚实
	8	卡线器安装牢固；使用防止导线脱落后备绳作为第二道防护
	9	登杆前，应检查鞋子是否湿滑、粘上太多泥巴和沙子，脚扣带子是否系紧。 如用脚扣登杆应全程使用安全带保护,使用安全带、安全绳,系安全带后应检查扣环扣好,到位应立即挂好后备保险绳。 登杆全过程不得失去安全带的保护,转移换位过程中不得失去安全带、安全绳保护。 安全带、安全绳应系在牢固的构件上,严禁低挂高用。 防坠器悬挂牢固,使用前做冲击试验。 应将脚扣脚带系牢,登杆过程中应根据杆径粗细随时调整脚扣尺寸。 全过程做好安全监护,监督被监护人员遵守本规程和现场安全措施,及时纠正被监护人员的不安全行为。 杆上人员作业中移位时,要与监护人做好沟通
	10	实训区域划分合理，设置安全围栏并悬挂标识牌。严禁在作业点正下方逗留，传递物品时，杆下严禁站人。杆上人员要用传递绳索将工具材料传递，严禁抛扔，金具可以放在工具袋内传递。物品应绑扎正确、牢固
	11	监护人在监护期间应始终行使监护职责,不得擅离岗位或兼职其他工作

4 实训项目及技术要求

4.1 开工

√	项目	操作内容及要求	备注
	现场复勘	工作负责人核对实训现场，检查现场工作条件、作业环境等满足实训条件	

√	项目	操作内容及要求	备注
	履行工作 许可手续	（1）工作负责人按照工作票所列工作内容与运维人员联系，申请工作许可，申请时应用专业术语。 （2）完成施工现场的安全措施后，工作许可人会同工作负责人到现场再次检查所做的安全措施，对具体的设备指明实际的隔离措施，证明检修设备确无电压。 （3）对工作负责人指明带电设备的位置和注意事项，最后双方在工作票上分别确认、签名。记录许可时间	
	召开现场 班前会	（1）学员点名：应到人数（　），实到人数（　），缺勤人数（　）。 缺勤原因：（　　　　　　　　　　　　　　　　　　　　　　）。 （2）介绍培训任务、监护指导分工和安全风险预控措施（特别是对作业中的"老虎口"要特别提醒，关键事项做到提前交底。现场"老虎口"和风险点应指定监护人，执行安措等关键工序应指定责任人）。 （3）确定工作班成员身体健康良好，适应当日工作。 （4）讲解着装及装束要求，并进行互查合格。 （5）讲解并检查正确佩戴安全帽。 （6）交代手机、书包、杯子等定置管理要求。 （7）正确使用实训设备、仪器、仪表、工器具。 （8）实训室安全注意事项和学员行为规范。 （9）实训室周围环境及应急逃生措施	
	布置安全措施	（1）装设围栏。 （2）检查安全工器具。 （3）验电、悬挂接地线。 （4）悬挂标识牌（各小组循环进行）	
	工器具 现场检查	（1）检查施工工器具的外观情况。 （2）检查施工工器具机械试验及电气试验的试验标签在有效期内	

4.2 实训内容及标准

√	项目	操作内容及要求	备注
	测试绝缘子	按要求清扫、检测绝缘子。绝缘电阻表转速达到 120r/min 时读数。绝缘电阻表短路试验指针指向 0，绝缘电阻表开路试验指针指向∞	
	上杆	（1）登杆前核对杆号名称、杆根、杆身、拉线进行检查。 （2）对登杆工具做冲击试验。 （3）携带传递绳。 （4）杆上人员使用验电器确认线路无电	

续表

√	项目	操作内容及要求	备注
	验电、挂地线	(1) 验电前应对验电器进行自检。 (2) 验电时作业人员与带电体保持安全距离。验电顺序应为由近至远。验电时应戴绝缘手套。 (3) 确认线路无电，将验电结果汇报工作负责人。 (4) 挂好接地线，挂接地线顺序应为由近及远	
	收紧导线	(1) 在杆上合适位置系牢传递绳。携带定滑轮和传递绳时，挂好滑轮。 (2) 正确使用紧线工具收紧导线，卡线器安全位置合适。 (3) 安装防止导线脱落的后备绳	
	更换绝缘子	(1) 绝缘子摘挂顺利、无碰撞。 (2) 绝缘子传递正确、传递绳无缠绞。 (3) M 型销子恢复及时，开口向上。 (4) 提放物体时，安全可靠，不发生碰撞。 (5) 提放物体时重心脚在下	
	拆除紧线器	(1) 更换绝缘子后，拆除紧线器、卡线器、传递绳、定滑轮。 (2) 拆除后备绳	
	下杆	(1) 将杆上工器物品传递至地面。 (2) 下杆	

4.3　竣工

序号	操作内容	注意事项	备注
1	清理工作现场	整理工器具及材料，清理实训现场	
2	召开班后会	(1) 学员点名：应到人数（　），实到人数（　），缺勤人数（　）。 缺勤原因：（　　　　　　　　　　　　　　　　）。 (2) 总结当天实训工作完成情况，对表现好的学员进行表扬，指出不足并分析点评，提出改进意见和防范措施。 (3) 对下次实训工作提出要求	
3	办理工作终结手续	(1) 全部工作完毕后，检查实训现场所有安全措施已拆除。已恢复常设围栏。 (2) 所有人员已撤离操作区域。 (3) 工作负责人向运维人员汇报工作结束，并终结工作票	

项目评价

　　绝缘子安装完成后，根据学员任务完成情况，填写评分记录表（表 4 - 8），做好综合点评（表 4 - 9）。

一、技能操作评分

表 4 - 8 耐张绝缘子更换评分记录表

说明	1. "10kV 竞赛×号线已停电，面向线路更换左（单号），右（双号）边相"
	2. 单人操作，裁判员仅作为工作监护人监护选手操作，不得动手操作
	3. 工作中出现严重违章（如不挂接地线）和不安全行为（如导线滑落），考评人员有权中止其作业

序号	项目	考核要点	配分	评分标准	扣分原因	得分
1				工作准备		
1.1	着装穿戴	穿工作服、电工绝缘鞋、戴安全帽、线手套，按标准着装	5	（1）没穿长袖工作服扣1分，没穿绝缘鞋扣1分，未佩戴安全帽扣2分。 （2）未正确佩戴安全帽扣1分，着装不规范扣1分；未戴线手套扣1分		
1.2	选择工器具	工器具准备齐全（含登杆、安全、紧线、传递工具及绝缘电阻表、XWP-7绝缘子等）；安全工器具质量合格（有工作参数、安检合格证、试验合格证）	5	（1）工器具准备不齐全，有效期内的脚扣、安全带、紧线器、传递绳及绝缘电阻表、XWP-7绝缘子每错、漏选1件扣2分。 （2）每件工器具不符合安检要求扣2分		
1.3	测试绝缘子	按要求清扫、检测绝缘子。绝缘电阻表转速达到120r/min时读数。绝缘电阻表短路试验指针指向0，绝缘电阻表开路试验指针指向∞	5	（1）清扫绝缘子不规范扣2分。 （2）绝缘电阻表开路试验不符合要求扣2分。 （3）绝缘电阻表短路试验不符合要求扣2分		
1.4	检查工器具	对验电器自检；对脚扣、安全带、接地线、紧线器、绝缘手套、传递绳进行外观检查	5	（1）每漏检查1件扣2分。 （2）绝缘手套不检查扣2分，检查项目不全、方法不规范每项扣2分		
2				工作过程		
2.1	安装接地线接地极	安装接地线接地极方法正确，接地极与大地接触牢固，接地极入地要≥0.6m	5	（1）接地极与大地接触不牢固扣2分。 （2）接地极与接地线接触不良扣2分。 （3）戴手套使用手锤扣2分。 （4）接地极入地小于0.6m扣2分		

序号	项目	考核要点	配分	评分标准	扣分原因	得分
2.2	登杆	绳扣拴系牢固；登杆前核对杆号名称、杆根、杆身、拉线进行检查。对登杆工具做冲击试验。登杆动作规范熟练	15	(1) 登杆前安全带扣环不检查扣2分，拴系工器具不牢固扣2分。 (2) 登杆前未核对线名、杆号、色标，每漏1项扣1分，检查不到位每项扣2分。 (3) 登杆前未检查杆身、杆根、拉线，每漏1项扣1分。 (4) 安全带不做冲击试验扣2分；登杆时不扎安全带扣3分（裁判必须提醒纠正）。 (5) 脚扣不做冲击试验扣25分。 (6) 登杆时脚扣相互碰撞，每次扣2分。 (7) 脚扣坠落，每次扣5分。 (8) 出现登杆滑落等危险操作，视情况叫停		
2.3	验电、挂接地线	站位和作业转位正确；人体与带电体保持0.7m以上距离，戴绝缘手套验电；传递绳系在牢固安全部位提物；接地线逐相挂接，顺序正确；挂接地线时地线不得碰触身体；接地线挂接牢固；提接地线时重心脚在下	20	(1) 不戴绝缘手套验电扣5分。 (2) 验电顺序未由近及远扣2分。 (3) 传递绳未挂在杆身上提物扣2分。 (4) 挂接地线前人体越过安全距离扣2分。 (5) 挂接地线顺序不正确扣2分。 (6) 挂接一相接地线后，身体碰触接地线扣3分/次。 (7) 传递绳出现缠绕扣2分		
2.4	更换绝缘子	操作熟练，能正确使用紧线工具；后备绳使用正确；绝缘子摘挂顺利、无碰撞；绝缘子传递正确、传递绳无缠绞；M型销子恢复及时，开口向上；提放物体时，安全可靠，不发生碰撞；提放物体时重心脚在下	20	(1) 提放物体时物体碰撞电杆每次扣2分。 (2) 作业站位不正确扣2分。 (3) 下放物体失控扣5分。 (4) 不使用后备绳扣10分。 (5) 工具使用错误每次扣5分。 (6) 卡线器碰触地线扣2分。 (7) 金属部分碰撞绝缘子（碰出响声）每次扣2分		

序号	项目	考核要点	配分	评分标准	扣分原因	得分
2.5	拆除接地线	拆接地线位置符合 0.7m 以上安全距离；拆除顺序正确；下放接地线绳扣牢固、绳子无缠绕，下放接地线时重心脚在下	10	（1）人体与带电部位小于安全距离拆接地线扣 2 分。 （2）拆除接地线顺序错误扣 2 分。 （3）接地线未全部脱离导线前，身体碰触接地线每次扣 2 分。 （4）传递绳挂在身上，下放接地线扣 3 分。 （5）传递绳出现缠绕扣 2 分		
3				工作终结验收		
3.1	安全文明生产	汇报结束前，所选工器具放回原位，摆放整齐；操作过程中无跌落物；遵守操作规程，设备无损坏；尊重裁判人员，讲文明礼貌	10	（1）未装接地极、未验电、未挂接地线，每次从总分中扣 5 分。 （2）高空落物每次扣 5 分。 （3）损坏工具，每件扣 5 分。 （4）作业完毕，现场不恢复扣 5 分、未完成扣 2 分。 （5）未注重人身安全，破皮见血，每次扣 5 分。 （6）野蛮操作，顶撞裁判，扣 10 分及以上，直至取消比赛资格		
				合计得分		
考评员栏		考评员：	考评组长：	时间：		

二、项目综合点评

表 4 - 9　　　　　　　　电缆配电线路巡视综合点评记录表

序号	项目	培训师对项目评价	
		存在问题	改进意见
1	安全措施		
2	作业流程		
3	作业方法		
4	工具使用		
5	安装质量		
6	文明操作		

课后自测及相关实训

1. 架空配电线路连接金具的作用和分类有哪些？
2. 列举 10kV 耐张绝缘子串组成。
3. 总结 10kV 耐张绝缘子更换流程及工作要点。
4. 使用棘轮紧线器进行 10kV 耐张绝缘子更换。

项目五　配电电缆故障测寻

项目目标

熟悉配电电缆故障测寻类型及诊断方法。掌握配电电缆故障测寻作业工器具及设备使用。熟悉配电电缆故障测寻操作流程及作业内容。掌握配电电缆故障测寻工作要点。能进行项目危险点分析和预控措施制定。能编写实训作业指导书和办理工作票，能进行配电电缆故障测寻和测评报告编写。

项目描述

本项目为 10kV 配电电缆故障测寻实训。在培训师指导监护下，学员完成实训现场勘察、工作票填写、作业指导书编写、现场进行作业工器具准备，安全检查，判断电力电缆故障性质，测试线路全长及故障点距离，填写电缆故障测试报告。

知识准备

一、电缆故障性质分类

电缆故障类型主要分为：短路性故障、接地性故障、断线性故障、混合性故障四大类。

（1）短路性故障是指：有两相短路和三相短路，多为制造过程中留下的隐患造成。

（2）接地性故障是指：电缆某一芯或多芯对地击穿，绝缘电阻低于 100kΩ，称为低阻接地，高于 100kΩ 称为高阻接地。接地性故障主要由电缆腐蚀，铅皮裂纹，绝缘干枯，接头工艺和材料等造成。

（3）断线性故障是指：电缆某一芯或多芯全断或不完全断。电缆受机构伤，地形变化的影响或发生过短路，都能造成断线情况。

（4）混合性故障是指：含上述两种及以上的故障。

二、电缆故障诊断方法

电缆故障诊断一般分故障性质诊断、故障测距、故障定点三个步骤。故障性质诊断过程，就是对电缆的故障情况作初步了解和分析的过程，然后根据故障绝缘电阻的大小对故障性质进行分类。再根据不同的故障性质选用不同的测距方法粗测故障距离。然后再依据粗测所得的故障距离进行精确故障定点，在精确定点时也需根据故障类型的不同，选用合适的定点方法。

电缆故障诊断方法主要分为：低压脉冲法、脉冲电压法、脉冲电流法、二次脉冲法（三次、多次脉冲法等同）等。中压电缆故障类型、特点和测寻方法（见表 4 - 10）。

表 4 - 10   中压电缆故障类型、特点和测寻方法

故障类型		特点	测距方法	定点方法（直埋敷设）
接地故障	低阻	绝缘电阻<100kΩ	低压脉冲法 低压电桥法	声磁同步法，金属性短路接地故障选用音频信号感应法
	高阻	绝缘电阻>100kΩ，<100kΩ	二次脉冲法 冲闪回波法 高压电桥法	声磁同步法
		绝缘电阻>100kΩ	二次脉冲法 冲闪回波法	声磁同步法
	闪络性	绝缘测量合格，耐压试验时击穿	冲闪回波法 直闪回波法	声磁同步法
断线故障		导体一相或多相不连续	低压脉冲法	声磁同步法

说明：

(1) 纯开路故障很少，断线故障一般都伴随高阻或低阻接地共同存在。断线并高阻或低阻接地的，按接地故障精确定位方法定点，纯开路故障时，在电缆对端把故障相与地线短路后，在测试端按故障相闪络性接地故障选用声磁同步法精确定位。

(2) 低阻（短路）故障，在已知电缆全长的情况下，可采用低压脉冲法、低压电桥法测距。对于电缆全长未知的情况下，采用低压脉冲法测量。

(3) 高阻与闪络性接地故障可用二次脉冲法测距。无法测出时，可使用闪络回波法和高压电桥法测距。

(4) 故障测距后，可直接到对应距离的接头处查看。对于观测不到故障点的，可选用声磁同步法或声测法精确定点。

📽 项目实施

一、作业流程及内容

（一）配电电缆故障测寻作业流程图（见图 4 - 52）

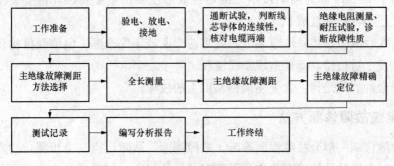

图 4 - 52   配电电缆故障测寻工作流程图

（二）工作内容

1. 工器具和材料准备

（1）工器具：验电器、放电棒、接地线、试验引线、高压电桥、低压电桥、主绝缘故障测试成套设备、万用表、电缆路径探测仪、绝缘电阻测试仪、绝缘手套、标识牌、安全遮栏（围栏）、电源线盘等。

（2）工器具储运与检测：

1）校验中压电缆主绝缘故障测寻设备性能是否正常，保证设备电量充足或者现场交流电源满足仪器使用要求。

2）领用绝缘工器具和辅助器具，应核对工器具的使用电压等级和试验周期并检查外观完好无损。

3）检测作业前清点并检查检测设备、仪表、工器具、安全用具等是否齐全，且在有效期内，并摆放整齐。

4）工器具在运输过程中，应存放在专用工具袋、工具箱或工具车内，以防受潮和损伤。

（3）现场操作前的准备：

1）根据工作时间和工作内容填写工作票（故障紧急抢修单）资料。收集故障电缆的技术资料和相关参数，包括线路名称、电缆型号、截面、长度、生产厂家、路径图、中间接头数量及位置、附件类型、敷设条件、运行记录、预防性试验记录、历史故障检修记录等。

2）经调度许可后，方可开始工作。

3）工作负责人核对电缆线路名称。

4）工作负责人在测试点操作区装设安全围栏，悬挂标示牌，检测前封闭安全围栏。

5）工作负责人召集工作人员交待工作任务，对工作班成员进行危险点告知，交代安全措施和技术措施，确认每一个工作班成员都已知晓，检查工作班成员精神状态是否良好，人员是否合适。

6）做好停电、验电、放电和接地工作，确认电力电缆两端的金属屏蔽和铠装层应接地良好。

7）断开故障电缆与其他电气设备的电气连接，测试端场地应平整，适宜仪器设备的放置和开展工作，测试端和对端应设围栏并有专人看护。

2. 通断试验

通断试验主要是判断线芯的连续性，并核对电缆两端。

（1）常见中压电缆一般为三芯统包电缆，通断测量在相间进行。即把对端三相短路不接地，测试端测量 AB、AC、BC 之间的连续性。

（2）连续性判断后，采用核相或者其他方法确认电缆两端。

3. 绝缘电阻测量，诊断故障性质

测量电缆主绝缘电阻，根据绝缘电阻大小或耐压试验结果，判断电缆故障性质。

（1）判定是高阻接地还是低阻接地故障。用绝缘电阻测试仪分别测量每相导体对地（金属护层）之间的绝缘电阻，绝缘电阻测试仪测量结果接近为零的，用万用表复测，测得具体电阻值。通过测量绝缘电阻，判断电缆是否发生一相或多相接地故障。绝缘电阻值低于 $100\text{k}\Omega$ 的称为低阻接地故障，绝缘电阻值高于 $100\text{k}\Omega$ 的称为高阻接地故障。

（2）如果三相绝缘电阻测量均正常，进行闪络故障判断。对电缆线路进行耐压试验。当在耐压试验过程中，出现不连续的击穿现象时，则判断电缆存在闪络性故障。

（3）根据上述两步骤结果，把电缆分为断线、低阻接地、高阻接地、闪络性接地和电缆无故障等五种状态。

4. 故障测试方法选择

根据故障类型和故障性质，选择适宜的测距方法及定点方法确定故障点的位置。

5. 全长测量

采用低压脉冲法测量电缆全长，并测量各接头的距离。同时对比故障相与良好相接头反射波形的区别，做好记录。

6. 主绝缘故障测距

主绝缘故障测距分为三步，一是根据选择的测寻方法，准备所需要的检测设备和工器具。二是按照选择探测设备的接线图接线，确保接线正确无误。三是开启电源，进行故障距离测量，记录测量数据。

（1）低压电桥法故障测距：

1）跨接。在电缆对端跨接电缆，跨接线应选用低阻抗连接线，接触面应平整清洁。

2）正接法测量。采用正接法接线，如图 4-53 所示，低压电桥的红夹子接故障相，黑夹子接完好相。

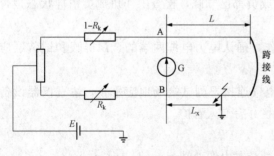

图 4-53　低压电桥正接法接线图

3）调零。打开检流计的电池开关，选择适当的灵敏度，旋转调零旋钮，检流计调至零位，毕后即关闭电池开关。

4）加压。均匀加压，至电流稳定在 10mA 左右。

5）读数。打开检流计，调至调零时的灵敏度；旋转刻度盘至检流计指零；读正接法的值。

6）降压。读数完毕，降压至零并关闭电源，戴上绝缘手套对被试电缆进行放电、接地。

7）反接法测量。在测试端将故障相导体接到 A 接线柱，将完好相接到 B 接线柱，并按正接法的步骤测量。

8）计算故障位置。根据同型号电缆导体的直流电阻与长度成正比得

$$\frac{1-R_k}{R_k}=\frac{2L-L_x}{L_x} \tag{4-1}$$

简化后得
$$L_x = R_k \times 2L \tag{4-2}$$

式中：L_x 为测量端至故障点的距离（m）；L 为电缆全长（m）；R_k 为电桥读数。

正接法和反接法两次测量的平均值即为电缆线路从测试端到故障点的初测距离。

（2）低压脉冲法故障测距：

1）正确连接设备。将测试线插头插到仪器的输入插口上，测试线的芯线（红色夹）与电缆相线连接，测试线的屏蔽层连线（黑色夹）与电缆地线连接，如图 4 - 54 所示。

2）设备调节。按动"开关"键，待仪器打开后，选取"低压脉冲方式"，进入"范围"菜单，同时向被测电缆发射低压脉冲，并将反射波形显示在屏幕上。

按"操作"键，进入"操作"菜单，按动"增益＋""增益－""平衡＋""平衡－"等键，直到得到满意的波形。

在波形操作菜单下，将波形放大，得到更详细的波形。

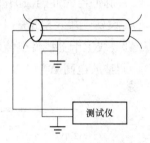

图 4 - 54　设备连接图

3）波形比较法。在测量范围、波速度、增益等参数不变的情况下，通过比较电缆故障相与完好相的脉冲反射波形，可以准确判断电缆故障点。

先测量故障相的脉冲反射波形，将其记录下来，再测量完好相的脉冲反射波形，按"比较键"，将两波形同时显示在屏幕上，需将测量光标移动至波形开始差异处，即为故障点。此时显示的距离即为低阻接地故障点或断线点的距离。

（3）脉冲电流法故障测距：闪络回波法包含脉冲电流法与脉冲电压法。因脉冲电压法有一定的安全隐患，目前测试人员一般都不再选用脉冲电压法。根据施加直流高压还是脉冲高压的不同，脉冲电流法又分为脉冲电流直闪法与脉冲电流冲闪法。

1）脉冲电流直闪法测闪络故障作业步骤：

a. 按图 4 - 55 正确连接设备，确保接线正确无误。

b. 首先，将故障测试仪选择在"脉冲电流"工作状态，按"范围"键，选择仪器的工作范围应大于但最接近被测试电缆的长度。

c. 按"预备"键使仪器处于等待触发工作状态。

d. 调节调压器，逐渐升高电压的电缆故障相闪络放电，这时仪器被触发，显示出当前波形；其中第一个脉冲是由故障点传来的放电脉冲，而第二个脉冲是从故障点返回的反射脉冲。

e. 调整增益，再次放电，直到故障点的脉冲波形直到满意为止，按"计算"键，仪器自动将零点光标设置在第一个放电脉冲波形的起始点处，移动测量光标对准故障点反

射脉冲波形的起始处，显示屏右上角显示的长度即为测试端到故障点的距离。

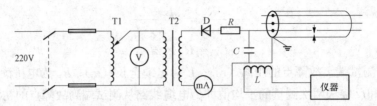

图 4-55　脉冲电流直闪法测试接线原理图

T1—调压器；T2—升压变压器；D—高压硅堆；R—限流电阻；

C—脉冲电容；L—线性电流耦合器

2）脉冲电流冲闪法测高阻故障作业步骤：

a. 设备连接。根据图 4-56 所示进行测试接线，试验设备连接正确，接地可靠。在低压侧地线上卡上线性电流耦合器，线性电流耦合器注意方向（箭头方向朝电缆本体接地），调整放电间隙。

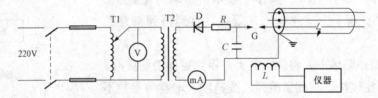

图 4-56　脉冲电流冲闪法测试接线原理图

T1—调压器；T2—升压变压器；D—高压硅堆；R—限流电阻；

C—脉冲电容；G—放电球间隙；L—线性电流耦合器

b. 测量（加压，观察波形，判断故障位置）。

按"方式键"选取"脉冲电流"方式，按"范围键"选择合适的工作范围（一般略大于被测电缆长度），调低增益并按下"预备键"等待接受放电脉冲电流。

调节球间隙间距到较小位置，然后加压到球间隙击穿放电，但微安表指示的电流很小，这时仪器触发并显示波形。由于此时加到故障点上的脉冲电压幅值较小，故障点并未击穿，波形中第一个负脉冲为高压电容器通过球间隙对电缆放电产生的，第二个脉冲为电缆另一端终端的反射脉冲。

逐渐加大球间隙的间距，使微安表指示达到数十微安，此时故障点击穿，仪器显示故障点放电脉冲，并把零点自动放在故障点放电脉冲的起始处。

调整零线光标位于故障点放电脉冲的起始点，移动测量光标到故障点反射脉冲的起始点处，此时显示屏右上角显示的长度即为测试端到故障点的距离。

当显示屏显示的电缆故障点波形易识别，即可调节或确认零点光标在故障点放电脉冲的起始处，然后按"计算"键，仪器自动计算故障点距离并显示在屏幕右上角。

7. 测试记录

测试记录包括：线路名称、工作日期、工作内容、故障类型、精确定点位置和测试人员签字等内容。电缆故障测试记录表见表 4 - 11 所示。

表 4 - 11　　　　　　　　　　　电缆故障测试记录

线路名称		工作日期	年　月　日
电缆型号规格		附件型号规格	
相位	绝缘阻值	故障类型	测试人员
故障波形图			

8. 报告与记录

测试结束后，依据试验数据编制故障测试分析报告（表 4 - 12）。

表 4 - 12　　　　　　　　　　　电缆故障测试分析报告

编号		测试人员	
线路名称		电缆型号	
测试时间		测试地点	
温度		湿度	
电缆附件描述			
测量数值	万用表测量值		
	绝缘电阻表测量值		

	仪器型号	测试结果	波形文件名
全长测量			
故障距离			

故障性质描述：

二、工作要点

（1）确认故障电缆线路名称及相位，根据故障指示器显示判断出故障电缆线路。

（2）全线巡视，检查电缆线路有无外破现象或明显故障点。

（3）未发现明显的故障点，再进行下一步程序。

（4）将故障电缆放电并接地。

（5）工作负责人监督拆除故障电缆两端与其他设备的电气连线，不得损伤电缆终端和其他电气设备。

（6）首先使用绝缘电阻表或万用表测量故障电缆的绝缘电阻值，并仔细检查电缆线芯的连续性，初步分析判断故障的性质并做好检查试验记录。

（7）如果故障电缆对地电阻小于 $100k\Omega$，则是低阻故障，用低压脉冲法。

（8）如果故障电缆对地电阻大于 $100k\Omega$，则是高阻故障，用高压闪络法试验。

（9）如果故障电缆是低阻与断线故障，可用校正仪器测量波速的方法，检查导体的连续性。

三、实训作业指导书

配电电缆故障测寻实训作业指导书如下。

编号：

_____培训班

配电电缆故障测寻
实训作业指导书

批准：_____ _____年____月____日

审核：_____ _____年____月____日

编写：_____ _____年____月____日

作业日期　　年　月　　日　　时至　年　　月　　日　　时

1 适用范围

本指导性技术文件规定了配电电缆故障测寻工作的现场标准化作业的工作步骤和技术要求。

本指导性技术文件适用于××××技能培训配电电缆故障测寻的操作。

2 编制依据

国家电网公司 Q/GDW 1799.2—2013《电力安全工作规程（线路部分）》

国家电网安质〔2014〕265 号《国家电网公司电力安全工作规程（配电部分）（试行）》

Q/GDW 1519—2014《配电网运维规程》

Q/GDW 11261—2014《配电网检修规程》

Q/GDW 10370—2020《配电网规划设计技术导则》

DL/T 5161—2017《电气装置安装工程质量检验及评定规程》

Q/GDW 10742—2016《配电网施工检修工艺规范》

Q/GDW 11838—2018《电缆配电线路试验规程》

GB 50217—2018《电力工程电缆设计标准》

3 作业前准备

3.1 准备工作安排

√	序号	内容	标准	责任人	备注
	1	接受任务	培训师根据教学计划安排，核对实训班级、实训时间、实训地点	培训师	
	2	现场勘察	（1）核实工作内容、停电范围、保留的带电部位、作业现场的条件、应合接地刀闸（应挂接地线）、环境及危险点。 （2）制定针对性安全措施，工作负责人根据勘察结果填写现场勘察记录	培训师	
	3	人员安排	工作前，工作负责人应根据工作任务、工作难度、人员技能水平和现场场地、工位，组织开展承载力分析，合理安排工作班成员，确保工作班人数、安全能力和业务能力、实训工位满足实训要求	培训师、学员	
	4	工作票填写	培训师在作业前填写好工作票，并交给签发人审查、签发	培训师	
	5	学习指导书	（1）培训师根据现场环境和实训人员情况对实训作业指导书进行优化。 （2）由培训师组织所有参加该项工作人员学习本作业指导书	培训师、学员	

√	序号	内容	标准	责任人	备注
	6	工具材料准备	结合现场勘察情况和工作需要，提前准备现场工作所需安全工器具、物料、备品备件、试验仪器、图纸、说明书等物品并做好检查	培训师、学员	
	7	资料准备	(1) 课程单元教学设计。 (2) 实训作业指导书。 (3) 工作票。 (4) 班前会、班后会记录。 (5) 实训室日志。 (6) 项目应急预案及应急处置卡	培训师	

已执行项打"√"，不执行项打"×"。下同

3.2　人员要求

√	序号	内容	备注
	1	现场工作人员的身体状况良好，精神饱满	
	2	培训师具备必要的电气知识和配电网运检技能，熟悉现场作业环境和实训设施，熟悉该项目的危险点预控措施，能正确使用作业工器具，了解有关技术标准要求	
	3	学员必须掌握《电力安全工作规程》的相关知识，并经安规考试合格，经医师鉴定无妨碍工作的病症，方可参加实训	

3.3　作业分工

本项目需 3~4 人，具体分工情况见下表。

√	序号	责任人	职责	人数	备注
	1	工作负责人（监护人）	(1) 对工作全面负责，在测试工作中要对作业人员明确分工，保证工作质量。 (2) 对项目质量及结果负责。 (3) 识别现场作业危险源，组织落实防范措施。 (4) 工作前对工作班成员进行危险点告知，交代安全措施和技术措施，并确认每一个工作班成员都已知晓。 (5) 对作业过程中的安全进行监护	1人	培训师
	2	作业人员	验电、挂接地线、相位核对、电缆测试	2~3人	学员

3.4　工器具及材料

√	序号	名称	型号/规格	单位	数量	备注
	1	验电器		支	1	
	2	放电棒		支	1	

√	序号	名称	型号/规格	单位	数量	备注
	3	接地线		副	2	
	4	试验引线		根	若干	
	5	高压电桥		台	1	传统直流电桥、压降比较法电桥或直流电阻法数字电桥等
	6	低压电桥		台	1	可选
	7	主绝缘故障测试成套设备		套	1	由高压信号发生单元、行波测距单元与精确定点仪组成。车载一体化系统与便携式系统等
	8	万用表		块	1	
	9	电缆路径探测仪		套	1	由音频信号发生器与接收器组成。单频率普通路径仪与地下金属管线定位仪等
	10	绝缘电阻测试仪		台	1	
	11	绝缘手套		副	2	选取相应电压等级
	12	标识牌		个	若干	
	13	安全遮栏（围栏）		米	若干	
	14	电源线盘		个	1	带保护器

3.5 危险点分析

√	序号	危险点分析
	1	升压过程及剩余电荷高压设备造成的人身触电
	2	电缆测试仪器搬运及操作中造成测试仪器损坏
	3	引起火灾
	4	机械伤害
	5	有毒气体伤害

3.6 安全措施

√	序号	内容
	1	中压电缆线路主绝缘故障测寻应在良好天气下开展，若遇雷电、雪、雹、雨、雾等不良天气应暂停检测工作，主绝缘故障测寻过程中若遇天气突然变化，有可能危及人身及设备安全时，应立即停止工作，撤离人员，恢复设备正常状况，或采取临时安全措施
	2	（1）应确保操作人员及测试仪器与电力设备的高压部分保持足够的安全距离。 （2）注意周边有电设备并保持安全距离，戴好绝缘手套及铺设橡皮绝缘垫（毯），防止误碰有电设备。 （3）与带电线路，同回路线路带电裸露部分保持足够的安全距离（10kV≥0.7m，20kV、35kV≥1.0m）

✓	序号	内容
	3	(1) 装设接地线应先接接地端，后接导线端，拆接地线的顺序与此相反。 (2) 试验工作现场应设好试验遮栏，悬挂好标识牌，应有专人监护，避免其他人员误入危险区域，引起误伤。 (3) 操作时应戴好绝缘手套、铺设橡胶绝缘垫等相关安全防护措施，防止误碰带电设备。 (4) 放电时应使用合格的、相应电压等级的放电设备。 (5) 试验结束后应对电缆逐相充分放电后接地，避免人员触电
	4	(1) 试验设备必须由专业检测人员接线。 (2) 防止机械伤人，避免搬运盖板砸伤手脚。 (3) 采取有效隔离措施，以防电缆烧坏引起火灾
	5	若工作场所为有限空间，则需要按照有限空间作业要求，对工作场所进行通风，气体检测合格后方可入内工作
	6	如在车辆繁忙地段应与交通管理部门联系以取得配合

4 实训方案及技术要求

4.1 开工

✓	项目	操作内容及要求	备注
	现场复勘	工作负责人核对实训现场，检查现场工作条件、作业环境等满足实训条件	
	履行工作许可手续	(1) 工作负责人按照工作票所列工作内容与运维人员联系，申请工作许可，申请时应用专业术语。 (2) 完成施工现场的安全措施后，工作许可人会同工作负责人到现场再次检查所做的安全措施，对具体的设备指明实际的隔离措施，证明检修设备确无电压。 (3) 对工作负责人指明带电设备的位置和注意事项，最后双方在工作票上分别确认、签名。记录许可时间	
	召开现场班前会	(1) 学员点名：应到人数（ ），实到人数（ ），缺勤人数（ ）。 缺勤原因：（ ）。 (2) 介绍培训任务、监护指导分工和安全风险预控措施（特别是对作业中的"老虎口"要特别提醒，关键事项做到提前交底。现场"老虎口"和风险点应指定监护人，执行安措等关键工序应指定责任人）。 (3) 确定工作班成员身体健康良好，适应当日工作。 (4) 讲解着装及装束要求，并进行互查合格。 (5) 讲解并检查正确佩戴安全帽。 (6) 交代手机、书包、杯子等定置管理要求。 (7) 正确使用实训设备、仪器、仪表、工器具。 (8) 实训室安全注意事项和学员行为规范。 (9) 实训室周围环境及应急逃生措施	

✓	项目	操作内容及要求	备注
	布置安全措施	(1) 装设围栏。 (2) 检查安全工器具。 (3) 验电、悬挂接地线。 (4) 悬挂标示牌（各小组循环进行）	
	工器具 现场检查	(1) 检查施工工器具的外观情况。 (2) 检查施工工器具机械试验及电气试验的试验标签在有效期内	

4.2 实训内容及标准

✓	项目	操作内容及要求	备注
	电缆接地	断开故障电缆与其他电气设备的电气连接，测试端场地应平整，适宜仪器设备的放置和开展工作，测试端和对端应设围栏并有专人看护。 做好停电、验电、放电和接地工作，确认电力电缆两端的金属屏蔽和铠装层应接地良好	
	通断试验	通断试验主要是判断线芯的连续性，并核对电缆两端。 (1) 常见中压电缆一般为三芯统包电缆，通断测量在相间进行。即把对端三相短路不接地，测试端测量 AB、AC、BC 之间的连续性。 (2) 连续性判断后，采用核相或者其他方法确认电缆两端	
	绝缘电阻测量，诊断故障性质	测量电缆主绝缘电阻，根据绝缘电阻大小或耐压试验结果，判断电缆故障性质	
	故障测试 方法选择	根据故障类型和故障性质，选择适宜的测距方法及定点方法确定故障点的位置。中压电缆故障测试方法选择见前文所述	
	全长测量	采用低压脉冲法测量电缆全长，并测量各接头的距离。同时对比故障相与良好相接头反射波形的区别，做好记录	
	主绝缘 故障测距	主绝缘故障测距分为三步，一是根据选择的测寻方法，准备所需要的检测设备和工器具。二是按照选择探测设备的接线图接线，确保接线正确无误。三是开启电源，进行故障距离测量，记录测量数据	
	主绝缘故障 精确定点	故障测距后，可直接到对应距离的接头处查看。对于无法观测到故障点的，可选用声磁同步法或声测法精确定点。对于没有放电声音的金属性接地故障，可考虑用音频信号感应法精确定点	

4.3 竣工

序号	操作内容	注意事项	备注
1	清理工作现场	整理工器具及材料，清理实训现场	
2	召开班后会	(1) 学员点名：应到人数（ ），实到人数（ ），缺勤人数（ ）。 缺勤原因：（ ）。 (2) 总结当天实训工作完成情况，对表现好的学员进行表扬，指出不足并分析点评，提出改进意见和防范措施。 (3) 对下次实训工作提出要求	
3	办理工作终结手续	(1) 全部工作完毕后，检查实训现场所有安全措施已拆除。已恢复常设围栏。 (2) 所有人员已撤离操作区域。 (3) 工作负责人向运维人员汇报工作结束，并终结工作票	

📇 项目评价

项目完成后，根据学员任务完成情况和编写的测试分析报告（表 4-12），填写评分记录表（表 4-13），做好综合点评（表 4-14）。

一、技能操作评分

表 4-13   配电电缆故障测寻评分记录表

序号	项目	考核要点	配分	评分标准	扣分原因	得分
1		工作准备				
1.1	着装穿戴	穿工作服、绝缘鞋；戴安全帽、线手套	5	(1) 未穿工作服、绝缘鞋，未戴安全帽、线手套，缺少每项扣 2 分。 (2) 着装穿戴不规范，每处扣 1 分		
1.2	材料选择及工器具检查	选择材料及工器具齐全，符合使用要求	10	(1) 工器具齐全，缺少或不符合要求每件扣 1 分。 (2) 工具未检查试验、检查项目不全、方法不规范每件扣 1 分。 (3) 设备材料未做外观检查每件扣 1 分。 (4) 备料不充分扣 5 分		

续表

序号	项目	考核要点	配分	评分标准	扣分原因	得分
2				工作过程		
2.1	通断试验	(1) 通断测量在相间进行。即把对端三相短路不接地，测试端测量AB、AC、BC之间的连续性。 (2) 采用核相或者其他方法确认电缆两端	5	(1) 万用表使用不规范每次扣1分。 (2) 测试数据不齐全每项扣1分。 (3) 未进行相序辨别扣1分		
2.2	绝缘电阻测量，故障性质诊断	(1) 正确进行通断试验，确认电缆两终端，检查电缆是否有断线相。要求测试步骤正确合理，接线正确，万用表使用正确。 (2) 正确进行电缆各相的绝缘电阻测量。要求测试步骤正确合理，接线正确、绝缘电阻表使用正确，放电正确。 (3) 绝缘电阻表测量为零的相，用万用表测量具体电阻值。要求测试步骤正确合理，要求万用表使用正确。 (4) 正确诊断故障性质	25	(1) 绝缘电阻表使用不规范每次扣2分。 (2) 接线不规范，扣3分。 (3) 绝缘测试中，未按要求进行安全措施，每项扣3分。 (4) 绝缘测试项目不齐全，每项扣2分。 (5) 诊断结果错误，每项扣5分		
2.3	全长及开路或短路故障距离的测量	(1) 要求低压脉冲法接线正确、选择测试相正确、操作步骤正确，波形识别正确，光标移动位置准确。 (2) 开路或短路故障距离测量操作。要求低压脉冲法接线正确、选择测试相正确、操作步骤正确，波形识别正确，光标移动位置准确。 (3) 全长、开路或短路故障距离测量结果	35	(1) 电缆全长测量错误扣10分。 (2) 开路或短路故障距离测量错误扣10分。 (3) 结果允许误差2m，每超1m扣2分，扣完为止。 (4) 测距仪使用不规范扣3~5分		
2.4	测试报告编写	(1) 测试报告填写清晰，记录详细、完整。 (2) 记录数据与测得的结果相符，波形记录完整（打印或拍照），识读正确	10	(1) 每项不合格至少扣2分。 (2) 记录数据与测试结果不相符扣1分		

序号	项目	考核要点	配分	评分标准	扣分原因	得分
3	工作终结验收					
3.1	安全文明生产	（1）分析项目危险点及预控措施。 （2）汇报结束前，所选工器具材料放回原位，摆放整齐；无不安全行为	10	（1）出现不安全行为，每次扣5分。 （2）现场清理不完整扣2分。 （3）损坏工器具，每件扣3分		
合计得分						
考评员栏	考评员：	考评组长：		时间：		

二、项目综合点评

表 4 - 14　　　　　　　　配电电缆故障测寻综合点评记录表

序号	项目	培训师对项目评价	
		存在问题	改进建议
1	安全措施		
2	作业流程		
3	检测方法		
4	检测结果		
5	工具使用		
6	仪器使用		
7	报告编制		
8	文明操作		

📖 课后自测及相关实训

1. 配电电缆故障类型有哪些？
2. 简要叙述脉冲电流直闪法原理。
3. 识别电缆故障测试波形类别和特点。
4. 练习使用电缆故障测距仪进行电缆故障测距。

学习情境五

配网不停电作业

【情境描述】

配网不停电作业是提高配网供电可靠性的重要手段，也是配网不停电作业从业人员的主要工作内容和专业技能。本情境为学习配网不停电作业方法选择、工器具使用、安全防护基础知识，观摩指导老师对操作项目的讲解示范，开展工作准备和项目训练。

【教学目标】

熟悉配网不停电作业方法，掌握绝缘杆作业法和绝缘手套作业法差异。了解配网不停电作业工器具分类和作用。了解配网不停电作业安全要求，熟悉静电感应防护、泄漏电流防护措施。

【教学环境】

多媒体教室，10kV带电作业工器具库房，带电作业安全用具。

项目一　配网不停电作业方法选择

项目目标

了解配网不停电作业方法。熟悉带电作业工作原理。掌握现行开展的配网不停电作业项目分类。能绘制10kV地电位作业法和中间电位作业法的等值电路图。掌握绝缘杆作业法和绝缘手套作业法差异。

项目描述

学习配网不停电作业方法，熟悉带电作业工作原理，在培训师指导下，学员绘制10kV地电位作业法和中间电位作业法的等值电路图，开展绝缘杆作业法和绝缘手套作业法差异分析。

知识准备

配网不停电作业是以实现用户的不停电或短时停电为目的，采用多种方式对设备进行检修的作业，是提高配网供电可靠性的重要手段。

一、带电作业方法分类

在带电作业中，电对人体的作用有两种：一种是人体的不同部位同时接触了有电位差（如相与相之间或相对地之间）的带电体时产生的电流危害；另一种是人在带电体附近工作时，尽管人体没有接触带电体，但人体仍然会由于空间电场的静电感应而产生的风吹、针刺等不舒适之感。经过测试证明，为了保证带电作业人员不致受到触电伤害的危险，并且在作业中没有任何不舒服之感，安全进行带电作业时就必须具备三个技术条件：①流经人体的电流不超过人体的感知水平 1mA；②人体体表局部场强不超过人体的感知水平 240kV/m；③人体与带电体保持规定的安全距离。

能够满足上述三条带电作业技术条件的作业方法有多种，其主要的分类方法有以下几种。

1. 按作业人员的人体电位分类

按作业人员的人体电位分类，带电作业分为地电位作业法、中间电位作业法和等电位作业法三种，如图 5-1 所示。

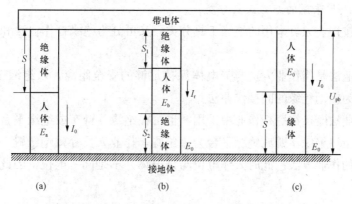

图 5-1　按人体电位分的三种作业法（$E_a > E_b > E_0$）

(a) 地电位作业法；(b) 中间电位作业法；(c) 等电位作业法

（1）地电位作业法，是指作业人员保持人体与大地（或杆塔）同一电位，通过绝缘工具接触带电体的作业。这时人体与带电体的关系是：大地（杆塔）→人体→绝缘工具→带电体。

（2）中间电位作业法，是指在地电位法和等电位法不便采用的情况下，介于两者之间的一种作业方法。此时人体的电位是介于地电位和带电体电位之间的某一悬浮电位，它要求作业人员既要保持对带电体有一定的距离，又要保持对地有一定的距离。这时，

217

人体与带电体的关系是：大地（杆塔）→绝缘体→人体→绝缘工具→带电体。

（3）等电位作业法，是指作业人员保持与带电体（导线）同一电位的作业，此时，人体与带电体的关系是：大地（杆塔）→绝缘体→人体→带电体。

应当指出：按人体电位分类的三种作业方法可以概括所有的带电作业方法，它们是人体、带电体、绝缘体和接地体四者之间组成不同的作业方式。无论哪种作业方式都遵循了同一个原理，即用绝缘工具把人与带电体或接地体分开，使泄漏电流不超过允许值。同时具备一个保证不对人体放电的安全间隙（S 或 S_1+S_2）。另外，由于人体所处三种位置的电场强度不同，所以对电场防护的要求也各不相同。

2. 按人体与带电体的相互关系分类

按人体与带电体的相互关系，带电作业分为间接作业法和直接作业法两种。

（1）间接作业法，是指作业人员不直接接触带电体，保持一定的安全距离，利用绝缘工具操作高压带电部件的作业。地电位作业法、中间电位作业法均属于这类作业。

（2）直接作业法，在配电线路带电作业中，作业人员穿戴全套绝缘防护用具直接对带电体进行作业（全绝缘作业法）。虽然与带电体之间无间隙距离，但人体与带电体是通过绝缘用具隔离开来，人体与带电体不是同一电位，对防护用具的要求是越绝缘越好；在输电线路带电作业中直接作业法也称为等电位作业法，它是作业人员穿戴全套屏蔽防护用具，借助绝缘工具进入带电体，人体与带电设备处于同一电位的作业。它对防护用具的要求是越导电越好。

3. 按作业人员采用的绝缘工具分类

带电作业按作业人员采用的绝缘工具分类，又可分为绝缘杆作业法和绝缘手套作业法两种。

绝缘杆作业法是指作业人员与带电体保持足够的安全距离，以绝缘工具为主绝缘、绝缘穿戴用具为辅助绝缘的间接作业法。

绝缘杆作业法既可在登杆作业中采用，也可在绝缘斗臂车或绝缘平台上采用；绝缘手套作业法是指以绝缘斗臂或绝缘平台为主绝缘，作业人员穿戴绝缘靴、绝缘手套，直接接触带电体的作业方法。此时人体电位与带电体并不是同一电位，因此，并不是等电位作业。

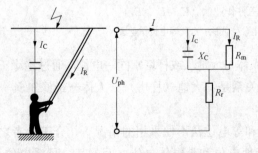

图 5-2 地电位作业法的等值电路

二、带电作业工作原理

1. 地电位作业法工作原理

地电位作业法是指作业人员站在大地或杆塔上使用绝缘工具间接接触带电设备的作业方法。其等值电路如图 5-2 所示。此时通过人体的电流有两条回路。

（1）泄漏电流回路 I_R：带电体→绝缘

操作杆（或其他绝缘工具）→人体→大地。

（2）电容电流回路 I_C：带电体→空气间隙（绝缘体）→人体→大地。

上述两个回路的电流都经过人体流入大地（杆塔）。必须说明，电容电流回路不单纯是工作相导线与人体之间存在电容电流，其他两相导线与人体之间也存在电容电流。但电容电流与空气间隙的大小有关，距离越远，电容电流越小，所以在分析中可以忽略另两相导线的作用或把电容电流作为一个等效的参数来考虑。

由于人体电阻 R_r 远小于绝缘工具的电阻 R_m，人体电阻 R_r 也远远小于人体与导线之间的容抗 X_C。因此在分析流入人体的电流时，人体电阻 R_r 可忽略不计。这时，流过人体的总电流 I 就是流过绝缘杆的泄漏电流 I_R 和电容电流 I_C 两个电流分量的相量和，即

$$\dot{I} = \dot{I}_R + \dot{I}_C \tag{5-1}$$

带电作业所用的环氧树脂类绝缘材料的电阻率很高，如用 3640 型绝缘管材制作成工具后的绝缘电阻均在 $10^{10} \sim 10^{12}\Omega$ 以上。那么，在 10kV 相电压下流过绝缘杆的泄漏电流为

$$I_R = U_{ph}/R_m = 5.77 \times 10^3/10^{10} \approx 0.5(\mu A) \tag{5-2}$$

在各电压等级设备上，当人体与带电体保持安全距离时，人与带电体之间的电容 C 约为 $2.2 \times 10^{-12} \sim 4.4 \times 10^{-12}F$，其容抗为

$$X_C = 1/(2\pi f C) \approx 0.72 \times 10^9 \sim 1.44 \times 10^9(\Omega) \tag{5-3}$$

在相电压下流过人体的电容电流为

$$I_C = U_{ph}/X_C = 5.77 \times 10^3/(1.44 \times 10^9) = 4(\mu A) \tag{5-4}$$

由此可以看出，泄漏电流 I_R 和电容电流 I_C 都是微安级，其矢量和也是微安级，远远小于人体电流的感知值 1mA。因此，在 10kV 线路上进行地电位作业时，只要人体与带电体保持足够的安全距离，绝缘工具满足其有效的绝缘长度，足以保证作业人员的安全。但是，应当指出的是，绝缘工具的性能直接关系到作业人员的安全，如果绝缘工具表面脏污或者内外表面受潮，泄漏电流将会急剧增加。当增加到人体的感知电流以上时，就会出现麻电甚至触电事故。因此，使用时应保持工具表面干燥清洁，并妥善保管以防止受潮。

地电位作业法主要是通过绝缘工具来完成其预定的工作目标。其基本的操作方式可分为"支、拉、紧、吊"四种，它们的配合使用是间接作业的主要手段。

2. 等电位作业法的原理

等电位作业法是指作业人员通过各种绝缘工具对地绝缘后进入高压电场的作业方法，即人体通过绝缘体与接地体绝缘起来后，人体就能直接接触带电体进行作业。绝缘工具仍然起着限制流经人体电流的作用；同时，人体在绝缘装置上还需对接地体保持一定的安全距离；由于带电体上及周围的空间电场强度十分强烈，所以等电位作业人员必须采用可靠的电场防护措施，使体表场强不超过人的感知水平。这样，等电位作业的安全才能得到保证。

等电位作业时等值电路图如图 5-3 所示。图中 R_r 为人体电阻，R_m 为绝缘工具的绝缘电阻，R_p 为屏蔽服电阻，C_r 为人体对地电容。由于等电位作业的绝缘装置一般要比地电位作业所用的工具长得多（如各种软梯、硬梯、挂梯、平梯），其最小长度也不会低于地电位作业工具的长度。所以，等电位作业绝缘工具的泄漏电流比地电位作业工具的泄漏电流要小。等电位作业人员对接地体所保持的距离不会比地电位作业时的安全距离小，考虑到在相同距离下，人体在带电侧对地电容要比地电位作业时人体在接地侧对导线电容要大些。因此人体流过电容 C_r 的电容电流要比地电位作业时对导线的电容电流要大一些。尽管如此，这一电流也不会达到毫安级水平，仅为数百微安级水平。另外，从图 5-3（a）所示的等值电路图中可以看出，人体电阻 R_r 与屏蔽服电阻 R_p 构成并联电路，其中：人体电阻 R_r 较大（一般大于 800Ω），屏蔽服电阻 R_p 较小（一般大小于 10Ω），这使数百微安电流大部分经屏蔽服流过，真正流过人体的电流是很小的。同时人体电阻 R_r 与屏蔽服电阻 R_p 比起绝缘工具的绝缘电阻 R_m 及人体容抗 Z_C 要小得多，所以，对总电流 $(I_R + I_C)$ 几乎无影响。

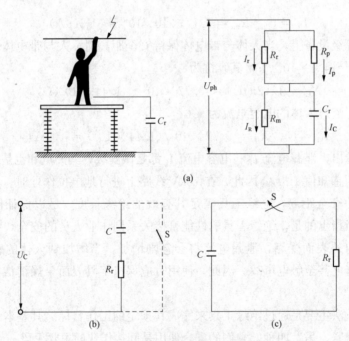

图 5-3　等电位作业法的等值电路

（a）等电位作业法的等值电路；（b）进入等电位过程的电路图；（c）实现等电位后的电路图

值得注意的是：图 5-3（a）所示的等值电路图是人体处于等电位稳定状态下的电路。而在实现等电位的过程中，将发生较大的暂态电容放电电流，其等值电路见图 5-3（b）和（c）所示。图中，U_C 为人体与带电体之间的电位差，这一电位差作用在人体与带电体所形成的电容 C 上，在等电位的过渡过程中，形成一个放电回路，放电瞬间相当于开关 S 接通瞬间，此时限制电流的只有人体电阻 R_r，冲击电流初始值 I_{ch} 可由欧姆定

律 $I_{ch}=U_C/R_r$ 求得。对于 110kV 或更高等级的输电线路，冲击电流的初始值是比较大的，一般约为十几至数十安培。因此作业人员必须身穿全套屏蔽服，通过导电手套或等电位转移线（棒）去接触导线，否则，若徒手直接接触导线，有可能导致电器烧伤或引发二次事故。当作业人员脱离等电位时，即人与带电体分开并有一空器间隙时，相当于出现了电容器的两个极板，静电感应现象同时出现，电容器复被充电。当这一间隙小到使场强大到足以使空气发生游离时，带电体与人体之间又将发生放电，就会出现电弧并发出啪啪的放电声。所以每次移动作业位置时，若人体没有与带电体保持同电位，出现充电和放电的过程。当等电位作业人员靠近导线时，如果动作迟缓并与导线保持在空气间隙易被击穿的临界距离，那么空气绝缘时而击穿，时而恢复，就会发生电容 C 与系统之间的能量反复交换，这些能量部分转化为热能，有可能使导电手套的部分金属丝烧断。因此，进入等电位和脱离等电位时都应动作迅速。

另外在等电位的过程中，还应注意以下几点：①作业人员借助某一绝缘工具（硬梯、软梯、吊篮、吊杆等）进入高电位时，该绝缘工具应性能良好且保持与相应电压等级相适应的有效绝缘长度，使通过人体的泄漏电流控制在微安级的水平；②其组合间隙的长度必须满足相关规程及标准的规定，使放电概率控制在 10^{-5} 以下；③在进入或脱离等电位时，要防止暂态冲击电流对人体的影响。因此，在等电位作业中，作业人员必须穿戴全套屏蔽用具，实施安全防护。

3. 中间电位作业法工作原理

中间电位作业法是指作业人员站在绝缘梯上或绝缘平台上，用绝缘杆进行作业的方法，即作业人员通过两部分绝缘体分别与接地体和带电体隔开。这两部分绝缘体仍然起着限制流经人体电流的作用；同时，作业人员还要依靠人体与接地体和带电体组成的组合间隙（两段空气间隙的和）来防止带电体通过人体对接地体发生放电。组合间隙是中间电位作业的主要技术条件之一，也是中间电位作业法的一大特征。由于人体电位高于地电位，体表强度相对来说也较高，应当采取相应的电场防护措施，以防止人体产生不适之感。

如图 5-4 所示为中间电位作业法的等值电路。图中 R_1、R_2 为绝缘杆和绝缘平台的绝缘电阻，C_1、C_2 为人体对导线和地（杆塔）的电容。此时，人体的两个电容 C_1 和 C_2 虽然要比地电位作业法 C_1 略大一些，但是，由它们组成的两个阻抗 Z_1 和 Z_2 并不比地电位作业法的阻抗小很多。因此，中间电位作业法流过人体的电流大致略高于地电位作业法，但仍然是微安级水平。它的安全水平并不比地电位作业法和等电位作业法低。一般来说，中间电位作业法的安全主要取决于组合间隙 (S_1+S_2) 的大小，即它的绝缘击穿强度。

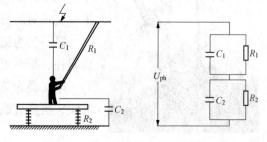

图 5-4　中间电位作业法的等值电路

这里需要指出的是：由于带电体对地电压是由组合间隙承受的，人体与带电体和接地体之间分别存在着电位差。因此，在采用中间电位作业法作业时应当注意以下几个相关的问题：①地面作业人员不允许直接用手向中间电位作业人员传递物品。这是因为若直接接触或传递金属工具，由于二者之间的电位差，将可能出现静电电击现象；另外，若地面作业人员直接接触中间电位人员，相当于短接了绝缘平台，使绝缘平台的电阻 R_2 和人体对地的电容 C_2 趋于零，不仅可能使泄漏电流急剧增大，而且可能使组合间隙变为单间隙而发生空气间隙击穿，从而导致作业人员电击伤亡；②在配电线路带电作业中，由于空间电场强度低，且配电系统电力设施密集，空间作业间隙小，作业人员不允许穿屏蔽服，而应穿绝缘服进行作业；③绝缘平台和绝缘杆应保持良好的绝缘性能，其有效绝缘长度应满足相应电压等级规定的要求，其组合间隙一般要比相应电压等级的单间隙大 20% 左右。

三、现行开展的配网不停电作业项目

按照使用的工具装备，我国主要采用的作业方法包括绝缘杆作业法，如图 5-5 所示；绝缘手套作业法，如图 5-6 所示；综合不停电作业法，如图 5-7 所示。

图 5-5　绝缘杆作业法

图 5-6　绝缘手套作业法

图 5-7　综合不停电作业法

（一）10kV 配网不停电作业项目分类

依据 Q/GDW 10520《10kV 配网不停电作业规范》，国家电网有限公司主要开展四类 33 项作业项目，涵盖了中压 10kV 架空线路及电缆线路，可在用户不停电的情况下，实现对所有配网线路设备开展检修作业。

第一类为简单绝缘杆作业法项目，包括普通消缺及装拆附件、带电更换避雷器等。

第二类为简单绝缘手套作业法项目，包括带电断接引流线、更换直线杆绝缘子及横担、更换柱上开关或隔离开关等。

第三类为复杂绝缘杆作业法和复杂绝缘手套作业法项

目。复杂绝缘杆作业法项目包括更换直线杆绝缘子及横担、带电断接空载电缆线路与架空线路连接引线等；复杂绝缘手套作业法项目包括带负荷更换柱上开关或隔离开关、直线杆改耐张杆等。

第四类为综合不停电作业项目，主要指通过旁路设备的接入，将配网中的负荷转移至旁路系统，实现待检修设备停电检修的作业方式，包括不停电更换柱上变压器、旁路作业检修架空线路、从环网箱（架空线路）等设备临时取电给环网箱（移动箱变）供电等。

具体配网不停电作业项目，见表5-1。

表5-1　　　　　　　　　　　　　　　　　配网不停电作业项目

序号	常用作业项目	作业类别	作业方式	作业带电时间（h）	减少停电时间（h）	作业人数
1	普通消缺及装拆附件（包括：修剪树枝、清除异物、扶正绝缘子、拆除退役设备；加装或拆除接触设备套管、故障指示器、驱鸟器等）	第一类	绝缘杆作业法	0.5	2.5	4
2	更换避雷器	第一类	绝缘杆作业法	1	3	4
3	带电断引流线（包括：熔断器上引线、分支线路引线、耐张杆引流线）	第一类	绝缘杆作业法	1.5	3.5	4
4	带电接引流线（包括：熔断器上引线、分支线路引线、耐张杆引流线）	第一类	绝缘杆作业法	1.5	3.5	4
5	普通消缺及装拆附件（包括：清除异物、扶正绝缘子、修补导线及调节导线弧垂、处理绝缘导线异响、拆除退役设备、更换拉线、拆除非承力拉线；加装接地环；加装或拆除接触设备套管、故障指示器、驱鸟器等）	第二类	绝缘手套作业法	0.5	2.5	4
6	带电辅助加装或拆除绝缘遮蔽	第二类	绝缘手套作业法	1	2.5	4
7	带电更换避雷器	第二类	绝缘手套作业法	1.5	3.5	4
8	带电断引流线（包括：熔断器上引线、分支线路引线、耐张杆引流线）	第二类	绝缘手套作业法	1	3	4
9	带电接引流线（包括：熔断器上引线、分支线路引线、耐张杆引流线）	第二类	绝缘手套作业法	1	3	4
10	带电更换熔断器	第二类	绝缘手套作业法	1.5	3.5	4
11	带电更换直线杆绝缘子	第二类	绝缘手套作业法	1	3	4
12	带电更换直线杆绝缘子及横担	第二类	绝缘手套作业法	1.5	3.5	4
13	带电更换耐张杆绝缘子串	第二类	绝缘手套作业法	2	4	4

续表

序号	常用作业项目	作业类别	作业方式	作业带电时间（h）	减少停电时间（h）	作业人数
14	带电更换柱上开关或隔离开关	第二类	绝缘手套作业法	3	5	4
15	带电更换直线杆绝缘子	第三类	绝缘杆作业法	1.5	3.5	4
16	带电更换直线杆绝缘子及横担	第三类	绝缘杆作业法	2	4	4
17	带电更换熔断器	第三类	绝缘杆作业法	2	4	4
18	带电更换耐张杆绝缘子串及横担	第三类	绝缘手套作业法	3	5	4
19	带电组立或撤除直线电杆	第三类	绝缘手套作业法	3	5	8
20	带电更换直线电杆	第三类	绝缘手套作业法	4	6	4
21	带电直线杆改终端杆	第三类	绝缘手套作业法	3	5	4
22	带负荷更换熔断器	第三类	绝缘手套作业法	2	4	4
23	带负荷更换导线非承力线夹	第三类	绝缘手套作业法	2	4	4
24	带负荷更换柱上开关或隔离开关	第三类	绝缘手套作业法	4	6	12
25	带负荷直线杆改耐张杆	第三类	绝缘手套作业法	4	6	5
26	带电断空载电缆线路与架空线路连接引线	第三类	绝缘杆作业法、绝缘手套作业法	2	4	4
27	带电接空载电缆线路与架空线路连接引线	第三类	绝缘杆作业法、绝缘手套作业法	2	4	4
28	带负荷直线杆改耐张杆并加装柱上开关或隔离开关	第四类	绝缘手套作业法	5	7	7
29	不停电更换柱上变压器	第四类	综合不停电作业法	2	4	12
30	旁路作业检修架空线路	第四类	综合不停电作业法	8	10	18
31	旁路作业检修电缆线路	第四类	综合不停电作业法	8	10	20
32	旁路作业检修环网箱	第四类	综合不停电作业法	8	10	20
33	从环网箱（架空线路）等设备临时取电给环网箱、移动箱变供电	第四类	综合不停电作业法	2	4	24

（二）0.4kV 配网不停电作业项目分类

目前，关于 10kV 配网不停电作业制度标准、规程规范已经较为完善，而 0.4kV 配网不停电作业还处于起步阶段，2018 年起国家电网有限公司开展了 0.4kV 配网不停电作业项目试点工作，2021 年起发布了相应的制度标准，全面开展 0.4kV 配网不停电作业项目推广应用工作。

0.4kV 低压不停电作业，则是配网不停电作业中对 0.4kV 低压线路设备开展的作业，是为了达到用户不停电或少停电的目的，采用带电作业、旁路作业等多种作业方式对 0.4kV 配网设备进行检修的作业。

结合低压线路设备现场工作需求和根据作业的对象设备分类，可将 0.4kV 不停电作业分为架空线路、电缆线路、配电柜（房）和低压用户四类作业。具体配网不停电作业项目见表 5-2。

表 5-2　　　　　　　　　　　　配网不停电作业项目

序号	项目类别	作业项目	备注
1	架空线路作业	0.4kV 配网带电简单消缺	
2		0.4kV 带电安装低压接地环	
3		0.4kV 带电断低压接户线引线	
4		0.4kV 带电接低压接户线引线	
5		0.4kV 带电断分支线路引线	
6		0.4kV 带电接分支线路引线	
7		0.4kV 带电断耐张引线	
8		0.4kV 带电接耐张引线	
9		0.4kV 带负荷处理线夹发热	
10		0.4kV 带电更换直线杆绝缘子	
11		0.4kV 旁路作业加装智能配变终端	
12	电缆线路作业	0.4kV 带电断低压空载电缆引线	
13		0.4kV 带电接低压空载电缆引线	
14	配电柜（房）作业	0.4kV 低压配电柜（房）带电更换低压开关	
15		0.4kV 低压配电柜（房）带电加装智能配变终端	
16		0.4kV 带电更换配电柜电容器	
17		0.4kV 低压配电柜（房）带电新增用户出线	
18	低压用户作业	0.4kV 临时电源供电	
19		0.4kV 架空线路（配电柜）临时取电向配电柜供电	

（三）0.4kV 与 10kV 不停电作业的不同之处

1. 装置类型不同

10kV 线路采用 A、B、C 三相三线制供电，0.4kV 采用 A、B、C、N 三相四线制供电为主，多了一根零线。在 10kV 不停电作业前，需要通过电杆上的标识牌分清 A、B、C 三相，而在 0.4kV 不停电作业前也是如此，需要分清火线、零线，并做好相序的记录和标记，选好工作位置。在地面辨别火、零线时，一般根据一些标志和排列方向、照明设备接线等进行辨认。初步确定火、零线后，作业人员在工作前用验电器或低压试电笔进行测试，必要时可用电压表进行测量。

0.4kV 线路布设较 10kV 线路更加紧密，相间距离较 10kV 线路更小，因此作业空

225

间也是需要作业人员注意的问题。不停电作业时由于空间狭小，带电体之间、带电体与地之间绝缘距离小，或由于作业时的错误动作，均可能引起触电事故。因此，不停电作业时，必须有专人监护；监护人应始终在工作现场，并对作业人员进行认真监护，随时纠正不正确的动作，发现作业人员有可能触及邻相带电体或接地体时，可及时提醒，以防造成触电事故。作业人员在作业时也要格外注意作业位置，减小动作幅度，避免相间或接地事故的发生。

2. 作业环境不同

部分 0.4kV 线路与 10kV 线路同杆架设，布设在 10kV 线路下方。在城市电网中，0.4kV 线路经常会受到各类通信线路、路灯、指示牌、树木等影响，作业空间狭小，作业环境相较于 10kV 不停电作业更加复杂。

在 0.4kV 不停电作业中，采用绝缘斗臂车作为工作平台时，要格外注意绝缘斗臂车的停放位置。因为电杆低、作业空间狭小，在停放绝缘斗臂车时，一是要保证工作斗能避开各类障碍物，二是要保证绝缘臂能伸出有效绝缘长度。

在进行不停电作业前，工作票签发人或工作负责人，应组织现场勘察并填写现场勘察记录。根据勘察结果判断是否进行作业，并确定作业方法、所需工具，以及应采取的措施。

3. 安全防护不同

不同的电压等级，对于作业人员的危害类型不同：对于 10kV 电压等级，不停电作业过程中主要防止电流伤害；0.4kV 电压等级较低，不停电作业过程中主要防止电弧伤害；两者绝缘防护的要求也不同。在 0.4kV 不停电作业中，使用的各类工器具和防护用具应与电压等级相匹配，例如绝缘手套可以采用更加轻便的 00 级带电作业用绝缘手套；验电器选用 0.4kV 级。

另外，低压不停电作业中也要注意作业顺序。三相四线制线路正常情况下接有动力、家电及照明等各类单、三相负荷。当带电断开低压线时，如先断开了零线，则因各相负荷不平衡使该电源系统中性点会出现较大数值的位移电压，造成零线带电，断开时将会产生电弧，亦相当于带电断负荷的情形。所以应严格执行规程规定，当带电断开线路时，应先断火线后断零线，接通时则应先接零线后接火线。切断火线时，必须戴护目镜，用手柄长的钳子，并有防止弧光线间短路的措施。

项目实施

一、配网不停电作业方法等值电路绘制

每名学员手工绘制 10kV 地电位作业法和中间电位作业法的等值电路图。

二、配网不停电作业项目统计

各小组列表统计第一类为简单绝缘杆作业法项目和第二类为简单绝缘手套作业法项

目（表 5 - 3）。

表 5 - 3　　　　　　　　　配网不停电作业简单作业项目统计

作业类别	作业项目
第一类为简单绝缘杆作业法项目	
第二类为简单绝缘手套作业法项目	

三、绝缘杆作业法和绝缘手套法的差异

各小组研讨 10kV 带电接引流线（包括：熔断器上引线、分支线路引线、耐张杆引流线），采用简单绝缘杆作业法和简单绝缘手套法的差异，并填写表 5 - 4。每小组推荐 1 名发言人，代表小组汇报任务完成情况。

表 5 - 4　　　　　　　　　10kV 带电接引流线作业方法对比

作业类别	主要差异
简单绝缘杆作业法	
简单绝缘手套作业法	

项目评价

培训师根据学员任务完成情况，进行综合点评（表 5 - 5）。

表 5 - 5　　　　　　　　　配网不停电作业方法选择综合点评表

序号	项目	培训师对项目评价	
		存在问题	改进建议
1	任务正确性		
2	任务规范性		
3	任务完整性		
4	任务单填写		
5	知识运用		
6	团队合作		

课后自测及相关实训

1. 配网不停电作业方法有哪些？
2. 总结归纳现行开展的配网不停电作业项目。
3. 绘制 10kV 地电位作业法和中间电位作业法的等值电路图。
4. 总结归纳绝缘杆作业法和绝缘手套作业法差异。

项目二　配网不停电作业工器具使用

📖 项目目标

掌握绝缘防护用具和绝缘遮蔽用具的使用。了解绝缘操作用具和手工工具。了解绝缘平台和绝缘斗臂车作用。了解带电作业用消弧开关基本原理。了解不停电作业工器具及车辆管理。了解个人电弧防护用品类别和作用。

🎙 项目描述

学习配网不停电作业工器具分类、作用，在带电作业工器具库房，培训师讲解带电作业库房区域划分、工器具分类。学员识别绝缘遮蔽用具、绝缘防护用具、绝缘操作工具和绝缘承载工具等。学员试穿绝缘服，练习绝缘手套使用与检验，练习绝缘遮蔽用具使用。

💻 知识准备

带电作业用工器具可分为主绝缘工器具、辅助绝缘工器具和个人绝缘防护用具。主绝缘工器具是指隔离电位起主要作用的电介质，耐压水平不小于 45kV（配电）的绝缘工器具；辅助绝缘工器具是指除了主绝缘外，为了安全另增加的独立绝缘，起保护作业人员偶尔短时擦过接触带电体，限制人员作业范围的作用；个人绝缘防护用具是指作业人员在带电作业时穿戴的，起辅助绝缘保护作用的用具。

配网不停电作业常用工具，大致可以分为绝缘杆作业法和绝缘手套作业法使用的带电作业工具、综合不停电作业法所涉及的旁路作业设备两大类：

（1）绝缘杆作业法和绝缘手套作业法使用的带电作业工具，包括绝缘遮蔽用具、绝缘防护用具、绝缘操作工具和绝缘承载工具等。

（2）综合不停电作业法所涉及的旁路作业设备，包括旁路柔性电缆、旁路负荷开关、带电作业用消弧开关、旁路作业车、移动箱变车和移动电源车等。

一、绝缘防护用具

绝缘防护用具或个人绝缘防护用具，是指由绝缘材料制成，在带电作业时对人体进行安全防护的用具，用于隔离带电体保护人体免遭电击，起到辅助绝缘保护的作用，包括绝缘安全帽、绝缘服（绝缘披肩）、绝缘裤、绝缘手套、绝缘靴等。

按照《国家电网公司电力安全工作规程（配电部分）（试行）》中规定：带电作业，应穿戴绝缘防护用具（绝缘服或绝缘披肩、绝缘袖套、绝缘手套、绝缘靴、绝缘安全帽等）。带电断、接引线作业应戴护目镜，使用的安全带应有良好的绝缘性能。带电作业过程中，禁止摘下绝缘防护用具。

1. 绝缘安全帽

带电作业用绝缘安全帽采用高密度复合聚酯材料制成，用来防止作业人员头部触电。

2. 绝缘服（绝缘披肩）和绝缘裤

绝缘服用以防止作业人员身体触电，绝缘披肩用来防止作业人员肩部触电，绝缘袖套用来防止作业人员臂部触电。绝缘服（绝缘披肩）、绝缘裤采用 EVA 材料（PVC＋树脂）制成，具有高电气绝缘强度以及较好的防潮性能和柔软性，作业人员穿戴绝缘服后仍可便利地工作；绝缘袖套由绝缘橡胶或绝缘合成材料制造。

3. 绝缘手套

带电作业用绝缘手套是指由合成橡胶或天然橡胶制成，在高压电气设备上进行带电作业时起电气绝缘作用的手套，区别于一般劳动保护用的安全防护手套，要求具有良好的电气性能，较高的机械性能，并具有良好的绝缘性能。配电带电作业用绝缘手套分为 0 级（1kV）、1 级（7.5kV）、2 级（17.5kV）、3 级（26.5kV）、4 级（36kV）共 5 个级别，并分别用红色、白色、黄色、绿色、橙色标示，如图 5-8 所示。

红色标示　白色标示　黄色标示　绿色标示　橙色标示

图 5-8　绝缘手套

4. 绝缘靴

带电作业用绝缘靴，由绝缘材料制成，带有防滑的鞋底，是配电线路带电作业时使用的辅助安全用具，用来防止工作人员脚部触电，并且只能在规定的范围内作辅助安全用具使用。绝缘靴（鞋）如图 5-9 所示。

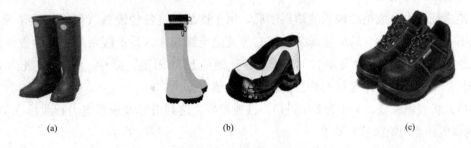

(a)　　　　　　　　(b)　　　　　　　　(c)

图 5-9　绝缘靴（鞋）

(a) 日制绝缘靴；(b) 美制绝缘套鞋；(c) 美制绝缘皮鞋

二、绝缘遮蔽用具

绝缘遮蔽用具，由绝缘材料制成，用来遮蔽或隔离带电体和邻近的接地部件的硬质或软质用具，包括各种硬质或软质遮蔽罩以及绝缘隔板和绝缘毯等。绝缘遮蔽用具不能作为主绝缘，只能用作辅助绝缘，它只适用于带电作业人员在作业过程中，意外短暂碰撞或接触带电部分或接地元件时，起绝缘遮蔽或隔离的保护作用。

按照《国家电网公司电力安全工作规程（配电部分）（试行）》中规定：对作业中可能触及的其他带电体及无法满足安全距离的接地体（导线支承件、金属紧固件、横担、拉线等）应采取绝缘遮蔽措施。作业区域带电体、绝缘子等应采取相间、相对地的绝缘隔离（遮蔽）措施。禁止同时接触两个非连通的带电体或同时接触带电体与接地体。

1. 电杆遮蔽罩

电杆遮蔽罩，由绝缘材料制成，用以对电杆、杆头进行遮蔽的护罩。

2. 横担遮蔽罩

横担遮蔽罩，主要用来遮蔽横担，使其与其他物体绝缘隔离开，使用合成橡胶制成。

3. 绝缘子遮蔽罩

绝缘子遮蔽罩，用于对针式、悬式、柱式等绝缘子的遮蔽，使用合成橡胶制成。

4. 导线遮蔽罩

导线遮蔽罩主要遮蔽包裹带电导线，使其与其他物体绝缘隔离开。其中美制导线瓶遮蔽罩一般使用合成橡胶制成；日制导线遮蔽罩一般采用合成树脂复合材料制作，适用于较长导线的绝缘遮蔽。

5. 跌落式熔断器遮蔽罩

跌落式熔断器遮蔽罩，主要用于跌落式熔断器使其与其他物体绝缘隔离开，由橡胶制成。

6. 绝缘隔板

绝缘隔板，用于隔离带电部件、限制工作人员活动范围的绝缘平板。

7. 绝缘毯和绝缘毯夹

绝缘毯，由合成绝缘橡胶或塑料制成，用于遮蔽包裹各种设备（包括各类导线、带电或不带电导体部件）的软质薄片，使其与其他绝缘起来，是遮蔽用具中最为方便的用具。绝缘毯夹（包括毯夹附件），用于各种绝缘毯的固定。其中，绝缘等级为 2 级（10kV 以下使用）的绝缘毯有橡胶和树脂绝缘毯之分。

（1）橡胶绝缘毯，主要为美国进口，性能较好，达到 IEC 及中国电力行业标准 DL/T 803《带电作业用绝缘毯》要求。

（2）树脂绝缘毯，以塑料薄膜制成的树脂绝缘毯，主要为日本 YS 公司进口，柔软性好，适宜包裹各类设备，目前广泛使用。国产树脂型绝缘毯，达到同类型绝缘毯 IEC 及 DL/T 803—2015《带电作业用绝缘毯》要求。

三、绝缘操作工具

绝缘操作工具，是指用绝缘材料制成的操作工具，包括以绝缘管、棒、板为主绝缘材料，端部装配金属工具的硬质绝缘工具（如绝缘操作杆）和以绝缘绳为主绝缘材料制成的软质绝缘工具。其中：①硬质绝缘工具由玻璃纤维与环氧树脂复合而成的环氧玻璃钢为原材料制成，使用最广泛的是绝缘杆（适用范围很广，基本上为国产）；②在软质绝缘工具中，绝缘绳索是广泛应用于带电作业的绝缘材料之一，主要采用由天然纤维材料或合成纤维材料制成，蚕丝防潮绝缘绳应用较为普遍。

1. 绝缘杆

绝缘杆根据用途、操作方法分为绝缘操作杆和绝缘支、拉、吊杆。

（1）绝缘操作杆，由绝缘管（棒）和杆头工作部件（根据需要选择不同的杆头附件）两部分组成，它是配电线路带电作业间接操作中的主要手持绝缘工具（主绝缘），用于短时间对带电设备进行操作的绝缘工具，如接通或断开高压隔离开关、跌落式熔断器等。

（2）绝缘支、拉、吊杆，又称绝缘抱杆。起支撑、拉动、吊起导线或其他设备的绝缘杆件。

2. 绝缘临时横担

绝缘临时横担、绝缘羊角抱杆及电杆用绝缘支撑横担等。

3. 绝缘紧线器

绝缘紧线器，如图5-10所示。其中，美制单（双）钩式绝缘紧线器如图5-10（a）所示；日制单钩式绝缘紧线器如图5-10（b）所示。

4. 绝缘滑车

绝缘滑车，采用高强度玻纤树脂复合材料制作，铝合金高强挂钩安全耐用。

5. 绝缘剪刀和修剪链锯

它包括长柄绝缘棘轮剪、中压树枝修剪链锯、绝缘软质切刀和绝缘硬质切刀，如图5-11所示。

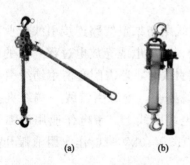

图5-10 绝缘紧线器
(a) 美制单（双）钩式绝缘紧线器；
(b) 日制单钩式绝缘紧线器

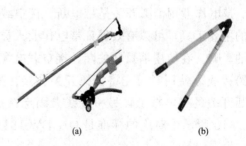

图5-11 绝缘剪刀和修剪链锯
(a) 绝缘棘轮剪；(b) 绝缘硬质切刀

6. 绝缘绳索

绝缘绳索，可用作运载工具、攀登工具、吊拉绳，连接套及保安绳等。

四、绝缘引流线

绝缘引流线（绝缘跳线），如图 5-12 所示。由承担连接固定带电绝缘线夹和起着载流导体作用的绝缘引流线两部分组成。其中，绝缘线夹应按其接触导线的材质分别采用铸造铝合金或铸造铜合金制作，绝缘引流线通常选用编织型软铜线或多股挠性裸铜线制作，10kV 及以下载流引线应使用有绝缘外皮的多股软铜线制作，其预防性试验标准为20kV/1min。

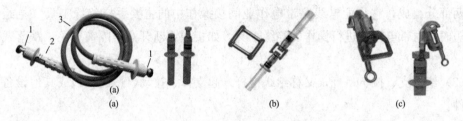

图 5-12　绝缘引流线

(a) 绝缘引流线（1—线夹；2—螺旋式紧固手柄；3—绝缘层）；

(b) 绝缘引流线连接环连接两条以上跳线以增加长度；

(c) 马镫夹具可用于将绝缘引流线手动安装方式改为绝缘操作杆安装

五、带电作业用消弧开关

带电作业用消弧开关用于带电作业，具有断接空载架空或电缆线路电容电流功能和一定灭弧能力的开关。在 Q/GDW 710—2012《10kV 电缆线路不停电作业技术导则》中，10kV 带电作业用消弧开关出厂试验主要技术要求为：①分断电容电流能力应不小于 5A，开关断开时触头之间的工频耐受电压值为 48kV；②10kV 带电作业用消弧开关宜采用封闭式。

带电作业用消弧开关是带电断、接空载电缆线路与架空线路连接引线作业项目使用的主要工具，可以有效保证带电作业人员不受到空载电缆充放电过程产生的电容电流的影响。在使用消弧开关断、接空载电缆连接引线时，还需配套使用绝缘引流线作为跨接线。使用时可先将消弧开关挂接在架空线路上，绝缘引流线一端线夹挂接在消弧开关的导电杆上，另一端线夹固定在空载电缆引线上。带电作业用消弧开关如图 5-13 所示，对应的标准是 Q/GDW 1811—2013《10kV 带电作业用消弧开关技术条件》。

六、绝缘手工工具

绝缘手工工具是带电作业中握在手中操作使用的工具，包括全绝缘手工工具和包覆绝缘手工工具。

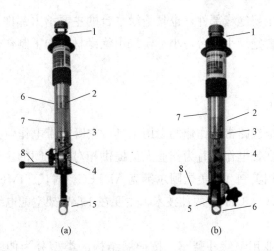

图 5 - 13　带电作业用消弧开关

(a) 带电作业用消弧开关（分闸位置）；(b) 电作业用消弧开关（合闸位置）

图（a）中 1—线夹；2—静触头；3—动触头；4—合闸拉环；5—分闸拉环；6—灭弧室；

7—动触头导向杆；8—导电杆（接绝缘引流线用）

图（b）中 1—线夹；2—静触头；3—动触头；4—导电索；5—合闸拉环；6—分闸拉环；

7—灭弧室；8—导电杆（接绝缘引流线用）

七、绝缘平台

配电线路的有些杆塔，限于环境空间要求，无法使用绝缘斗臂车开展带电作业时，可使用绝缘平台开展带电作业。

绝缘平台是由绝缘材料加工制作，作为带电作业主绝缘工具，安装固定在电杆上，承载带电作业人员并提供带电作业时人与电杆的绝缘保护的工作平台，主要由中心轴、抱杆装置、主平台及附件、支撑绝缘管等部件组成。

绝缘平台分为落地式和抱杆式两种，抱杆式又可分为固定式、旋转式和升降旋转式。

目前在带电作业中使用的有固定式、旋转式和升降旋转式三种绝缘平台。

（1）固定式绝缘平台，不具备其他辅助功能的绝缘平台，无活动式传动机构，安装固定于电杆后，平台的高度和角度也随之固定。

（2）旋转式绝缘平台，具备旋转功能的绝缘平台，平台旋转传动机构由中心轴及转动装置构成，作业人员可根据作业要求选择合适的水平位置进行作业。

（3）升降旋转式绝缘平台，具备升降和旋转功能的绝缘平台，平台升降旋转传动机构由中心轴及蜗轮蜗杆装置构成，作业人员可根据作业要求，选择合适的垂直高度和水平位置进行作业。

（4）抱杆装置，是平台安装、固定于电杆的主要部件。一般由滚轮抱箍或抱箍紧锁等装置构成。

（5）主平台、小平台及附件。主平台采用绝缘材料加工制作，是提供带电作业时人与电杆的绝缘保护的主要绝缘部件，也是绝缘平台的主要承力部件之一。部分绝缘平台在主平台上方还可设置绝缘小平台，小平台采用绝缘材料加工制作，作业人员可站立其上进行作业。

八、绝缘斗臂车

绝缘斗臂车是配电线路带电作业的专用工具，它既是带电作业人员进入带电作业区域的承载工具，又是在带电作业时为作业人员提供相对地之间的主绝缘防护。我国带电作业用绝缘斗臂车采用美制（如美国阿尔泰克 ALTEC、时代 TIME 和特雷克斯 TEREX 等）和日制（日本爱知 AICHI）两种技术，主要在 10kV 架空配电线路上使用。

1. 斗臂车类型

配电线路带电作业用绝缘斗臂车，按伸展结构的类型分为伸缩臂式（带小拐臂）、折叠臂式和混合臂式（伸缩臂＋折叠臂＋小拐臂）三种类型的绝缘斗臂车。

（1）伸缩臂式绝缘斗臂车。代表车辆为日本爱知（AICHI）和美国阿尔泰克（AL-TEC）。主要为 10kV 等级的绝缘斗臂车。绝缘臂为单臂绝缘，特点是操作简单，动作灵活快捷。

（2）折叠臂式绝缘斗臂车。代表车辆为美国阿尔泰克（ALTEC）和美国特雷克斯（TEREX）。主要有 35～750kV 等级绝缘斗臂车。配电线路带电作业主要使用 35kV 等级绝缘斗臂车，绝缘臂为上下双臂绝缘，下臂绝缘可以在多层线路作业时起到保护作用。特点是绝缘等级高，绝缘臂外露易于保养，但动作略显不灵活。

（3）混合臂式（折叠臂＋伸缩臂）绝缘斗臂车。代表车辆为美国时代（TIME）和美国特雷克斯（TEREX）。主要有 35～750kV 等级绝缘斗臂车；配电线路带电作业主要使用 35kV 等级绝缘斗臂车，绝缘臂为上下双臂绝缘，下臂绝缘可以在多层线路作业时起到保护作用。特点是绝缘等级高，操控灵活，但绝缘臂不外露不易于保养。

2. 绝缘斗臂车使用注意事项

（1）未经高空作业车操作培训的人员禁止操作高空作业车。未经带电作业培训的人员禁止使用高空作业车进行带电作业。在进行高空作业时，除工作平台上的操作者外，车辆旁边还必须有一名操作员，随时准备进行应急处理工作。

（2）操作人员对整车绝缘性能产生任何疑虑时，停止使用作业车，需进行电气绝缘性能试验，满足绝缘性能要求后再使用。作业车若受潮或淋雨，必须充分晾干后方可使用。必要时进行电气绝缘性能试验。

（3）操作人员应穿戴安全防护服装，不要佩带戒指、手表、首饰和其他悬挂物品，不要戴领带、丝巾等，应将工作服拉链或纽扣系好，不能敞开工作服工作，这些可能会卡到移动部件里，发生危险。

（4）车辆接地线与接地极连接可靠，接地极有效接地深度达到 600mm 以上。车辆工作时或在导线附近作业时，地面人员不得碰车辆。

（5）作业时必须将水平支腿全部伸出，作业时垂直支腿必须全部撑实且前后轮胎均脱离地面。通过水平仪确认车身处于水平位置。前后车轮离开地面200mm以上。严禁先放下垂直支腿后，再伸出水平支腿；或在没有收回垂直支腿的情况下，收水平支腿。工作臂离开起始位置后，严禁调整支腿。

（6）操作人员上下走台板应通过阶梯，不得翻越围栏。操作人员进入工作斗前，须先进行空斗试验。应在工作平台处于起始位置时进出平台。当工作平台不在起始位置时，不允许上下平台。操作人员开始操作前，把安全带栓结到工作平台上。严禁操作人员不系安全带进行作业。

（7）操作时，禁止采用凳子或梯子等垫高方式工作，不得攀登工作斗沿工作，工作时不得将身体重心探出工作平台底板以外。禁止从工作平台上或者往工作平台上扔物品。不允许在工作平台上放置任何未经固定的载荷、工具或其他物品。

（8）工作斗区域的所有部件，包括控制、小吊杆、罩等，应视为带电，而不是绝缘或者隔离。这些部件可能导电造成人员伤亡。保持玻璃钢臂清洁和干燥。臂上有异物可降低绝缘性能。如工作斗内没有内衬，玻璃钢工作斗就没有绝缘性能，不得进行带电作业。绞车绳不能与导线接触，否则绳子接地会形成导电回路。

（9）高空作业时，载荷应严格处于作业车允许范围内，严禁超载荷工作。绝缘小吊严格按照最大载荷起重物品。接触带电体前需先进行有效遮蔽，同时绝缘小吊手动伸出，保障绝缘小吊有效绝缘距离达到400mm，绝缘小吊拆除后，绝缘小吊安装臂需用绝缘罩壳遮蔽。

（10）高空作业时，在工作臂及平台的回转范围内严禁有人员停留，人员必须快速通过，且应时刻注意有无物体落下。

（11）如作业车放置时间过长（如过夜）或近期维修过，在工作前，应在转台操作上车运动几次，这样可以排出圈闭在液压系统内的空气。空气未排尽前，不要从斗内操作作业车。液压油内有空气，会使作业车运动出现异常或不稳定。

（12）正常情况下禁止使用手动泵操作，应急电动泵控制装置只能用于发动机或主油泵损坏时使平台上的操作人员返回地面。

（13）严禁在取力齿轮未脱离状态下行驶车辆。只有在工作臂处于起始位时，才能移动车辆。

九、不停电作业工器具及车辆管理

（1）不停电作业工器具（包括带电作业用绝缘遮蔽用具、个人防护用具、检测仪器等）及作业车辆状况直接关系到作业人员的安全，应严格管理。

（2）开展不停电作业的基层单位应配齐相应的工器具、车辆等装备。

（3）购置不停电作业工器具应选择具备生产资质的厂家，产品应通过型式试验，并按不停电作业有关技术标准和管理规定进行出厂试验、交接试验，试验合格后方可投入使用。

（4）自行研制的不停电作业工器具，应经具有资质的单位进行相应的电气、机械试验，合格后方可使用。

（5）不停电作业工器具应设专人管理，并做好登记、保管工作。不停电作业工器具应有唯一的永久编号。应建立工器具台账，包括名称、编号、购置日期、有效期限、适用电压等级、试验记录等内容。台账应与试验报告、试验合格证一致。

（6）不停电作业工器具应放置于专用工具柜或库房内。工具柜应具有通风、除湿等功能且配备温度表、湿度表。库房应符合 DL/T 974—2005《带电作业工具库房》的要求。

（7）不停电作业绝缘工器具若在湿度超过 80％环境使用，宜使用移动库房或智能工具柜等设备，防止绝缘工器具受潮。

（8）不停电作业工器具在运输过程中，应装在专用工具袋、工具箱或移动库房内，防止受潮和损坏。发现绝缘工具受潮或表面损伤、脏污时，应及时处理并经检测或试验合格后方可使用。

（9）不停电作业工器具应按相关电气试验标准要求进行试验，并粘贴试验结果和有效日期标签，做好信息记录。试验不合格时，应查找原因，处理后允许进行第二次试验，试验仍不合格的，则应报废。报废工器具应及时清理出库，不得与合格品存放在一起。

（10）绝缘斗臂车不宜用于停电作业。

（11）绝缘斗臂车应存放在干燥通风的专用车库内，长时间停放时应将支腿支出。

（12）绝缘斗臂车应定期维护、保养、试验。

十、个人电弧防护用品

个人电弧防护用品主要使用防电弧材料制成，防电弧材料区别于普通材料，不仅仅是其具备阻燃性能，更重要的是，优秀的防电弧材料纤维在碰到火焰的情况下，纤维会膨胀变厚，进而关闭面料表面的空隙，屏蔽、吸收电弧能量。电弧防护服防护标准见表5-6。

表5-6 电弧防护服防护标准

序号	电弧防护服防护级别	面料 ATPV 电弧值（cal/cm²）
1	Ⅰ级	6～8
2	Ⅱ级	8～25
3	Ⅲ级	25～40
4	Ⅳ级	＞40

注　AEPV（Arc Thermal Performance Value）。

个人电弧防护用品样式分为衬衫、裤子（低卡，夏装穿着），夹克、裤子（低卡，有保暖效果），连体服（高卡，全面防护），大袍套装（高卡，操作服），防电弧手套，腿套，防电弧面屏，防电弧头罩等。如图5-14所示。

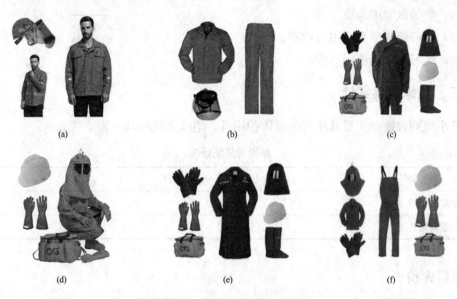

图5-14　个人电弧防护用品样式

(a) Ⅰ级6；(b) Ⅰ级8；(c) Ⅱ级12；(d) Ⅲ级25～40；(e) Ⅳ级＞40；(f) Ⅴ级＞40

个人电弧防护用品应根据不同的作业项目进行选择与配置，具体要求如下：

（1）架空线路不停电作业。采用绝缘杆作业法进行带电作业，须穿戴防电弧能力不小于 $1.4cal/cm^2$ 的分体式防电弧服装，戴护目镜；采用绝缘手套作业法进行带电作业，须穿戴防电弧能力不小于 $6.8cal/cm^2$ 的分体式防电弧服装，戴相应防护等级的防电弧面屏。

（2）室外巡视、检测和架空线路测量。电弧能量不大于 $3.45cal/cm^2$，须穿戴防电弧能力不小于 $4.1cal/cm^2$ 的分体式防电弧服装，戴护目镜。

（3）配电柜内带电作业和倒闸操作。电弧能量不大于 $21.36cal/cm^2$，须穿戴防电弧能力不小于 $25.6cal/cm^2$ 的连体式防电弧服装，穿戴相应防护等级的防电弧面屏。

（4）室内巡视、检测和配电柜内测量。电弧能量不大于 $17.47cal/cm^2$，须穿戴防电弧能力不小于 $21cal/cm^2$ 的连体式防电弧服装，戴防电弧面屏。

📽 项目实施

本项任务为学员在带电作业工器具库房进行带电作业工器具识别与使用。

一、带电作业工器具识别

在带电作业工器具库房，培训师讲解带电作业库房区域划分、工器具分类。学员识别绝缘遮蔽用具、绝缘防护用具、绝缘操作工具和绝缘承载工具等。

二、带电作业工器具使用

(1) 学员试穿绝缘服。

(2) 练习绝缘手套使用与检验。

(3) 练习绝缘遮蔽用具使用。

三、绝缘用具统计

各小组列表统计工器具库房绝缘防护用具、绝缘遮蔽用具（表 5 - 7）。

表 5 - 7　　　　　　　　　　　　　绝缘用具统计表

绝缘工具类别	主要用具
绝缘防护用具	
绝缘遮蔽用具	

项目评价

培训师根据学员任务完成情况，进行综合点评（表 5 - 8）。

表 5 - 8　　　　　　　　　　配网不停电作业工器具使用综合点评表

序号	项目	培训师对项目评价	
		存在问题	改进建议
1	任务正确性		
2	任务规范性		
3	任务完整性		
4	任务单填写		
5	知识运用		
6	团队合作		

课后自测及相关实训

1. 配网不停电作业中绝缘遮蔽用具有哪些？

2. 配网不停电作业中绝缘防护用具有哪些？

3. 带电作业用消弧开关原理是什么？

4. 个人电弧防护用品类别和作用是什么？

项目三　配网不停电作业安全防护

项目目标

了解配网不停电作业一般安全要求。了解静电感应及安全防护技术。熟悉带电作业最小安全距离的规定。掌握泄漏电流防护。了解绝缘杆作业项目和绝缘手套作业项目安全规定。

项目描述

学习配网不停电作业一般要求、静电感应及安全防护、泄漏电流防护基本知识。在培训师指导下，分析带电作业最小安全距离的确定原则，分析研讨泄漏电流的危害及防护措施。

知识准备

配网不停电作业是提高配电网供电可靠性的重要手段，是以实现用户不中断供电为目的，采用带电作业、旁路作业等方式对配电网设备进行检修和施工的作业方式。

不停电作业的主要优点在于能保证可靠、连续地向用户供电，能及时消除线路缺陷，架空线路运行的可靠性得到提高，而且能减少电能损失。由于带电作业实施的灵活性，人员和机械能更好地按计划均衡地承担线路检修任务和工作，减少不必要的加班，也减少了节假日抢修加班的工作量。

不停电作业不影响系统的正常运行，不需倒闸操作，不需改变运行方式，因此不会造成用户停电，可以多供电，提高经济效益和社会效益。对一些需要带电进行监测的工作可以随时进行，并可实行连续监测。有些监测数据比停电监测更为真实可靠。

不停电作业安全的三个环节是人、规程（安全规程和操作规程）和物（操作工具和被作业的设备），只要掌握好这三个环节，不停电作业是一种很安全、科学的作业方法。

一、配网不停电作业一般要求

（一）人员要求

（1）不停电作业人员应从具备配电专业初级及以上技能水平的人员中择优录用，并持证上岗。

（2）不停电作业人员资质申请、复核和专项作业培训按照分级分类方式由国家电网公司级和省公司级配网不停电作业实训基地分别负责。国家电网公司级基地负责一至四类项目的培训及考核发证；省公司级基地负责一、二类项目的培训及考核发证。不停电作业实训基地资质认证和复核执行国网公司《带电作业实训基地资质认证办法》相关规定。

（3）绝缘斗臂车等特种车辆操作人员及电缆、配网设备操作人员需经培训、考试合格后，持证上岗。

（4）工作票许可人、地面辅助电工等不直接登杆或上斗作业的人员需经省公司级基地进行不停电作业专项理论培训、考试合格后，持证上岗。

（5）不停电作业人员脱离本工作岗位3个月以上者，应重新学习《国家电网公司电力安全工作规程（配电部分）》和带电作业有关规定，并经考试合格后，方能恢复工作；脱离本工作岗位1年以上者，收回其带电作业资质证书，需返回带电作业岗位者，应重新取证。

（6）工作负责人和工作票签发人按《国家电网公司电力安全工作规程（配电部分）》所规定的条件和程序审批。带电作业工作票签发人和工作负责人、专责监护人应由具有带电作业资格和实践经验的人员担任。

（7）配网不停电作业人员不宜与输、变电专业带电作业人员、停电检修作业人员混岗。人员队伍应保持相对稳定，人员变动应征求本单位主管部门的意见。

（二）作业气象条件的要求

（1）带电作业应在良好天气下进行，作业前须进行风速和湿度测量。风力大于5级，或湿度大于80%时，不宜带电作业。若遇雷电、雪、雹、雨、雾等不良天气，禁止带电作业。

（2）在特殊情况下，若必须在恶劣气候下带电抢修，工作负责人应针对现场气象和工作条件，组织有关人员充分讨论，制定可靠的安全措施，经领导审核批准后方可进行。

（3）夜间抢修作业应有足够的照明设施。

（4）带电作业过程中若遇天气突然变化，有可能危及人身及设备安全时，应立即停止工作，撤离人员，恢复设备正常状况，或采取临时安全措施。

（三）不停电作业安全要求

1. 最小安全距离

（1）在配电线路上采用绝缘杆作业法（间接作业）时，人体与带电体的最小安全距离不得小于0.4m（此距离不包括人体活动范围）。

（2）斗臂车的金属臂在仰起、回转运动中，与带电体间的安全距离不得小于1m。

（3）带电升起、下落、左右移动导线时，对与被跨物间的交叉、平行的最小距离不得小于1m。

2. 绝缘工具最小有效长度

（1）绝缘操作杆最小有效绝缘长度不得小于0.7m。

（2）起、吊、拉、支撑作用的杆、绳的最小有效长度不得小于0.4m。

3. 安全防护用具

（1）绝缘手套内外表面应无针孔、裂纹、砂眼。

（2）绝缘服、袖套、披肩、绝缘手套、绝缘靴在 20kV 工频电压（3min）下应无击穿、无闪络、无发热。

（3）各种专用遮蔽罩、绝缘毯、隔板在 30kV 工频电压（1min）下应无击穿、无闪络、无发热。

二、静电感应及安全防护

当一个不带电的导体接近一个带电体时，靠近带电体的一侧，会感应出与带电体极性相反的电荷，而背离带电体的另一侧，则会感应出与带电体极性相同的电荷，这种现象称为静电感应。根据电学的基本原理可知：静电感应存在于静电场中。而带电作业中的工频交流电场是一种变化缓慢的电场，可以视为是静电场，因此，带电作业中也存在着静电感应。表征静电感应的物理量有电场强度（E）、感应电压（U_i）和感应电流（I_i）。

在带电作业中，静电感应使带电作业人员可能遭受电击的情况主要有以下两种：

（1）人体对地绝缘时遭受的静电感应，如图 5-15（a）所示。在这种情况下，由于人体与地绝缘，当作业人员穿戴绝缘防护用具进入强电场，因静电感应而积聚一定量的电荷，使人体处于某一电位（即在人体与地之间产生一定的感应电压），当人体的暴露部位（例如手）触及接地体（如铁塔）时，人体上积聚的电荷就会对接地体放电而形成放电电流，这种现象通常称为电击。当形成的放电电流达到一定数值时，就会使人产生放电刺痛感。根据试验及实际线路上测量结果表明，在作业人员不穿屏蔽服的情况下，110kV 线路上的感应电压最高可达 1kV 以上；在 220kV 线路上的感应电压最高可达 2kV 左右。

（2）人体处于地电位时遭受的静电感应，如图 5-15（b）所示。这种情况下，对地绝缘的金属物体在强电场中因静电感应而积聚一定的电荷，而形成一定的感应电压，此时，如果处于地电位的作业人员用手去触摸该物体时，物体上积聚的电荷将会通过人体对地放电，当放电电流达到

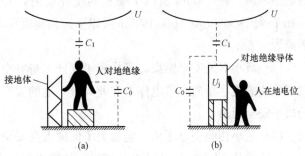

图 5-15　静电感应使人体遭受电击的两种情况
（a）人体对地绝缘；（b）人体处于地电位时

一定数值时，会使人遭受电击。因此，处于地电位的作业人员在带电作业时，应时刻注意不要触及对地绝缘的金属物件。

对于静电感应的人体安全防护可采用下列措施：①防止作业人员受到静电感应，应穿屏蔽服，限制流过人体电流，以保证作业安全；②吊起的金属物体应接地，保持等电位。塔上作业时，被绝缘的金属物体与塔体等电位，即可防止静电感应。

具体防护措施如下：①在 500kV 线路塔上作业应穿屏蔽服和导电鞋，离导线 10m

以内作业，必须穿屏蔽服和导电鞋；在两条以上平行运行的 500kV 线路上，即使在一条停电线路上工作，也应穿屏蔽服和导电鞋；②在 220kV 线路上作业时，应穿导电鞋，如接近导线作业时，也应穿屏蔽服；③退出运行的电气设备，只要附近有强电场，所有绝缘体上的金属部件，无论其体积大小，在没有接地前，处于地电位的人员禁止用手直接接触；④已经断开电源的空载相线，无论其长短，在邻近导线有电（或尚未脱离电源）时，空载相线有感应电压，作业人员不准触碰，并应保持足够的距离；只有当作业人员使用绝缘工具将其良好接地后，才能触及空载相线；⑤在强电场下，塔上带电作业人员接触传递绳上较长的金属物体前，应先使其接地；⑥绝缘架空地线应当作有电看待。塔上带电作业人员要对其保持足够的距离。先接地后，才能触碰。

三、带电作业最小安全距离的规定

带电作业的安全距离是指保证带电作业人员人身和设备安全的关键。安全距离是指作业人员（施工器具中非绝缘部分）与不同电位、相位之间在系统出现最大内过电压幅值和最大外过电压幅值（考虑 5km 处雷击到达作业地点时可能的峰值）时不会引起绝缘和绝缘工具闪络或空气间隙放电的距离。安全距离的确定，应根据各级电压网络所能出现的最大内过电压幅值和最大外过电压幅值求出其相应的危险距离，取其中最大的数再增加 20％的安全尺度而确定。配电线路带电作业安全距离主要包含以下几种，对 10kV 电压等级的最小安全距离（间隙）规定如下：

（1）最小安全距离，是指为了保证人身安全，地电位作业人员与带电体之间应保持的最小距离。在 3000m 及以下海拔高度作业时，10kV 电压等级下的最小安全距离为 0.4m；大于 3000m，且在 4500m 及以下海拔高度作业时，10kV 电压等级下的最小安全距离为 0.6m。

（2）最小对地安全距离，是指为了保证人身安全，带电体上作业人员与周围接地体之间保持的最小距离。带电体上作业人员对地的安全距离等于地电位作业人员对带电体的最小安全距离。

（3）最小相间安全距离，是指为了保证人身安全，带电体作业人员与邻近带电体之间应保持的最小距离。10kV 电压等级下的最小相间安全距离为 0.4m。

（4）最小安全作业距离，是指为了保证人身安全，考虑到工作中必要的活动，地电位作业人员在作业过程中与带电体之间应保持的最小距离。确定最小安全作业距离的基本原则是在最小安全距离的基础上增加一个合理的人体活动增量（一般增量可取 0.5m）。

（5）最小组合间隙，是指为了保证人身安全，在组合间隙中的作业人员处于最低的 50％操作冲击放电电压位置时，人体对接地体与对带电体两者应保持的距离之和。

四、绝缘工具最小有效长度

为保证带电作业人员和设备的安全，除保证最小空气间隙距离外，带电作业所使用的绝缘工具的有效长度，也是保证安全的关键问题。绝缘工具的有效绝缘长度，是指绝缘工具的全长减掉握手部分及金属部分的长度。绝缘操作杆必须考虑由于使用频繁及操作时，人手有可能超越握手部分，而使有效长度缩短，而承力工具在使用中，其绝缘长度缩短的可能性是极小的，故在相同电压等级下，前者的有效长度一般说来应较后者长0.3m。根据试验，当绝缘工具的长度在 3.5m 以下时，其沿面放电电压约等于空气间隙的击穿电压。所以，对承力工具最小有效绝缘长度，规定为等于空气的最小安全距离，对绝缘操作杆则另增加 0.3m 以作补偿。

GB/T 18857—2019《配电线路带电作业技术导则》增加了不同海拔高度的要求：

（1）在 3000m 及以下海拔高度作业时，10kV 绝缘承力工具最小有效绝缘长度为0.4m；大于 3000m，且在 4500m 及以下海拔高度作业时，10kV 绝缘承力工具最小有效绝缘长度为 0.6m。

（2）在 3000m 及以下海拔高度作业时，10kV 绝缘操作工具最小有效绝缘长度为0.7m；大于 3000m，且在 4500m 及以下海拔高度作业时，10kV 绝缘承力工具最小有效绝缘长度为 0.9m。

五、泄漏电流防护

带电作业遇到泄漏电流，主要指沿绝缘工具（包括操作杆和承力工具）表面流过的电流。泄漏电流过大主要出现在以下几种情况：①雨天作业时；②晴天作业而空气中湿度较大时；③绝缘工具材质差，表面加工粗糙，且保管不当，使其受潮时；④水冲洗时。

泄漏电流的大小随空气相对湿度和绝对湿度的增加而增大，同时，也与绝缘工具表面状态（即是否容易集结水珠）有关。当绝缘工具表面电阻下降，泄漏电流达到一定数值时，便在绝缘工具表面出现起始电晕放电，最后导致闪络击穿，造成事故，即使泄漏电流未达到起始电晕放电值，但已增大到一定值时，也会使操作人员有麻电感觉，这对安全亦是不利的。防止泄漏电流的主要措施有：①选择电气性能优良的材质作为绝缘工具材料，避免选用吸水性大的材料；②加强保管，严防绝缘工具受潮脏污；③操作绝缘工具时应戴清洁、干燥的手套，并应防止绝缘工具在使用中脏污和受潮；④使用工具前，应仔细检查其是否损坏、变形、失灵。并使用 2500V 绝缘电阻表或绝缘检测仪进行分段绝缘检测（电极宽 2cm，极间宽 2cm），阻值应不低于 $700M\Omega$。

六、安全规程要求

《国家电网公司电力安全工作规程（配电部分）》中，对于 10kV（20kV）的高压配电线路上，采用绝缘杆作业法和绝缘手套作业法进行的带电作业项目，进行了相应规定。

1. 一般要求

（1）本章的规定适用于在海拔 1000m 及以下交流 10kV（20kV）的高压配电线路

上，采用绝缘杆作业法和绝缘手套作业法进行的带电作业。其他等级高压配电线路可参照执行。

在海拔 1000m 以上进行带电作业时，应根据作业区不同海拔高度，修正各类空气与固体绝缘的安全距离和长度等，并编制带电作业现场安全规程，经本单位批准后执行。

（2）参加带电作业的人员，应经专门培训，考试合格取得资格、单位批准后，方可参加相应的作业。带电作业工作票签发人和工作负责人、专责监护人应由具有带电作业资格和实践经验的人员担任。

（3）带电作业应有人监护。监护人不得直接操作，监护的范围不得超过一个作业点。复杂或高杆塔作业，必要时应增设专责监护人。

（4）工作负责人在带电作业开始前，应与值班调控人员或运维人员联系。需要停用重合闸的作业和带电断、接引线工作应由值班调控人员履行许可手续。带电作业结束后，工作负责人应及时向值班调控人员或运维人员汇报。

（5）带电作业应在良好天气下进行，作业前须进行风速和湿度测量。风力大于 10m/s，或湿度大于 80％时，不宜带电作业。如遇雷电、雪、雹、雨、雾等不良天气，禁止带电作业。带电作业过程中若遇天气突然变化，有可能危及人身及设备安全时，应立即停止工作，撤离人员，恢复设备正常状况，或采取临时安全措施。

（6）带电作业项目，应勘察配电线路是否符合带电作业条件、同杆（塔）架设线路及其方位和电气间距、作业现场条件和环境及其他影响作业的危险点，并根据勘察结果确定带电作业方法、所需工具以及应采取的措施。

（7）带电作业新项目和研制的新工具，应进行试验论证，确认安全可靠，并制定出相应的操作工艺方案和安全技术措施，经本单位批准后，方可使用。

2. 安全技术措施

（1）高压配电线路不得进行等电位作业。

（2）在带电作业过程中，若线路突然停电，作业人员应视线路仍然带电。工作负责人应尽快与调度控制中心或设备运维管理单位联系，值班调控人员或运维人员未与工作负责人取得联系前不得强送电。

（3）在带电作业过程中，工作负责人发现或获知相关设备发生故障，应立即停止工作，撤离人员，并立即与值班调控人员或运维人员取得联系。值班调控人员或运维人员发现相关设备故障，应立即通知工作负责人。

（4）带电作业期间，与作业线路有联系的馈线需倒闸操作的，应征得工作负责人的同意，并待带电作业人员撤离带电部位后方可进行。

（5）带电作业有下列情况之一者，应停用重合闸，并不得强送电：

1）中性点有效接地的系统中有可能引起单相接地的作业。

2）中性点非有效接地的系统中有可能引起相间短路的作业。

3）工作票签发人或工作负责人认为需要停用重合闸的作业。

4）禁止约时停用或恢复重合闸。

（6）带电作业应穿戴绝缘防护用具（绝缘服或绝缘披肩、绝缘袖套、绝缘手套、绝缘鞋、绝缘安全帽等）。带电断、接引线作业应戴护目镜，使用的安全带应有良好的绝缘性能。带电作业过程中，禁止摘下绝缘防护用具。

（7）对作业中可能触及的其他带电体及无法满足安全距离的接地体（导线支承件、金属紧固件、横担、拉线等）应采取绝缘遮蔽措施。

（8）作业区域带电体、绝缘子等应采取相间、相对地的绝缘隔离（遮蔽）措施。禁止同时接触两个非连通的带电体或同时接触带电体与接地体。

（9）在配电线路上采用绝缘杆作业法时，人体与带电体的最小距离为 10kV 不得小于 0.4m，20kV 不得小于 0.5m，此距离不包括人体活动范围。

（10）绝缘操作杆、绝缘承力工具和绝缘绳索的有效绝缘长度不得小于表 5-9 的规定。

表 5-9　　　　　　　　　　　　绝缘工具最小有效绝缘长度

电压等级（kV）	有效绝缘长度（m）	
	绝缘操作杆	绝缘承力工具、绝缘绳索
10	0.7	0.4
20	0.8	0.5

注　此表数据来源《国家电网公司电力安全工作规程（配电部分）》。

（11）带电作业时不得使用非绝缘绳索（棉纱绳、白棕绳、钢丝绳等）。

（12）更换绝缘子、移动或开断导线的作业，应有防止导线脱落的后备保护措施。开断导线时不得两相及以上同时进行，开断后应及时对开断的导线端部采取绝缘包裹等遮蔽措施。

（13）在跨越处下方或邻近有电线路或其他弱电线路的档距内进行带电架、拆线的工作，应制订可靠的安全技术措施，经本单位批准后，方可进行。

（14）斗上双人带电作业，禁止同时在不同相或不同电位作业。

（15）禁止地电位作业人员直接向进入电场的作业人员传递非绝缘物件。上、下传递工具、材料均应使用绝缘绳绑扎，严禁抛掷。

（16）作业人员进行换相工作转移前，应得到监护人的同意。

（17）带电、停电配合作业的项目，当带电、停电作业工序转换时，双方工作负责人应进行安全技术交接，确认无误后，方可开始工作。

3. 带电断、接引线

（1）禁止带负荷断、接引线。

（2）禁止用断、接空载线路的方法使两电源解列或并列。

（3）带电断、接空载线路时，应确认后端所有断路器（开关）、隔离开关（刀闸）确已断开，变压器、电压互感器确已退出运行。

（4）带电断、接空载线路所接引线长度应适当，与周围接地构件、不同相带电体应有足够安全距离，连接应牢固可靠。断、接时应有防止引线摆动的措施。

（5）带电接引线时未接通相的导线、带电断引线时已断开相的导线，在采取防感应电措施后方可触及。

（6）带电断、接空载线路时，作业人员应戴护目镜，并采取消弧措施。消弧工具的断流能力应与被断、接的空载线路电压等级及电容电流相适应。若使用消弧绳，则其断、接的空载线路的长度应小于 50km（10kV）、30km（20kV），且作业人员与断开点应保持 4m 以上的距离。

（7）带电断、接架空线路与空载电缆线路的连接引线应采取消弧措施，不得直接带电断、接。断、接电缆引线前应检查相序并做好标志。10kV 空载电缆长度不宜大于3km。当空载电缆电容电流大于 0.1A 时，应使用消弧开关进行操作。

（8）带电断开架空线路与空载电缆线路的连接引线之前，应检查电缆所连接的开关设备状态，确认电缆空载。

（9）带电接入架空线路与空载电缆线路的连接引线之前，应确认电缆线路试验合格，对侧电缆终端连接完好，接地已拆除，并与负荷设备断开。

4. 带电短接设备

（1）用绝缘分流线或旁路电缆短接设备时，短接前应核对相位，载流设备应处于正常通流或合闸位置。断路器（开关）应取下跳闸回路熔断器，锁死跳闸机构。

（2）短接开关设备的绝缘分流线截面积和两端线夹的载流容量，应满足最大负荷电流的要求。

（3）带负荷更换高压隔离开关（刀闸）、跌落式熔断器，安装绝缘分流线时应有防止高压隔离开关（刀闸）、跌落式熔断器意外断开的措施。

（4）绝缘分流线或旁路电缆两端连接完毕且遮蔽完好后，应检测通流情况正常。

（5）短接故障线路、设备前，应确认故障已隔离。

5. 高压电缆旁路作业

（1）采用旁路作业方式进行电缆线路不停电作业时，旁路电缆两侧的环网柜等设备均应带断路器（开关），并预留备用间隔。负荷电流应小于旁路系统额定电流。

（2）旁路电缆终端与环网柜（分支箱）连接前应进行外观检查，绝缘部件表面应清洁、干燥，无绝缘缺陷，并确认环网柜（分支箱）柜体可靠接地；若选用螺栓式旁路电缆终端，应确认接入间隔的断路器（开关）已断开并接地。

（3）电缆旁路作业，旁路电缆屏蔽层应在两终端处引出并可靠接地，接地线的截面积不宜小于 25mm²。

（4）采用旁路作业方式进行电缆线路不停电作业前，应确认两侧备用间隔断路器

（开关）及旁路断路器（开关）均在断开状态。

（5）旁路电缆使用前应进行试验，试验后应充分放电。

（6）旁路电缆安装完毕后，应设置安全围栏和"止步、高压危险！"标识牌，防止旁路电缆受损或行人靠近旁路电缆。

6. 带电立、撤杆

（1）作业前，应检查作业点两侧电杆、导线及其他带电设备是否固定牢靠，必要时应采取加固措施。

（2）作业时，杆根作业人员应穿绝缘靴、戴绝缘手套，起重设备操作人员应穿绝缘靴。起重设备操作人员在作业过程中不得离开操作位置。

（3）立、撤杆时，起重工器具、电杆与带电设备应始终保持有效的绝缘遮蔽或隔离措施，并有防止起重工器具、电杆等的绝缘防护及遮蔽器具绝缘损坏或脱落的措施。

（4）立、撤杆时，应使用足够强度的绝缘绳索作拉绳，控制电杆的起立方向。

7. 使用绝缘斗臂车的作业

（1）绝缘斗臂车应根据 DL/T 854—2017《带电作业用绝缘斗臂使用导则》《带电作业用绝缘斗臂车的保养维护及在使用中的试验》定期检查。

（2）绝缘臂的有效绝缘长度应大于 1.0m（10kV）、1.2m（20kV），下端宜装设泄漏电流监测报警装置。

（3）禁止绝缘斗超载工作。

（4）绝缘斗臂车操作人员应服从工作负责人的指挥，作业时应注意周围环境及操作速度。在工作过程中，绝缘斗臂车的发动机不得熄火（电能驱动型除外）。接近和离开带电部位时，应由绝缘斗中人员操作，下部操作人员不得离开操作台。

（5）绝缘斗臂车应选择适当的工作位置，支撑应稳固可靠；机身倾斜度不得超过制造厂的规定，必要时应有防倾覆措施。

（6）绝缘斗臂车使用前应在预定位置空斗试操作一次，确认液压传动、回转、升降、伸缩系统工作正常、操作灵活，制动装置可靠。

（7）绝缘斗臂车的金属部分在仰起、回转运动中，与带电体间的安全距离不得小于 0.9m（10kV）或 1.0m（20kV）。工作中车体应使用不小于 16mm² 的软铜线良好接地。

8. 带电作业工器具的保管、使用和试验

（1）带电作业工具存放应符合 DL/T 974—2005《带电作业用工具库房》的要求。

（2）带电作业工具的使用：

1）带电作业工具应绝缘良好、连接牢固、转动灵活，并按厂家使用说明书、现场操作规程正确使用。

2）带电作业工具使用前应根据工作负荷校核机械强度，并满足规定的安全系数。

3）运输过程中，带电绝缘工具应装在专用工具袋、工具箱或专用工具车内，以防受潮和损伤。发现绝缘工具受潮或表面损伤、脏污时，应及时处理并经试验或检测合格后方可使用。

4）进入作业现场应将使用的带电作业工具放置在防潮的帆布或绝缘垫上，以防脏污和受潮。

5）禁止使用有损坏、受潮、变形或失灵的带电作业装备、工具。操作绝缘工具时应戴清洁、干燥的手套。

（3）带电作业工器具试验应符合 DL/T 976—2017《带电作业工具、装置和设备预防性试验规程》的要求。

（4）带电作业遮蔽和防护用具试验应符合 GB/T 18857—2019《配电线路带作业技术导则》的要求。

📹 项目实施

本项任务为学员在带电作业工器具库房进行带电作业工器具识别与使用。

一、带电作业最小安全距离的规定

学员根据资料查找 10kV 带电作业最小安全距离的规定（见表 5-10）。

表 5-10　　　　　　　　　10kV 带电作业最小安全距离的规定

安全距离类别	安全距离规定（m）
最小对地安全距离	
最小相间安全距离	
最小安全作业距离	

二、泄漏电流防护

学员分组研讨，总结归纳泄漏电流的危害及防护措施（见表 5-11）。每小组推荐 1 名发言人，代表小组汇报任务完成情况。

表 5-11　　　　　　　　　　泄漏电流的危害及防护

泄漏电流危害及出线情况	泄漏电流防护措施

📋 项目评价

培训师根据学员任务完成情况，进行综合点评（见表 5-12）。

表 5 - 12　　　　　　　　　　　　配网不停电作业安全防护综合点评表

序号	项目	培训师对项目评价	
		存在问题	改进建议
1	任务正确性		
2	任务规范性		
3	任务单填写		
4	工作方法		
5	知识运用		
6	团队合作		

课后自测及相关实训

1. 配网不停电作业静电感应及安全防护措施有哪些?

2. 总结归纳配网不停电作业泄漏电流防护措施。

3. 试分析配网不停电作业中最小安全距离的规定。

4. 配网不停电作业一般安全要求有哪些?

智能配电网新技术应用

【情境描述】

世界一流城市配电网建设、配电自动化应用、配电网高供电可靠性是配电网创新发展的前沿技术，也是配电网从业人员的主要学习内容和研究方向。本情境为学习和研讨世界一流城市配电网建设、配电自动化应用、提高配电网供电可靠性知识，在指导老师组织下，开展工作准备和项目训练。

【教学目标】

了解国内外城市配电网网架结构，了解配电自动化主站系统组成，能进行馈线自动故障处理策略分析。熟悉提高配电网供电可靠性关键技术和措施。

【教学环境】

多媒体教室，架空配电线路（装设配电自动化装置）、配电自动化仿真实训装置。

项目一　世界一流城市配电网建设

项目目标

了解世界一流城市配电网建设背景。了解配电网规划前沿理念。了解世界一流配电网建设的重点工作。掌握智能、主动、柔性、增量配电网与传统配电网区别，熟悉国外经济发达城市配电网网架结构。能分析国家电网公司（简称公司）"1135"新时代配电管理战略工作中"三化"工作内容。

项目描述

学习配电网规划前沿理念、世界一流配电网建设的重点工作。在培训师指导下，进行发达国家配电网网架结构特点分析和"1135"新时代配电管理战略研讨。

📖 **知识准备**

一、背景介绍

2017 年 5 月，国家电网运检部启动了《国际一流城市配电网专题研究报告》的调研编制工作，在充分借鉴东京、新加坡、巴黎等国家城市配电网建设管理经验，全面梳理和分析公司城市配电网现状基础上，选定我国北京、天津、上海、青岛、南京、苏州、杭州、宁波、福州、厦门 10 个大型城市，开展世界一流城市配电网建设。

2017 年 6 月，国家电网公司印发了《世界一流城市配电网建设工作方案》（国家电网运检〔2017〕348 号），明确指导思路、建设原则和重点建设任务，确定了到 2020 年基本建成具备"安全可靠、优质高效、绿色低碳、智能互动"特征的世界一流城市配电网目标。方案提出打造一流现代化配电网的工作目标。到 2035 年，全面建成世界一流现代化配电网。

（一）"1135"新时代配电管理思路

2018 年 2 月，国家电网运检部 2 月 6 日举办了 2018 年配电专业会暨标准化创建技术交流活动，明确了配电管理总体战略思路，即坚持以客户为中心，以提高供电可靠性为主线，强化标准化建设、精益化运维、智能化管控，打造结构好、设备好、技术好、管理好、服务好的一流现代化配电网（简称"1135"配电管理战略，即"一个中心"，"一条主线"，"三化"，"五好"）。

在 2021 年国网运检部组织召开的配电专业会议上，明确"十四五"配电管理思路，具体为：深入贯彻"四个革命、一个合作"能源安全新战略，落实现代设备管理体系工作要求，进一步深化"1135"新时代配电管理思路，始终坚持以客户为中心，全面抓实供电可靠性"一条主线"，不断强化标准化建设、精益化管理、数字化转型"三个支撑"，推动实现配电网结构、设备、技术、管理、服务"五个升级"，在配电领域加快建设具有中国特色国际领先的能源互联网。

始终坚持以客户为中心。满足经济社会用电需求，服务人民美好生活是国家电网公司的初心使命和职责所在，设备可靠运行是保障电力供应、提升服务品质的先决条件。立足新阶段，城乡电气化水平不断提高，电动汽车等多元负荷、分布式电源、储能快速发展。为满足用户不断提高的多元用能和供电质量要求，亟需切实转变观念，树立服务理念，加快打造"前端服务客户、后台支撑前端、始于客户需求、终于客户满意"的强前端、大后台现代配电网服务体系，实现前端服务与后台支撑高效协同。

全面抓实供电可靠性"一条主线"。深化城乡可靠性提升专项行动成果应用，完善供电可靠性工单管控机制。构建低压可靠性管理体系，深度挖掘数据价值，探索建立理论供电可靠性评估评价体系。严控计划停电，持续压降故障停电，提升不停电作业能力，推广应用带电作业机器人，拓展作业项目和类型，推进配电网施工检修作业方式由停电为主向不停电为主转变，全面提升城乡供电可靠性水平。

不断强化"三个支撑"。深化标准化建设。优化精简设备序列种类，加强功能模块化与接口标准化设计，做到设备选型"一步到位"。深化标准设备与典型设计、标准物料的有效衔接，持续扩大标准设备应用范围。健全标准设备质量管控机制，开展技术符合性评估，实现供应商运行绩效评价结果闭环管理。推进网格化规划，深化配电网工程"四化"成果应用，推广标准施工工艺，提升工程建设质量。加强精益化管理。推进供电所配电组织管理模式和运维工作方式变革。深化供电服务指挥中心（配网调控中心）运营，全面推广工单驱动业务的配电网运维管理新模式。深化配电网季节化运维理念，加强带电检测、在线监测设备配置，大力推广移动巡检及机器代人应用，开展定制化、差异化运维检修，提升缺陷隐患主动发现治理能力。加快数字化转型。围绕"站—线—台—户"四大物理环节，从设备、通信、系统以及源网荷友好互动四个层面推进配电网数字化转型，研发自主可控的一二次融合配电设备，构建灵活可靠的多模异构通信网络，建设以电网资源业务中台为核心的统一信息化支撑平台，提升配电网大规模分散式资源灵活接入与协调控制能力，支撑公司能源互联网建设。

推动实现"五个升级"。结构升级，解决配电网网架标准化水平不高问题，分区分类制定标准网架建设改造方案，加快建成结构强简有序、分类科学合理、接线标准规范、设备先进适用的标准化目标网架，实现转供转带能力显著提升，源网荷储全环节融会贯通，电网更加安全、接入更加友好、运行更加灵活。设备升级，解决配电网设备种类多、质量参差不齐、故障率偏高等问题，全面采用"高可靠、一体化、全绝缘、免维护、环保型、智能化"标准设备，推动设备质量迈向中高端，通用互换能力及运维便利水平再上新台阶。技术升级，解决现有技术与配电网高速发展不相适应问题，深度融合能源与数字技术，实现信息广泛采集、可靠传输、智能处理和智慧应用，推动施工技术、运检技术升级，加快不停电施工检修、接地故障隔离、无人机作业、带电机器人作业、人工智能等技术推广。管理升级，解决配电专业管理弱化等问题，优化供电所业务管理模式和生产绩效考评方式，推动中压专业化管理，实现营配调专业高效协同、工单驱动业务新模式全面覆盖。贯通设备实物和价值两条主线，实现配电网安全、质量、效率、效益全面发展。服务升级，适应人民美好生活日益增长的电力需求，切实转变服务观念，加快建设"强前端、大后台"现代服务体系，推进服务手段、服务能力升级，确保"获得电力"服务水平、客户用电体验全面提升。

（二）一流现代化配电网建设三个阶段

2020 年，地市公司开放式配电自动化系统、智能化供电服务指挥平台全面建成，配电网本质安全和本质服务水平有效提升，10 个重点城市和雄安新区基本形成综合能源服务网络并率先建成一流现代化配电网，"1135"配电管理战略深入人心，配电网服务能力、服务质量和服务效率在国内公共服务行业处于先进水平。城网、农网 10kV 线路 N-1 通过率分别达到 90%、70%，10kV 主干线路联络率分别达到 95%、65%；城市、农村供电可靠率达到 99.99%、99.88%，用户年均停电时间分别不超过 53min、10.5h，A+类核心区供电可靠率达到 99.999%，用户年均停电时间不超过 5min；配电自动化覆盖率 90%。

到 2025 年，全面建成统一开放的互联网在线运营服务平台，各类分布式能源实现安全、有序、智能接入，配电网本质安全和本质服务水平得到较好保障，100 个中等发达以上省会和地市城市基本建成综合能源服务网络，"1135"配电管理战略成效明显，配电网服务能力、服务质量和服务效率在国内公共服务行业处于领先地位，一流现代化配电网建设取得重大进展。城网、农网 10kV 线路 N-1 通过率分别达到 100%、90%，10kV 主干线路联络率分别达到 100%、90%；城市、农村供电可靠率达到 99.992%、99.91%，用户年均停电时间分别不超过 45min、8h，A 类以上核心区供电可靠率达到 99.999%，用户年均停电时间不超过 5min；配电自动化覆盖率 100%。

到 2035 年，配电网本质安全和本质服务水平得到有效保障，城乡供电服务均等化基本实现，大部分城市全面建成综合能源服务网络，以配电网为基础的"五好"现代综合能源服务体系高效运行，配电网服务能力、服务质量和服务效率在国际公共服务行业处于领先地位，全面建成一流现代化配电网。配电网 10kV 线路 N-1 通过率、主干线路联络率达到 100%，供电可靠率满足各类用户差异化需求。

二、高供电可靠性城市的配电网网架结构

提高供电能力、供电可靠性、电能质量是供电企业的主要责任。网架是配电网的根本，优化网架结构是提升配电网供电可靠性的基础。

城市配电网发展已相对成熟的案例表明，全面采用高度互联、简洁统一和差异化配置的配电网结构，具有较高的供电可靠性。

（一）巴黎城市配电网结构

法国巴黎电压序列为 400/225/20kV。巴黎电网有三层环状电网结构，外围由 400kV 输电网和 225kV 输电网形成两层环状网架结构，市区由 20kV 配电网形成环状网架结构为低压用户供电。其配电网由 36 座 225/20kV 变电站提供电源，并呈辐射状深入负荷中心。巴黎电网环状网架结构如图 6-1 所示。

配电网采用"三双"接线模式，即"双电源、双线路、双接入"模式，其中，双电源指两个以上高压变电站，双线路指连接双电源的两条中压电缆或架空线路，双接入指公用配备通过自动投切的开关接入双线路。

在巴黎城区新建和改造的中压配电网则采用三环网结构。这种结构是

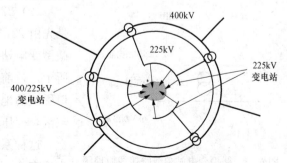

图 6-1 巴黎电网环状电网结构示意

由两座变电站三射线电缆构成三环网，开环运行。每座配电室两路电源分别 T 接自三回路中两回不同电缆，其中一路为主供，一路为热备用，其接线方式如图 6-2 所示。

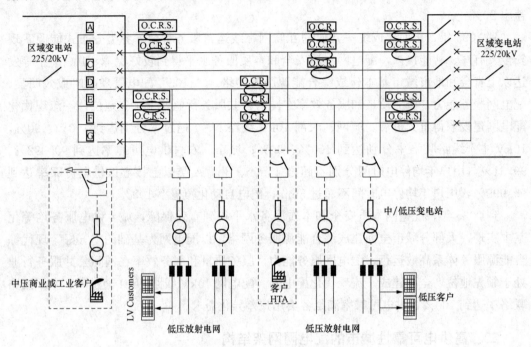

图 6-2　巴黎 20kV 三环网示意图

（二）东京城市配电网结构

日本东京电压序列为 500/275/154/66/22（6）kV，东京配电网采用双环网（高压、开环运行）与多分段多联络（中压）接线，这是一种强弱组合，由于高压部分较强，带动整体可靠性的提高。东京供电可靠率高达四个"9"（99.99%），很少出现对用户停电的现象。

东京配电网供电模式的特点是：配电网中 97% 为 6.6kV 不接地电网，3% 为 20kV 小电阻接地电网。6.6kV 架空网供电方式采用 6 分段 3 联络的方式，6.6kV 电缆网供电方式采用环网的方式，负荷密集区采用 20kV 电缆网供电方式。

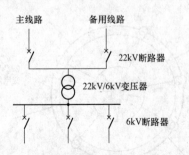

图 6-3　微型变电站单线路接线原理图

（1）22kV/6.6kV 供电系统。此种配电系统是先由 22kV 配电网传输至靠近用户侧，再由当地微型变电站降压至 6.6kV。其接线方式如图 6-3 所示。目前这种系统已经被应用于工业区以及人口稀疏的地区，同时正在被考虑引入人口密集住宅区，变压器最大容量为 10MVA。

这种系统不仅可以为 22kV 用户供电，还可以为现有 6.6kV 用户供电。这种系统作为过渡系统在推动 22kV 配电系统的同时，还可以大力推进微型变电站的普及。

（2）6.6kV 网络。东京 6.6kV 电缆网接线方式以 4 区间 2 联络为主。采用此方式的典型地下配电系统如图 6-4 所示。

此系统以一路进线，多路出线的单回路开关箱形成类似单环网的运行方式。不同开关箱间的线路设有联络开关，开关为常开方式，用户进线采取环网方式。

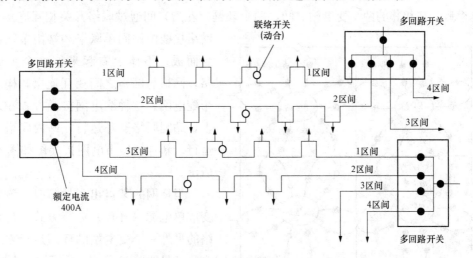

图 6-4　4 区间 2 联络地下配电系统

东京 6.6kV 架空配电网系统多采用 6 分段 3 联络接线方式。此系统结构如图 6-5 所示。

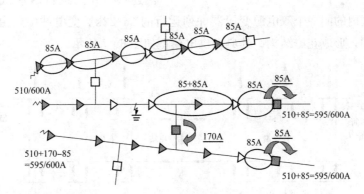

图 6-5　6 分段 3 联络架空配电线系统

东京 6.6kV6 分段 3 联络供电方式适用于东京郊区。整条线路分 6 个分段，3 条联络线。分段分割原则如下：①按分段分割装接容量，大容量的配电线控制在 2600kW 以下；一般配电线控制在 1600kW 以下。②按线路长度分割，分段长度的基准值为 2km。可以将线路的负载率由三分段三联络时的 75％提高到 85％左右。在故障时通过网络的重构，可以提高线路的互倒互带能力。

在我国大城市核心区域变电站 10kV 间隔紧张时，可考虑广泛部署双接入开关站，并同时严格控制环网容量、用户数量。10kV 架空线路多分段多联络接线方式，控制分段容量、用户数量、供电半径。

（三）新加坡城市配电网结构

新加坡电压序列为 400/230/66/22kV，该城市配电网中，变电站的每两回 22kV 出线首位连接构成一个环网，形状酷似花瓣（多个环网便构成了多个花瓣），称为梅花状供电模型。在相邻的两个变电站之间，两个环网（花瓣）间通过联络开关相互连接。其

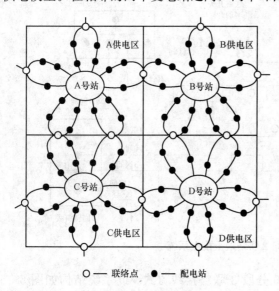

图 6-6　新加坡城市电网扩展图

网络接线由站间单联络和站内单联络组合而成，整体上看起来像一个个的网格，网格与网格之间相互连接，构成整个配电网。这种配电网接线方式在运行上，站间联络开环运行，站内联络闭环运行。新加坡城市电网扩展图如图 6-6 所示。

当环网的某点出现故障时，该环网变成单电源（开环）运行方式，与之联络的另外一个变电站的环网运行方式不变，满足线路 N-1 的运行要求。同时该接线方式也满足线路 N-2 的运行要求。

新加坡新型 22kV 配电网络采用环网连接、并列运行的模式。具体而言，在城市各分区内的同一个双电源变压器并列运行的 66/22kV 变电站中，由每两回 22kV馈线构成环网，形成花瓣结构。其典型供电模型如图 6-7 所示。

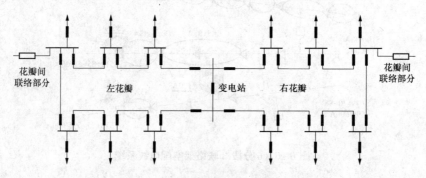

图 6-7　新加坡梅花状典型供电模型

（四）港灯公司配电网结构

电压序列为 275/132/22/11kV。

22kV 配电网采用环网结构，正常方式下同一母线的环网合环运行。不同环网间存在联络。在 22kV 地区变电站中，每路输出都连接到独立的 22kV 母线上。22kV 闭合环

式馈线连接到这 2 条母线上，而非采用传统的单一母线结构。在这种拓扑布局下，即使地区变电站发生母线故障，22kV 环形电路也不会丧失供电能力。

11kV 采用"N 供 1 备"接线方式，闭环网络开环运行。为进一步提高可靠性、应对开关和线路双重故障等问题，采用馈线组间或组内连线，类似网格化结构。11kV 组内/组间互连结构如图 6-8 所示。

22kV 和 11kV 均无分支线路，配电变压器直接 T 接于主干线路上。

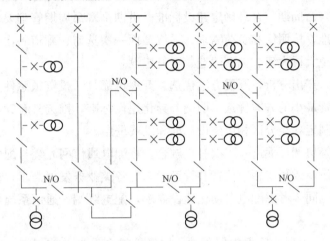

图 6-8　11kV 组内/组间互连结构

三、配电网规划理念

配电网点多、量大、面广，负荷多样，地区之间差异显著。贯彻科学的规划理念，是建设一流配电网的重要基础。近些年来，通过建立健全配电网规划设计体系、统一配电网规划设计平台、计算分析软件等信息化工具，制定先进的管理办法和要求，运用科学的规划方法，开展差异化、标准化、精益化规划，公司配电网发展理念和原则得到了有效落实。

（1）可靠性为中心。以"两率一户"（供电可靠率、综合电压合格率、户均配变容量）为核心指标，明确配电网发展相关目标。

（2）过电网诊断分析，查准问题。建立配电网发展诊断指标体系，从供电能力、电网结构、技术装备水平、配电自动化等方面开展各省配电网问题诊断，精确定位配电网存在问题。

（3）过供电区域划分，实现差异化规划。在城农网口径基础上，依据负荷密度，参考行政级别、经济发达程度、用户重要程度、用电水平、GDP 等因素，公司经营区分为 A+、A、B、C、D、E 六类供电区域，分别执行对应的规划技术原则和建设标准。

（4）通过合理划分供电区，细化供电网格。落实精准投资理念，在各类供电区域的基础上，根据用地性质、负荷分布、地域特性等，进一步细分供电区，并推广网格化、单元制等规划新方法，做实做细配电网规划。

（5）通过空间饱和负荷预测，做准需求。据供电区内近远期土地利用特征的分析，结合区域产业发展定位和走势，准确预测供电区负荷近远期增量和布局，研究确定配电网发展最终规模，实现远期规划指导近期建设。

（6）通过量化计算分析，构建目标网架。一是逐条线路实现 10kV 电网量化计算分析，突破规划难点。二是构建相互匹配、强简有序、相互支援的远景目标网架。

（7）通过全寿命周期，合理确定建设标准。贯彻全寿命周期管理要求，合理确定各地区建设改造标准，按照饱和负荷需求，导线截面一次选定、廊道一次到位、变电站土建一次建成，避免大拆大建、频繁改造、重复建设。

（8）通过投入产出分析，开展方案优选。开展可靠性—投资敏感性分析，完成可靠性目标下所需投资最小的方案优选，明确差异化建设标准，推进具有针对性的可靠性模块化规划设计，制定各类分区相应建设标准和发展重点。

（9）通过统筹协调，促进一二次有机融合。将配电通信网光缆与配电网一次网架同步规划、同步建设，或预留相应位置和管道，满足各类业务发展需求；在配电网规划设计与建设改造中，同步考虑配电自动化建设需求，配电终端、通信系统与配电网同步规划、同步设计。

（10）衔接地方规划，确保规划落地。以经济社会发展总体规划、城乡建设规划等为依据，开展供电设施布局规划，将站址、走廊等规划成果与地方经济社会发展控制性详细规划、土地利用规划等相协调，紧密跟踪地方规划；确保配电网规划顺利实施、有效落地。

四、智能、主动、柔性、增量配电网与传统配电网区别

近年来，新能源、电动汽车等快速发展，都对配电网规划建设和运营管理提出了新要求，由此衍生出智能配电网（SDG，Smart Distribution Grid）、主动配电网（ADN，Active Distribution Network）、柔性配电网（FDN，Flexible Distribution Network）与增量配电网（IDN，Incremental Distribution Network）等概念。

（一）智能配电网

1. 智能配电网的概念

智能配电网是智能电网的关键环节之一。通常 110kV 及以下的电力网络属于配电网络，配电网是整个电力系统与分散的用户直接相连的部分。

智能配电网系统是利用现代电子技术、通信技术、计算机及网络技术，将配电网在线数据和离线数据、配电网数据和用户数据、电网结构和地理图形进行信息集成，实现配电系统正常运行及事故情况下的监测、保护、控制、用电和配电管理的智能化。

智能配电网系统配电自动化系统由主站、通信系统、自动化监控终端设备三大部分构成，形成一个完整的信息传输与处理系统，实现对配电网运行的远程管理。对于智能

配电网系统来说，三大部分中通信系统是实现数据传输的关键和核心，通信系统将主站的控制命令准确地传送到众多的远方终端，且将远方设备运行状况的数据信息收集到控制中心。智能配电网通信系统可由多种通信方式组成，主要采用光纤和电力载波通信方式。

2. 智能配电网的特征

智能配电网的目标是确保电网运行的经济性、环保、稳定、可靠以及安全，现代科技的应用是智能配电网最重视的。正因为这样，智能配电网的建设才会受到越来越多的国家的重视，而它的不断发展也方便了人们的日常生活以及工作，就传统的配电网相比智能配电网具有以下功能特征：

(1) 自我修复功能。

(2) 具有更高的安全性。

(3) 能够提供更高的电能质量。

(4) 支持分布式能源（DER，Distributed Energy Resource）的大量接入。

(5) 支持与用户互动。

(6) 对配电网及其设备进行可视化管理。

(7) 更高的资产利用率。

(8) 配电管理与用电管理的信息化。

正是这些特征才让人们对智能配电网进行不断地研究和分析，人们也逐渐地认识到智能配电网对于电网的建设和完善所起到的促进作用，更好地满足了人们的用电需求。

(二) 主动配电网

1. 主动配电网概念

主动配电网是一个内部具有分布式能源，具有主动控制和运行能力的配电网。这里所说的分布式能源，包括各种形式的连接到配电网中的各种分布式发电、分布式储能、电动汽车充换电设施和需求响应资源，即可控负荷。

主动配电网的核心是对分布式可再生能源从被动消纳到主动引导与主动利用。通过这一技术可以把配电网从传统的被动型用电网转变成可以根据电网的实际运行状态进行主动调节、参与电网运行与控制的主动配电网。

2. 主动配电网特征

主动配电网的主要特征可以归纳为以下几个方面：

(1) 延缓投资。

(2) 提高响应速度。

(3) 网络可视性以及网络灵活性。

(4) 较高的电能质量和供电可靠性。

(5) 较高的自动化水平以及更容易地接入分布式能源。

(6) 降低网络损耗更好地利用资产。

（7）改进的负荷功率因数。

（8）较高的配电网效率。

（9）较高的供电质量。

（10）敏感客户的可用性。

3. 主动配电网面临的障碍

将原有配电网改造成为具有以上优势的主动配电网，目前还面临着以下障碍：一是原有配电网可观测性不足，可控性较差；二是分布式电源接入能力不能定量，分布式电源报装过程随机性强；三是原有配电网可靠性提升大部分依赖设备质量的提升；四是配电网电能品质提升困难；五是分布式电源、多样性负荷等可控资源的挖掘与利用不足。

总之，未来仍需研究能够实现主动规划、感知、管理、控制与服务的装置和系统，更好地解决主动配电网的新问题和现有配电网的老问题，实现主动配电网的运行目标，提升配电网电能品质，提高清洁能源的消纳能力，为用户提供更加优质的电力服务。

（三）柔性配电网

1. 柔性配电网概念

柔性配电网是指为能实现柔性闭环运行的配电网。利用柔性电力电子技术改造的配电网是一个重要趋势，能有效解决传统配电网发展中的一些瓶颈问题。先进的电力电子技术可以构建灵活、可靠、高效的配电网，既可提升城市配电系统的电能质量、可靠性与运行效率，还可应对传统负荷以及比例可再生能源的波动性。

与主动配电网概念不同在于，主动配电网针对分布式电源进行主动调度，让其与电网协同工作；而柔性配电网则针对电网一次系统，让其具备柔性能力。二者也存在联系：柔性化提高了电网潮流转移调节能力，有助于间歇性分布式能源的消纳，对提高整个配电网的主动调节性也是有益的。

2. 与传统配电网相比，柔性配电网优势

（1）正常运行方面，柔性配电网能较好地均衡馈线以及变电站主变的负载，安全裕度更高。

（2）安全性方面，由于柔性开关在多回馈线间具有连续负荷分配能力，能充分利用网络相互支持，安全性更高。

（3）供电能力方面，柔性配电网不仅会提升无功补偿，并且无功补偿能在各种负荷分布下达到，在实际中容易实现。

柔性化是配电网发展的一个重要趋势，柔性配电网概念会带来很多令人感兴趣的课题，如柔性化程度如何衡量、如何确定合理的柔性度。后续还将研究提高计算精度，计及损耗和无功输出的独立性，并考虑 DER、储能、用户响应等因素，研究柔性配电网对消纳间歇性分布式能源的作用。

（四）增量配电网

1. 增量配电网概念

"增量配电"这一概念是由《关于进一步深化电力体制改革的若干意见》（中发

〔2015〕9号）提出，按照有利于促进配电网建设发展和提高配电运营效率的要求，探索社会资本投资配电业务的有效途径，逐步向符合条件的市场主体放开增量配电投资业务，鼓励以混合所有制方式发展配电业务。那么，什么是增量配电网呢？

增量配电网原则上指110kV及以下电压等级电网和220（330）kV及以下电压等级工业园区（经济开发区）等局域电网。通俗地讲，原来没有，现在有了，就称为"增量"，新增加的配电网称为增量配电网。

2. 增量配电网资产

增量配电网资产可以划分为两部分：一是满足电力配送需要和规划要求的新建配电网及混合所有制方式投资的配电网增容扩建。二是除电网企业存量资产外，其他企业投资、建设和运营的存量配电网。这个概念，后来也被广泛采用，成为典型的概念。

3. 增量配电网运营

2016年国家发改委和国家能源局以特急的等级下发了一份关于增量配电网业务试点申报的文件，拟以增量配电设施为基本单元，确定105个吸引社会资本投资增量配电业务的试点项目。这105个改革试点项目的出台，可以说使我国的增量配网建设产生了105个榜样，为我国电网建设发挥了良好的引领示范作用。

随着经济的发展，人们对电力的需求越来越大，为了扩大供电能力，提高供电可靠性，优化电力服务，配电网的智能化、自动化将会是电力系统发展的必然趋势，配电网的绿色可靠高效已成为电力工业的必然要求，也成为世界各国应对未来挑战的共同选择。

与此同时，为了电力系统更好地发展，配电网应本着从实际出发，统筹安排，循序渐进的原则，综合考虑近期与远期、全局与局部、主要与次要的关系，进一步设计开发出先进、通用、标准的配电网系统。

项目实施

一、发达国家配电网网架结构特点分析

学员根据所学知识，总结归纳巴黎、新加坡、东京、美国的配电网网架结构，并填写发达国家配电网网架结构特点（表6-1）。

表6-1　　　　　　　　　　　　发达国家配电网网架结构特点

所在国家	配电网网架结构及特点
东京	
新加坡	
美国	
巴黎	

二、"1135"配电管理战略研讨

学员分组研讨公司"1135"配电管理战略工作内容，总结归纳"三化"主要工作内容，并填写"1135"配电管理战略中"三化"主要工作内容（表6-2）。每小组推荐1名发言人，代表小组汇报任务完成情况。

表6-2   "1135"配电管理战略中"三化"主要工作内容统计

安全距离类别	主要工作内容
强化标准化建设	
强化精益化管理	
强化智能化运维	

项目评价

培训师根据学员任务完成情况，进行综合点评（表6-3）。

表6-3   配电网网架结构和配电管理分析研讨综合点评表

序号	项目	培训师对项目评价	
		存在问题	改进建议
1	任务正确性		
2	任务规范性		
3	任务完整性		
4	任务单填写		
5	知识运用		
6	团队合作		

课后自测及相关实训

1. 配电网规划前沿理念有哪些？
2. 智能配电网的特征有哪些？
3. 巴黎的城市配电网采用了什么样的结构？

项目二　配电自动化应用

项目目标

了解配电自动化术语和定义。熟悉配电自动化系统的构成。了解配电自动化系统的规划建设原则。能识别新一代配电主站硬件架构示意图。能识别新一代配电主站软件架构示意图。了解配电自动化终端作用。掌握电流集中型、电压时间型馈线自动化故障处理策略。

项目描述

学习配电自动化系统的构成、规划原则。分析新一代配电主站硬件架构示意图、软件架构示意图。学习配电自动化终端应用和馈线自动化用。在老师指导下，分析研讨电流集中型馈线自动化、电压时间型馈线自动化故障隔离和非恢复供电策略。

知识准备

《配电自动化技术导则》（Q/GDW 1382—2013）对配电自动化的定义为：配电自动化以一次网架和设备为基础，综合利用计算机、信息及通信等技术，并通过与应用系统的信息集成，实现对配电网的监测、控制和快速故障隔离。

配电自动化是电力系统自动化在配电网中的应用，是解决中压配电网的盲调、盲管，实现电网可观、可测、可控的主要手段，是提升配电网精益化管理水平的客观需求，也是实现智能配电网的基础。

一、术语和定义

1. 配电自动化（distribution automation）

以一次网架和设备为基础，综合利用计算机技术、信息及通信等技术，实现对配电网的监测与控制，并通过与相关应用系统的信息集成，实现配电系统的科学管理。

2. 配电自动化系统（distribution automation system）

实现配电网运行监视和控制的自动化系统，具备配电 SCADA、故障处理、分析应用及与相关应用系统互连等功能，主要由配电自动化系统主站、配电自动化系统子站（可选）、配电自动化终端和通信网络等部分组成。

3. 配电自动化系统主站（master station of distribution automation system）

配电网调度控制系统，简称配电自动化系统主站，主要实现配电网数据采集与监控等基本功能和分析应用等扩展功能，为配电网调度、配电生产及规划设计等方面服务。

4. 配电自动化终端（remote terminal unit of distribution automation）

配电自动化终端（简称配电终端）是安装在配电网的各种远方监测、控制单元的总称，完成数据采集、控制、通信等功能。

5. 馈线自动化（feeder automation）

利用自动化装置或系统，监视配电网的运行状况，及时发现配电网故障，进行故障定位，自动或半自动隔离故障区域，恢复对非故障区域的供电。

6. 配电通信网（distribution communication network）

承载 110kV 及以下配电业务，由终端业务节点接口到骨干通信网下联接口之间一系列传送实体（如线路设施和通信设备等）组成，具有多业务承载、信息传送、网管等功能的通信网络。

7. 故障处理（fault detection isolation and service restoration）

故障处理过程可包括：故障定位、故障区域隔离、非故障区域恢复供电、返回正常运行方式。

8. 馈线终端（feeder terminal unit - FTU）

馈线终端是安装在配电网馈线回路的柱上等处的配电终端，按照功能分为"三遥"终端和"二遥"终端，其中"二遥"终端又可分为基本型终端、标准型终端和动作型终端。

9. 站所终端（distribution terminal unit - DTU）

站所终端是安装在配电网馈线回路的开关站、配电室、环网柜、箱式变电站等处的配电终端，按照功能分为"三遥"终端和"二遥"终端，其中"二遥"终端又可分为标准型终端和动作型终端。

10. 配变终端（transformer terminal unit - TTU）

配变终端是用于配电变压器的各种运行参数的监视、测量的配电终端。

二、缩写语

（1）"二遥"：遥信、遥测。

（2）"三遥"：遥信、遥测、过控。

（3）EMS：调度自动化系统（Energy Management System）。

（4）DMS：配电管理系统（Distribution Management System）。

（5）DAS：配电自动化系统（Distribution Automation System）。

（6）SCADA：数据采集与监控（Supervisory Control And Data Acquisition）。

（7）GIS：地理信息系统（Geographic Information System）。

（8）PMS：设备（资产）运维精益管理系统（Production Management System）。

（9）TMS：通信管理系统（Telecommunication Management System）。

（10）FA：馈线自动化（Feeder Automation）。

（11）XPON：无源光网络（Passive Optical Network）。

（12）APN：接入点域名（Access Point Name）。

（13）VPN：虚拟专用网络（Virtual Private Network）。

（14）FTU：馈线终端（Feeder Terminal Unit）。

（15）DTU：站所终端（Distribution Terminal Unit）。

（16）TTU：配变终端（Transformer Terminal Unit）。

三、配电自动化系统的构成

配电自动化系统是实现配电网运行监视和控制的自动化系统，具备监测控制和数据采集 SCADA、故障处理、分析应用及与相关应用系统互联等功能，主要由配电自动化系统主站、子站（可选）、配电自动化终端和通信网络等部分组成，通过信息交互总线实现与其他相关应用系统互联，实现数据共享和功能扩展。配电自动化系统架构如图6‐9所示。

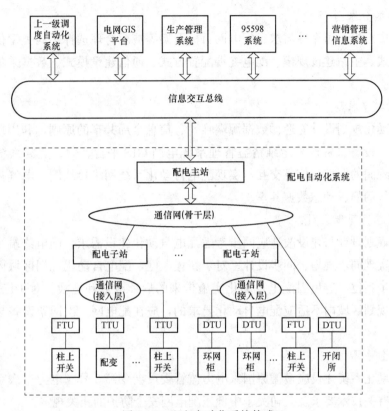

图 6‐9　配电自动化系统构成

　　配电自动化系统以配电网调控和配电网运维检修为应用主体，整体满足配电运维管理抢修管理和调度监控等功能应用需求，以及与配电网相关的其他业务协同需求，提升配电网精益化管理水平。通过快速故障处理，提高供电可靠性；通过优化运行方式，改善供电质量、提升电网运营效率和效益。

　　配电自动化应与配电网建设改造同步设计、同步建设、同步投运，遵循"标准化设计，差异化实施"原则，充分利用现有设备资源，因地制宜地做好通信、信息等配电自动化配套系统及设备建设。配电自动化系统的规划设计应遵循经济实用、标准设计、差异区分、资源共享、同步建设的原则，并满足安全防护要求，具体包括：

　　1. 经济实用原则

　　配电自动化规划设计应根据不同类型供电区域的供电可靠性需求，采取差异化技术策略，避免因配电自动化建设造成电网频繁改造，注重系统功能实用性，结合配网发展有序投资，充分体现配电自动化建设应用的投资效益。

2. 标准设计原则

配电自动化规划设计应遵循配电自动化技术标准体系，配电网一、二次设备应依据接口标准设计，配电自动化系统设计的图形、模型流程等应遵循国标、行标、企标等相关技术标准。

3. 差异区分原则

根据城市规模、可靠性需求、配电网目标网架等情况合理选择不同类型供电区域的故障处理模式、主站建设规模、配电终端配置方式、通信建设模式、数据采集节点及配电终端数量。

4. 资源共享原则

配电自动化规划设计应遵循数据源端唯一、信息全局共享的原则，利用现有的调度自动化系统、设备（资产）运维精益管理系统电网 GIS 平台、营销业务系统等相关系统，通过系统间的标准化信息交互，实现配电自动化系统网络接线图、电气拓扑模型和支持电网运行的静、动态数据共享。

5. 规划建设同步原则

配电网规划设计与建设改造应同步考虑配电自动化建设需求，配电终端、通信系统应与配电网实现同步规划、同步设计。对于新建电网，配电自动化规划区域内的一次设备选型应一步到位，避免因配电自动化实施带来的后续改造和更换。对于已建成电网，配电自动化规划区域内不适应配电自动化要求的，应在配电网一次网架设备规划中统筹考虑。

6. 安全防护要求

配电自动化系统建设应遵循原国家电力监管委员会令第 5 号《电力二次系统安全防护规定》等有关技术要求及公司关于中低压配电网安全防护的相关规定。

四、配电自动化发展历程

相对调度自动化和变电站综合自动化而言，配电自动化起步较晚，国外自 20 世纪 70 年代进行了配电自动化技术的研究和应用。在一些工业发达的国家，城市配电网络已成型且结构较完善，为配电自动化建设创造了良好的基础。目前，配电自动化系统在全世界应用相当广泛，应用较为成熟，有日本、法国和新加坡等。

东京电力公司供电可靠性水平在世界上处于领先地位。市区供电可靠率达到 99.999%。排除严重自然灾害等不可抗力，东京配电网故障平均停电时间维持在 3min 以下。东京电力公司主要采用了一种分布/集中混合式的配电自动化方案。故障的定位采取分布式，依靠断路器和开关的配合在本地自动完成故障的定位和部分线路的恢复供电，然后主站根据故障定位结果，采用遥控方式自动恢复其他部分的供电。

新加坡配电网是全球供电可靠性最高的城市配电网，于 1988 年投入使用数据采集与监视控制（SCADA）系统，已形成了具备自愈功能的成熟配网自动化系统，实现了配电站的集中监控，配电站通过远程终端控制单位（RTU）采集传输三遥信息上送主站，能够实时监视配电网线路的潮流、开关位置、保护动作和各类设备报警信号等，并对断路器进行远方遥控。新加坡配电网供电可靠性指标已超过 99.9999％，户均停电时间不足 30s。

我国在 20 世纪 90 年代，先后有 100 多座城市不同程度地开展了配电自动化建设与应用的尝试，但由于认识的偏差、配电网网架和设备基础较差以及技术和管理等方面原因，早期的配电自动化工程投运后很多都没有发挥应有的作用。国内除了个别研究和案例还在零星开展外，原有大多配电自动化工程相继退出运行。

2009 年国家电网公司开始全面建设智能电网，提出了"在考虑现有网架基础和利用现有设备资源基础上，建设满足配电网实时监控与信息交互、支持分布式电源和电动汽车充电站接入与控制，具备与主网和用户良好互动的开放式配电自动化系统，适应坚强智能电网建设与发展"的配电自动化总体要求，并积极开展试点工程建设。经过第一、第二批试点工程和推广应用项目建设，配电自动化实用化水平得到了大幅提高。重点开展配电自动化和智能配电各项相关技术的完善工作，积极推进实用化，并在国家电网公司系统全面推广应用。

截至 2019 年 4 月底，公司 324 个地市单位建成配电自动化主站，主站覆盖率达 96％；其中 192 个地市单位完成新一代配电自动化主站建设改造，覆盖率达 57％；公司系统累计建设配电自动化线路 22.2 万余条，配电自动化线路覆盖率达 77.3％；252 个地市单位已开展配电自动化应用，主站建转运率达 80.7％；已投运配电自动化线路达 20.7 万条，线路建转运率达 92.8％。

五、配电自动化主站系统

配电自动化主站系统是配电自动化系统的信息汇集中心和控制中枢，综合采用计算机、网络和通信技术，面向配电网运行管理的业务需求，实现配电网运行监视、控制，拓扑分析，设备与图模管理，馈线故障定位、隔离，供电恢复，Web 信息发布，配电终端质量管控等各种功能，以及负荷转供分析、合环潮流计算、故障录波分析及单相接地故障定位等高级应用；并通过 IEC 61970/61968 标准，实现了与 EMS、电量计量系统、GIS、生产管理系统、营销管理系统等的信息集成，为配电网的精准投资、精确管控、精益化运维提供全面支持。

按照智能配电网建设总体要求，国家电网公司制定了新一代配电主站标准。主要思路：做精生产控制大区，满足配电网实时运行监控的需求；做强管理信息大区，全面支持配网精益化管理。大幅提升"变电站—配电线路—配变台区—低压用户"中低压配电网全环节智能化监测与管理水平，全面支撑配电网调度运行管理与配电网精益化运维管理。配电主站主要由计算机硬件、操作系统、支撑平台软件和配电网应用软件组成。

1. 软件构架

支撑平台包括系统信息交换总线和基础服务，配电网应用软件包括配电网运行监控与配电网运行状态管控两大类应用。新一代配电主站软件架构如图 6-10 所示。

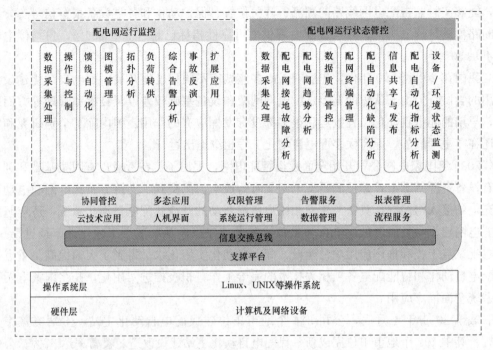

图 6-10　新一代配电主站软件架构示意图

系统由"一个支撑平台、两大应用"构成，应用主体为大运行与大检修，信息交换总线贯通生产控制大区与信息管理大区，与各业务系统交互所需数据，为"两个应用"提供数据与业务流程技术支撑，"两个应用"分别服务于调度与运检。

（1）一个支撑平台。遵循扩展性、先进性、安全性等原则，构建标准的支撑平台，为系统各类应用的开发、运行和管理提供通用的技术支撑，提供统一的交换服务、模型管理、数据管理、图形管理，满足配电网调度各项实时、准实时和生产管理业务的需求，统一支撑配电网运行监控及配电网运行管理两个应用。

（2）两大应用。以统一支撑平台为基础，构建配电网运行监控和状态管控两个应用服务。

配电运行监控应用部署在生产控制大区，并通过信息交换总线从管理信息大区调取所需实时数据、历史数据及分析结果。

配电运行状态管控应用部署在管理信息大区，并通过信息交换总线接收从生产控制大区推送的实时数据及分析结果。

生产控制大区与管理信息大区基于统一支撑平台，通过协同管控机制实现权限、责任区、告警定义等的分区维护、统一管理，并保证管理信息大区不向生产控制大区发送权限修改、遥控等操作性指令；外部系统通过信息交换总线与配电主站实现信息交互。

2. 硬件结构

新一代配电主站硬件结构的特征体现在标准化、网络化、开放式、安全性等几个方面,与传统主站相比的显著特征是扩充了Ⅳ区配置,将后台系统从Ⅰ区延伸到Ⅳ区,分别支撑Ⅰ区的运行监控业务和Ⅳ区运行状态管控业务。因此,新一代配电主站硬件结构从应用分布上主要分为生产控制大区、管理信息大区、安全接入区等三个部分。新一代配电主站硬件架构示意图如图6-11所示。

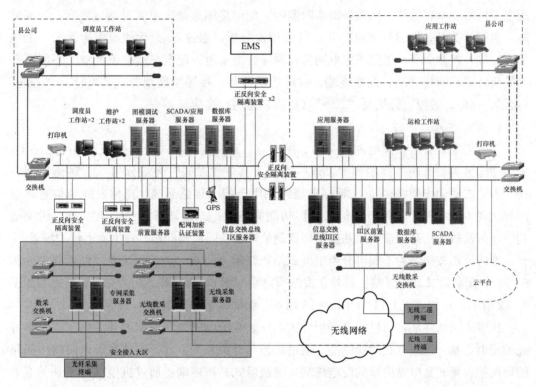

图 6-11 新一代配电主站硬件架构示意图

生产控制大区主要设备包括前置服务器、数据库服务器、SCADA/应用服务器、图模调试服务器、信息交换总线服务器、调度员及维护工作站等,负责完成"三遥"配电终端数据采集与处理、实时调度操作控制,进行实时告警、事故反演及馈线自动化等功能。

管理信息大区主要设备包括前置服务器、SCADA/应用服务器、信息交换总线服务器、数据库服务器、应用服务器、运检及报表工作站等,负责完成"两遥"配电终端及配电状态监测终端数据采集与处理,进行历史数据库缓存并对接云存储平台,实现单相接地故障分析、配电网指标统计分析、配电网主动抢修支撑、配电网经济运行、配电自动化设备缺陷管理、模型/图形管理等配电运行管理功能。

安全接入大区主要设备包括专网采集服务器、公网采集服务器等,负责完成光纤通信和无线通信三遥配电终端实时数据采集与控制命令下发。

六、配电自动化终端

配电自动化终端是配电自动化建设的重要组成部分，主要应用于10kV配电线路，完成配电线路的运行监测以及控制功能，实现对10/20kV开关站、环网柜、柱上开关、配电变压器、电容器等一次设备的实时监控。配电终端采集配电实时运行数据，识别故障，监测开关设备的运行工况，并进行处理及分析，通过光纤/无线通信等手段，上传信息、接收控制命令。按照国家电网公司最新标准规范，配电终端按照类型的不同可分为站所终端、馈线终端、配变终端、故障指示器等；按照功能划分，又可分为"三遥"（遥信、遥测、遥控）终端及"二遥"（遥信、遥测）终端。

1. 站所终端

站所终端是安装在配电网开关站、配电室、环网柜、箱式变电站等处的配电终端，依照功能分为"三遥"终端和"二遥"终端。其中"二遥"终端分为"二遥标准型终端"和"二遥动作型终端"。二遥标准型终端用于配电线路遥测、遥信及故障信息的监测，实现本地报警并具备报警信息上传功能的场景；二遥动作型终端用于配电线路遥测、遥信及故障信息的监测，并能实现就地故障自动隔离与动作信息主动上传的场景。

站所终端按照结构不同可分为组屏式站所终端（图6-12）、遮蔽立式站所终端（图6-13）、遮蔽卧式站所终端、户外立式站所终端（图6-14）等。遮蔽立式站所终端如图6-12所示，户外立式DTU如图6-13所示，组屏式DTU如图6-14所示。

组屏式站所终端：通过标准屏柜方式，安装在配电网馈线回路的开关站、配电室等处的配电终端。遮蔽立式站所终端：通过机柜与开关并列方式，安装在配电网馈线回路的环网柜、箱式变电站内部的配电终端。遮蔽卧式站所终端：通过机柜横卧于开关上方式，安装在配电网馈线回路的环网柜、箱式变电站内部的配电终端。户外立式站所终端：通过户外柜方式，在配电网馈线回路的环网柜、箱式变电站外部安装的配电终端。

图6-12　组屏式DTU　　　图6-13　遮蔽立式DTU　　　图6-14　户外立式DTU

2. 馈线终端

馈线终端是安装在配电网架空线路柱上开关处的配电终端，按照功能分为"三遥"终端和"二遥"终端，"二遥"终端又可分为基本型终端、标准型终端和动作型终端，其中基本型终端是指用于采集或接收故障指示器发出的线路故障信息，并具备故障报警信息上传功能的配电终端；标准型终端用于架空配电线路遥测、遥信及故障信息的监测，实现本地报警并通过无线公网等通信方式上传信息的配电终端；动作型终端用于配电线路遥测、遥信及故障信息的监测，能实现就地故障自动隔离，并通过无线公网、无线专网等通信方式上传信息的配电终端。馈线终端按照结构不同可分为罩式终端和箱式终端。罩式三遥馈线终端如图6-15所示，罩式二遥馈线终端如图6-16所示，箱式馈线终端如图6-17所示。

图6-15　罩式三遥馈线终端　　　　图6-16　罩式二遥馈线终端　　　　图6-17　箱式馈线终端

3. 配变终端

配变终端是安装于配电变压器，用于监测配电变压器各种运行参数的配电终端。平台化设计、软件APP化理念，以智能配变终端为核心，构建低压配电网运行监测体系。

4. 故障指示器

故障指示器通过就地故障闪灯和翻牌指示故障，运维人员可以根据此指示器的报警信号迅速定位故障，缩短了故障查找时间，有助于快速排除故障和恢复正常供电。

配电线路故障指示器共计分为九类，即架空外施信号型远传故障指示器、架空暂态特征型远传故障指示器、架空暂态录波型远传故障指示器、架空外施信号型就地故障指示器、架空暂态特征型就地故障指示器、电缆外施信号型远传故障指示器、电缆稳态特征型远传故障指示器、电缆外施信号型就地故障指示器、电缆稳态特征型就地故障指示器。电缆型故障指示器如图6-18所示，暂态录波型故障指示器图6-19所示，外施示信号型故障指示器如图6-20所示。

图6-18　电缆型故障指示器　　图6-19　暂态录波型故障指示器　图6-20　外施示信号型故障指示器

5. 配电终端安全防护

配电终端通过内嵌式安全芯片，实现双重身份认证、数据加密。内嵌的安全芯片，采用国产商用非密码算法，实现配电终端与配电安全接入网关的双向身份认证，保证链路通信安全；实现配电终端与配电主站之间基于国产非对称密码算法的双向身份鉴别，对来源于主站系统的控制命令、远程参数设置采取安全鉴别和数据完整性验证措施；配电终端与主站之间的业务数据采用基于国产对称密码算法的加密措施，确保数据的保密性和完整性。

"三遥"配电终端设备应配置启动和停止远程命令执行的硬压板和软压板。硬压板是物理开关，打开后仅允许当地手动控制，闭合后可以接受远方控制；软压板是终端系统内的逻辑控制开关，在硬压板闭合状态下，主站通过一对一发报文启动和停止远程控制命令的处理和执行。

七、馈线自动化应用

目前，配电网故障处理通常采用继电保护与馈线自动化相结合的方式实现，利用继电保护快速切除故障，利用馈线自动化实现故障定位、隔离并恢复无故障区域供电。馈线自动化是指利用自动化装置或系统，监视配电网的运行状况，及时发现配电网故障，进行故障定位、隔离和恢复对非故障区域的供电。

馈线自动化能够对发生的各种配电网故障进行处理，具有处理短时间内发生多点故障的能力，可以快速恢复配电网供电，并具有模拟研究功能。按照故障处理方式的不同，馈线自动化系统可以分为集中型和就地型两种模式。各种馈线自动化对比见表6-4。

表6-4　　　　　　　　　　　　各类馈线自动化对比

条目	集中型	电压时间型	电压电流时间型	自适应综合型	智能分布式（断路器）	智能分布式（负荷开关）
供电区域	A+、A类区域	B、C类区域及D类部分	B、C类区域及D类部分	A（不具备光纤）、B、C区域及D类部分	A+、A类区域	A+、A类区域
网架结构	所有网架结构	单辐射、单联络等简单网架	单联络、多联络等复杂网架	单联络、多联络等复杂网架	手拉手单环开环/闭环、多电源联络、花瓣环网、双环网等网架	手拉手单环开环/闭环、多电源联络、花瓣环网、双环网等网架
配套开关	弹操、永磁、电磁	电磁、弹操	弹操	电磁、弹操	弹操、永磁	弹操、永磁

续表

条目	集中型	电压时间型	电压电流时间型	自适应综合型	智能分布式（断路器）	智能分布式（负荷开关）
定值适应性	—	定值与线路相关，方式调整需重设	接地隔离时间定值与线路相关	定值自适应，方式调整不需重设	定值统一设置，方式调整不需重设	定值统一设置，方式调整不需重设
通信方式选择	EPON、工业光纤以太网、无线专网	无线公网	无线公网	无线公网	工业光纤以太网、EPON	工业光纤以太网、EPON
短路故障处理平均时间	故障上游侧开关隔离完成时间≤40s；非故障区域恢复时间≤45s	两开关三分段线路，故障定位隔离时间≤15s；前端非故障区域恢复时间前端≤27s	故障定位隔离时间≤15s；前端非故障区域恢复时间前端≤20s	两联络，干线三开关四分段线路，故障定位隔离时间≤22s；前端非故障区域恢复时间前端≤112s	故障上游侧开关隔离完成时间≤150ms；非故障区域恢复时间≤5s	故障上游侧开关隔离完成时间≤10s；非故障区域恢复时间≤30s

八、电流集中型馈线自动化

（一）基本原理

1. 基本原理概述

线路发生故障后，配电自动化主站接收到配电网线路自动化分段及联络点终端上送的故障信息后，主站根据线路的拓扑关系，判断出故障区间。由主站下发遥控命令，遥控断开故障点两侧的开关，然后遥控站内出线开关或联络开关恢复非故障区段的供电，从而实现故障的快速隔离与非故障区段的快速恢复供电。

如图 6-21 所示，线路 1 与线路 2 通过联络开关 L1 形成联络，s1～s3 为线路 1 分段开关。当 k1 发生相间短路故障，变电站出线断路器 QF1 保护动作跳闸，与此同时 s1、s2 终端也检测到故障电流并将故障告警信号上送至主站系统，主站系统生成事件名，30s 后启动事故处理程序，主站定位故障点在 s2 与 s3 之间，拉开 s2、s3 开关，隔离故障，再合上 QF1 和联络开关 L1，完成非故障区段的恢复送电。

图 6-21 集中型馈线自动化原理示意图

2. 馈线终端或站所终端设置

（1）故障电流定值设置。一般速断电流 960A，20ms；过电流定值 600A，100ms；零序电流调至最大，控制字退出。

（2）控制器把手切至"远方"位置。

（3）对于馈线终端，操作把手切至"自动"位置。对于站所终端，投入遥控压板。

3. 主站逻辑处理

（1）若不带重合闸，主站在变电站出线断路器 QF1 保护动作跳闸后，进入 30s 计时，计时结束后，启动故障处理程序，完成故障隔离和非故障区域供电。计时过程中，如收到该条线路分界开关的故障动作信号，计时器立刻清零，并向变电站出线断路器发出"遥控合闸"命令，QF1 合闸，线路恢复供电。

（2）若带重合闸，主站将在变电站出线断路器 QF1 保护动作跳闸后，进入 30s 计时，若瞬时故障，重合成功，QF1 为合闸状态，计时器自动清零；若重合失败，30s 计时后，启动故障处理程序，完成故障隔离和非故障区域供电。

（3）特点及适用场合。该方式下由主站基于通信系统收集所有终端设备信息，通过网络拓扑分析，

确定故障位置，最后下发命令遥控各开关，实现故障区域的隔离和恢复非故障区域的供电。该方式下动作速度快，准确率高，通常应用在城市中心区的架空或电缆线路。

（二）故障处理策略

1. 事故前线路

电流集中型馈线自动化故障处理策略故障前开关状态如图 6-22 所示，QF1、QF2 为站内出线开关，s1、s2、s3、s5 为分段开关，s4 为联络点开关。事故发生前线路两条线路正常运行。

图 6-22　电流集中型馈线自动化故障处理策略故障前开关状态

2. 事故发生后

电流集中型馈线自动化故障处理策略故障后开关状态如图 6-23 所示。s2 与 s3 分段开关之间发生相间故障，QF1 故障跳闸，s1、s2 上报相间故障信息，主站接收到 QF1 故障和跳闸信息，同时接收到 s1、s2 上报相间故障信息，主站系统启动馈线自动化，通过拓扑关系分析出故障在 s2 分段开关（检测到故障）与 s3 分段开关（未检测到故障）之间。故障区段判断完成。

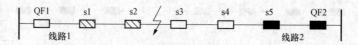

图 6-23　电流集中型馈线自动化故障处理策略故障后开关状态

3. 事故区间的隔离和非故障停电区间恢复供电

故障隔离后开关状态如图 6-24 所示。故障区间判断完成后主站遥控 s2 和 s3 开关分

274

闸，故障区间隔离完成，主站遥控 QF1，实现电源侧非故障区间恢复供电；遥控联络开关 s4 合闸，负荷侧非故障区段恢复供电完成。

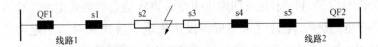

图 6-24　电流集中型馈线自动化故障处理策略故障隔离后开关状态

九、电压时间型馈线自动化

就地型馈线自动化系统是指配电网发生故障时，不依赖配电主站控制，通过配电终端相互通信、保护配合或时序配合，实现线路故障区域的故障定位、隔离和非故障区域的恢复供电，并上报处理过程及结束。根据不同判据又可分为电压时间型、电压电流时间型、自适应综合型以及智能分布型等，以下主要介绍电压时间型馈线自动化。

（一）基本原理

电压时间型馈线自动化主要利用开关的"失压分闸、来电延时合闸"功能，以电压和时间为判据，与变电站出线开关重合闸相配合，依靠终端设备自身的逻辑判断功能，自动隔离故障，恢复非故障区间的供电。

1. 永久故障

（1）当线路发生永久故障时，变电站出线开关跳闸，线路上所有电压型分段开关分闸（无压分闸）。

（2）变电站出线开关重合闸，重合闸后，线路上电压型分段开关依次计时合闸（来电合闸），当合到故障点时，变电站出线开关再次跳闸，同时线路上电压型分段开关分闸，且故障点两侧开关闭锁。

（3）由主站系统远方遥控合上出线开关，恢复电源侧非故障区间的供电。

（4）主站系统通过遥控操作自动合上联络开关，恢复负荷侧非故障区间的供电。

2. 瞬时故障

当线路发生瞬时故障时，变电站出线开关跳闸，线路上所有电压型开关分闸。重合闸后，瞬时故障消失，线路上所有电压型分段开关依次合闸，恢复线路正常供电。

注意，电压时间型馈线自动化是通过电压型分段开关的闭锁信号来判定故障区间，由于电压型开关闭锁原理，线路发生故障后，变电站出线开关需二次合闸成功，系统才有可能正确判定故障区间。二次合闸可以由继电保护装置完成，或再次跳闸超过重合闸充电时间重新启动一次重合闸，也可以由系统判定非第一区间故障后主动遥控合闸。其中判断非第一区间策略为：变电站出线开关第二次跳闸与上次合闸时间差小于首个电压型开关 X 时限的 5/7 时，则判定非第一区间故障。

电压时间型馈线自动化线路在进行馈线自动化处理时，故障区段隔离依赖终端闭锁，闭锁由以下几种情况产生：

（1）遥控开关分闸后会产生闭锁。

（2）开关合闸后 Y 计时未完成即发生失电，再次从电源侧来电会产生 Y 闭锁。

（3）开关得电后进行 X 计时未完成即发生失电，再次从对侧来电会产生残压闭锁（若 X 计时的时间大于 3.5s 后再次失电，则启动 X 时限闭锁，闭锁解除前，反方向送电时不能闭合）。

（4）开关检测到电源侧和负荷侧均有电压，会产生两侧有压闭锁。

（5）零序保护动作后产生闭锁。

3. 特点及适用场合

该方式属于就地控制，不依赖通信，通过电压时间性开关的配合隔离故障并实现非故障段的恢复，其关键在于开关时间参数的恰当整定。该方式造价低、动作可靠，适用于辐射状或"手拉手"环状的简单配电网，多为农村和城郊的架空线路。

（二）故障处理策略

1. 辐射型配电线路

辐射型配电线路故障前开关状态如图 6-25 所示。根据时间整定原则，图中各开关的 X 时限分别为 s1 和 s3 为 7s，s2 和 s4 为 4s，s5 为 21s。

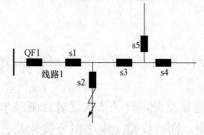

图 6-25 辐射型配电线路故障前开关状态

（1）故障前，线路开关均为闭合状态。

（2）当 s2 下游发生故障时，站内 QF1 开关跳闸，线路开关失压断开。

（3）QF1 重合后，s1 经过 7s 延时后合闸，s2、s3 开始计时，7s 后 s3 合闸（s4、s5 此时开始计时），再经过 7s 后 s2 合闸。

（4）因再次合闸到故障点上，站内开关 QF1 跳闸，s1、s2、s3 再次失压断开，其中 s2 闭锁断开。

（5）QF1 再次重合后，s1、s3、s4、s5 依次闭合，非故障段恢复供电。

2. 手拉手配电线路

（1）事故前线路。手拉手型配电线路故障前开关状态如图 6-26 所示。QF1、QF2 为站内出线开关，s1、s2、s3、s5 为电压型分段开关，并设置合理的 X 时限，s4 为联络开关，综合考虑变电站内开关重合闸时间和线路上其他分段开关的 X 时限，设置其合闸 XL 时限。事故发生前线路两条线路正常运行。

图 6-26 手拉手型配电线路故障前开关状态

（2）事故发生后。手拉手型配电线路故障后开关状态如图 6-27 所示。

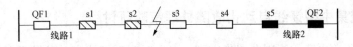

图 6-27　手拉手型配电线路故障后开关状态

电压时间型馈线自动化故障处理策略开关动作时间序列图如图 6-28 所示。

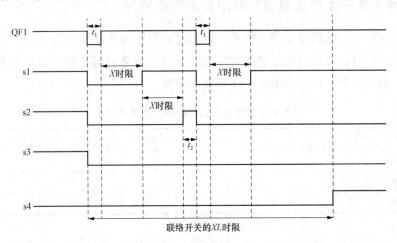

图 6-28　电压时间型馈线自动化故障处理策略开关动作时间序列图

注：t_1 为重合闸时间，t_2 为保护跳闸时间。

1）s2 与 s3 分段开关之间发生相间故障，站内开关 QF1 故障跳闸，分段开关 s1、s2、s3 均无压分闸。

2）站内开关 QF1 重合成功后，分段开关 s1、s2、s3 分别经过 X 时限延时逐级合闸，若是瞬时性故障，则线路恢复正常运行方式。

3）若为永久性故障，分段开关 s2 合闸到故障区间（s2 在合闸后 Y 时限内停电，启动 Y 时限闭锁，s3 启动残压闭锁），站内开关 QF1 再次故障跳闸。

4）站内开关 QF1 再次故障跳闸后，分段开关 s1、s2 无压分闸，此时 s2 开关 Y 时限闭锁，电源测送电开关不合闸，s3 开关残压闭锁，负荷侧送电开关不合闸。

5）站内开关 QF1 再次合闸，分段开关 s1 经过 X 时限延时后合闸，s1、s2 区间负荷恢复，联络开关 s4 在站内开关 QF1 第一次重合后启动 XL 时限合闸，s3、s4 区间负荷恢复，s2、s3 故障区段隔离成功。

📡 项目实施

一、配电自动化设备认知

培训师带领学员到配电线路上认知智能化分段开关、馈线终端、配变终端、故障指示器。

二、电流集中型馈线自动化故障处理策略研讨

学员根据所学内容，绘制电流集中型、电压时间型馈线自动化线路故障处理中开关状态变位图。

三、电流集中型馈线自动化故障处理策略研讨

培训师在配电主站演示电流集中型、电压时间型馈线故障处理流程。

学员分组研讨，总结归纳电流集中型馈线自动化故障处理策略。并填写表 6 - 5。每小组推荐 1 名发言人，代表小组汇报任务完成情况。

表 6 - 5　　　　　　　　　电流集中型馈线自动化故障处理策略分析

处理阶段	工作内容
故障判断	
故障隔离	
恢复供电	

📇 项目评价

培训师根据学员任务完成情况，进行综合点评（表 6 - 6）。

表 6 - 6　　　　　　　　　馈线自动化处理策略分析综合点评表

序号	项目	培训师对项目评价	
		存在问题	改进建议
1	任务正确性		
2	任务规范性		
3	任务完整性		
4	图形绘制		
5	故障处理策略分析		
6	知识运用		
7	团队合作		

📖 课后自测及相关实训

1. 简述配电自动化系统的构成。
2. 配电自动化系统的规划建设原则有哪些？
3. 绘制新一代配电主站硬件和软件架构示意图。
4. 总结归纳电流集中型、电压时间型馈线自动化故障处理策略。

项目三　提高供电可靠性关键技术研究

项目目标

了解电力系统可靠性基本知识。掌握供电可靠性指标及其含义。掌握可靠性的统计数据分析。了解配电网供电可靠性管理现状。熟悉提高供电可靠性技术措施和管理措施。

项目描述

学习可靠性基本知识、影响供电可靠性要因分析。在培训师指导下，分析研讨提高配电网供电可靠性组织措施和技术措施。

知识准备

一、可靠性的基本知识

（一）基本概念

1. 电力系统可靠性定义

电力系统可靠性是指电力系统及设备在规定时间内按照规定的质量标准不间断生产、输送、供应电力或实现功能要求的能力。可靠性指标是衡量电网安全运行水平和发供电能力的基础性指标。

结合电力系统的特点，国际上普遍接受的电力系统可靠性定义为：电力系统按照可接受的质量标准和所需数量不间断地向电力用户提供电力和电量的能力和量度，包括充裕性和安全性两方面。

（1）充裕性。电力系统稳态运行时，在系统元件额定容量，母线电压和系统频率等的允许范围内，考虑系统中元件的计划停运以及合理的非计划停运条件下，向用户提供全部所需的电力和电量的能力。

（2）安全性。电力系统在运行中承受例如短路或系统中元件意外退出运行等突然扰动的能力。

电力系统可靠性必然涉及系统状态的分析，一般区分为充裕、安全、警告、紧急或不安全等状态。

2. 供电系统用户供电可靠性

供电系统用户供电可靠性是供电系统对用户持续供电的能力，是国家能源局监管指标，也是国际通用指标。

（1）用户。①低压用户：以 380/220V 电压受电的用户。②中压用户：以 10（6、

20)kV 电压受电的用户。③高压用户：以 35kV 及以上电压受电的用户。

（2）供电系统及供电系统设施。①低压用户供电系统及其设施。由公用配电变压器低压侧出线套管外引线开始至低压用户的计量收费点为止范围内所构成的供电网络及其所连接的中间设施。②中压用户供电系统及其设施。由各变电站（发电厂）10(6、20）kV 出线母线侧刀闸开始至公用配电变压器二次侧出线套管为止，以及 10(6、20）kV 用户的电气设备与供电企业的管界点为止范围内所构成的供电网络及其连接的中间设施。③高压用户供电系统及其设施。由各变电站（发电厂）35kV 及以上电压出线母线侧刀闸开始至 35kV 及以上电压用户变电站与供电企业的管界点为止范围内所构成的供电网络及其连接的中间设施。

注：这里所指供电系统的定义及其高、中、低压的划分，适用于用户供电可靠性统计。

（3）供电系统的状态。①供电状态。用户随时可从供电系统获得所需电能的状态。②停电状态。用户不能从供电系统获得所需电能的状态，包括与供电系统失去电的联系和未失去电的联系。

注：对用户的不拉闸限电，视为等效停电状态。自动重合闸重合成功或备用电源自动投入成功，不应视为对用户停电。

（4）停电性质分类。停电性质分类如图 6-29 所示。

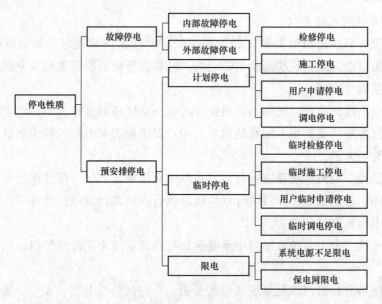

图 6-29　停电性质分类图

（二）可靠性主要指标及计算公式

目前全国统一使用的供电可靠性统计中其主要统计指标有三个，即：用户平均停电时间（h/户）、平均供电可靠率（％）、系统平均停电频率（次/户）。

1. 用户平均停电时间

(1) 供电系统用户在统计期间内的平均停电小时数，记作 $SAIDI-1$（h/户）。

$$SAIDI-1 = \frac{\sum（每次停电时间 \times 每次停电用户数）}{总用户数}（h/户）$$

(2) 若不计外部影响时，则记作记作 $SAIFI-2$（次/户）。

(3) 若不计系统电源不足限电时，记作 $SAIFI-3$（次/户）。

(4) 若不计短时停电时，记作 $SAIFI-4$（次/户）。

2. 平均供电可靠率

(1) 在统计期间内，对用户有效供电时间总小时数与统计期间小时数的比值，记作 $ASAI-1$（%）。

$$ASAI-1 = 1 - \frac{系统平均停电时间}{统计期间时间} \times \%$$

(2) 若不计外部影响时，则记作记作 $ASAI-2$（%）。

(3) 若不计系统电源不足限电时，记作 $ASAI-3$（%）。

(4) 若不计短时停电时，记作 $ASAI-4$（%）。

3. 系统平均停电频率（次/户）

(1) 供电系统用户在统计期间内的平均停电次数，记作 $SAIFI-1$（次/户）

$$SAIFI-1 = \frac{\sum（每次停电户数）}{总户数}（次/户）$$

(2) 若不计外部影响时，则记作记作 $SAIFI-2$（次/户）。

(3) 若不计系统电源不足限电时，记作 $SAIFI-3$（次/户）。

(4) 不计短时停电时，记作 $SAIFI-4$（次/户）。

4. 供电区域的供电可考虑指标要求

根据《配电网建设改造行动计划（2015—2020 年)》和《配电网规划设计技术导则》要求，配电自动化需遵循差异化建设原则，在 A+、A 类供电区域宜采用集中式或智能分布式配电自动化设备，以具备故障快速恢复自愈能力。各类供电区域供电可靠性规划目标见表 6-7。

表 6-7   各类供电区域供电可靠性规划目标

供电区域	供电可靠率	综合电压合格率
A+	用户停电时间<5min（≥99.999%）	≥99.99%
A	用户停电时间<52min（≥99.990%）	≥99.97%
B	用户停电时间<3h（≥99.965%）	≥99.95%
C	用户停电时间<12h（≥99.863%）	≥98.79%
D	用户停电时间<24h（≥99.726%）	≥97.00%
E	不低于向社会承诺的指标	不低于向社会承诺的指标

5.10kV 用户供电可靠性指标

（1）2019 年全国供电系统用户供电可靠性指标汇总，见表 6-8。

表 6-8　　　　　　　　　　2019 年全国供电系统用户供电可靠性指标汇总表

可靠性指标		全口径 （1+2+3+4）	城市地区				农村 （4）
			城市 （1+2+3）	市中心 （1）	市区 （2）	城镇 （3）	
等效总用户数（万户）		1009.96	267.04	26.53	115.05	125.47	742.91
用户总容量（万 kVA）		37.25	17.70	2.54	8.42	6.73	19.55
线路总长度（万 km）		487.70	95.74	12.25	40.98	42.52	391.95
架空线路绝缘化率（%）		27.52	60.72	65.57	72.84	53.26	23.65
线路电缆化率（%）		17.74	56.23	78.64	65.02	41.31	8.34
供电可靠率（%）	*	99.843	99.949	99.978	99.961	99.931	99.806
	**	99.846	99.949	99.978	99.961	99.932	99.809
平均停电时间 （小时/户）	*	13.72	4.50	1.95	3.44	6.02	17.03
	**	13.45	4.44	1.95	3.39	5.93	16.69
平均停电频率 （次/户）	*	2.99	1.08	0.48	0.83	1.44	3.67
	**	2.95	1.07	0.48	0.83	1.43	3.62
故障平均停电时间 （小时/户）	*	5.51	1.70	0.73	1.38	2.19	6.88
	**	5.24	1.63	0.72	1.33	2.10	6.53
预安排平均停电时间（小时/户）		8.21	2.81	1.23	2.06	3.82	10.15

注　1—市中心区；2—市区；3—城镇；4—农村；*—剔除重大事件前指标；**—剔除重大事件后指标。

2018 年，全国平均供电可靠率为 99.843%，同比上升 0.023 个百分点；用户平均停电时间为 13.72 小时/户，同比减少 2.03 小时/户；用户平均停电频率 2.99 次/户，同比减少 0.29 次/户。其中，全国城市平均供电可靠率为 99.949%，农村平均供电可靠率为 99.86%，城市、农村供电可靠率相差 0.143 个百分点；全国城市用户平均停电时间为 4.50 小时/户，农村用户平均停电时间为 17.03 小时/户，城市、农村用户平均停电时间相差 12.53 小时/户；全国城市用户平均停电频率为 1.08 次/户，农村用户平均停电频率为 3.67 次/户，城市、农村用户平均停电频率相差 2.59 次/户。

（2）10kV 用户供电可靠性统计基本数据，如表 6-9 所示。

表 6-9　　　　　　　　　　10kV 用户供电可靠性统计基本数据

年份	城市		农村	
	$ASAI-1$（%）	$SAIDI-1$（小时/户）	$ASAI-1$（%）	$SAIDI-1$（小时/户）
2011	99.920	7.01	99.7897	18.43
2012	99.949	4.53	99.839	14.16
2013	99.958	3.66	99.905	8.3

年份	城市		农村	
	ASAI-1（%）	SAIDI-1（小时/户）	ASAI-1（%）	SAIDI-1（小时/户）
2014	99.971	2.59	99.935	5.72
2015	99.953	4.08	99.855	12.74
2016	99.941	5.2	99.758	21.23
2017	99.943	5.02	99.768	20.35
2018	99.946	4.77	99.775	19.73
2019	99.949	4.50	99.806	17.03

（3）近年来城市、农村用户平均停电时间变化，如图 6-30 所示。

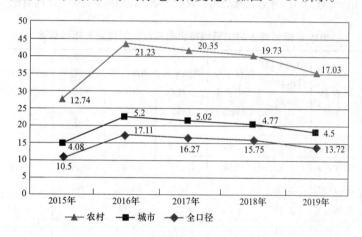

图 6-30　2015—2019 年全国供电系统平均停电时间变化

2015—2019 年，全国供电可靠性指标逐步趋于稳定。城市用户的平均供电可靠率保持在 99.941%～99.953%，用户平均停电时间保持在 4.08～5.20 小时/户之间，用户平均停电频率保持在 1.03～1.22 次/户，基本满足了经济社会对电力安全可靠供电的需求。与城市相比，农村用户的供电可靠性起伏较大，平均停电时间保持在 12.74～21.23 小时/户，平均停电频率保持在 3.00～4.39 次/户。实现了电力供应能力和服务水平的大幅提升，主要设备健康水平处于国际领先地位，对保障电力系统的安全稳定运行起到了关键作用。

（4）2019 年各区域城市、农村、全口径用户平均停电时间对比，如图 6-31 所示。

（5）2019 年排名前十的主要城市供电系统的配电网业务指标。供电系统配电网业务指标反映了配电网规划、建设、运行、管理及技术进步的总体情况，直接影响着供电系统供电可靠性水平的提升。2019 年排名前十的主要城市供电系统的配电网业务指标具体见表 6-10。

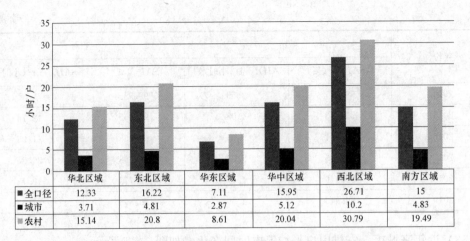

图 6-31 2019 年各区域城市、农村、全口径用户平均停电时间对比

表 6-10   2019 年排名前十的主要城市供电系统的配网业务指标具体

城市	售电量 （亿 Wh）	供电 可靠率 （%）	故障平均 停电持续 时间 （小时/次）	馈线平均 供电长度 （km）	馈线平均 负载率 （%）	馈线电缆 化率 （%）	配网环 网率 （%）	配网自动化 线路覆盖率 （%）	带电作业 次数 （次/百千米）
上海	1333.95	99.9911	2.33	4.17	26.29	73.61	100	78.80	13.11
深圳	938.47	99.9903	4.80	4.60	39.46	91.84	99.11	92.77	58.72
厦门	271.24	99.9898	2.48	8.00	39.98	82.06	98.70	100	30.78
佛山	681.22	99.9848	2.51	5.78	32.12	61.87	99.88	98.20	35.24
广州	902.14	99.9820	5.64	6.90	41.70	73.30	97.55	94.00	33.00
南京	547.86	99.9767	3.10	3.15	25.00	65.33	100	100	18.33
北京	1061.59	99.9764	1.87	3.24	26.67	62.65	100	100	8.57
杭州	771.20	99.9727	2.61	6.89	35.90	46.10	95.00	100	23.40
绍兴	449.00	99.9712	2.27	6.73	35.89	55.66	96.29	69.25	25.80
东莞	844.25	99.9708	3.56	6.14	36.15	80.84	97.23	90.90	178.81

二、影响供电可靠性要因分析

停电主要原因分析：

（1）预安排停电。各种预安排停电类型所占比例，见表 6-11。

表 6-11   各种预安排停电类型所占比例

预安排类型	检修停电	工程停电	限电	用户申请停电	低压作业影响	其他
所占比例	51.0%	42.4%	0.2%	2.5%	0.83%	3.1%

（2）故障停电。各种故障停电类型所占比例，见表 6 - 12。

表 6 - 12　　　　　　　　　　各种故障停电类型所占比例

10kV 配电设施故障 91.4%						低压设施故障	10kV 以上输变电设施故障	其他
运行维护	设备原因	外力因素	用户影响	自然因素	设计施工			
23.4%	21.2%	20.8%	20.2%	13.0%	1.4%	6.0%	3.1%	0.7%

三、提高供电可靠性思路

供电可靠性管理是从系统观点出发，按照既定的可靠性目标对设备和系统寿命周期中的各项工程技术活动进行规划、计划、组织、控制、协调、监督、决策，是供电企业全方位工作质量和管理水平的综合体现。供电可靠性管理是一项适合现代电力企业管理的科学系统工程，它既有成熟的可量化指标体系，又有先进的数字化管理工具，还有可复制的国际化同业经验，对促进电网企业全面管理提升具有很强的现实意义。2018 年以来，公司提出了"1135"配电管理思路，旗帜鲜明地把"提升供电可靠性"作为配电管理工作的主线，就是要将供电可靠性管理贯穿于配电网规划、建设、运行、检修、服务全过程，着力优化电网结构、提高设备质量、强化管理保障、加快技术创新，推动供电服务由"用上电"向"用好电"转变。

供电可靠性管理是需要长期坚持、不断改进的系统性工作。制约可靠性提升的四个要素分别是：网架、设备、管理和自动化。从长远看，电网网架结构、设备质量和自动化水平是提升供电可靠性的物质基础，需要加大投资，增强硬实力，建设坚强合理的标准化网架结构，应用坚固耐用的高质量设备，提升配电自动化实用化水平，提高配电网转供电能力，降低配电网故障率。从近期看，在公司现有配电网网架基础和设备水平条件下，提升管理水平、增强软实力是见效最快、成本最低的有效途径。

四、提高供电可靠性技术措施

《配电网技术导则》中，明确规定了提高供电可靠性措施：

（1）充分利用变电站的供电能力，当变电站主变压器数量在三台及以上时，10kV母线宜采用环形接线。

（2）优化中压电网网络结构，增强转供能力。

（3）选用可靠性高、成熟适用、免（少）维护设备，逐步淘汰技术落后设备。

（4）合理提高配电网架空线路绝缘化率，开展运行环境整治，减少外力破坏。

（5）推广不停电作业，扩大带电检测和在线监测覆盖面。

（6）积极稳妥推进配电自动化，装设具有故障自动隔离功能的用户分界开关。

结合以上停电原因分析，可以得出配电网网架结构、防止外力破坏技术、雷电防护技术、配电自动化、配网不停电作业、配电网带电检测、配电网故障抢修。

五、提高供电可靠性的管理措施

1. 建立健全可靠性管理组织机构

可靠性管理组织机构，每个季度召开可靠性管理工作的分析、研讨专业会，发现问题及时提出管理上的对策，不断促进专业化的科学管理。经常性召开关于供电可靠性管理工作的会议，认真贯彻《国家电网公司可靠性管理办法》的要求以及有关文件要求，明确可靠性领导和工作小组及职责，使可靠性管理工作形成从上自下，层层有人负责，一级对一级负责，相互协调、运作高效的可靠性管理体系。

2. 加强配电专业管理和队伍建设

强化地市公司配电专业职能管理，加强对市区单位和县公司配电专业的统筹管理和业务指导，配齐、配强网格化供电服务机构、供电所配电专业人员，确保配电管理工作有人想、有人管、有人做，想得全、落得下、做得好。

3. 严格控制计划停电

明确"通过抓计划停电带动供电可靠性管理提升，通过抓供电可靠性管理提升带动配电专业管理提升"的工作思路。全面落实停电时户数预算式管控机制，将可靠性目标细化分解到每一个专业、每一个班所、每一条线路、每一个台区，统筹各类停电需求，强化综合停电管理，严格审批停电方案，刚性执行停电计划，确保停电范围最小、停电时间最短、停电次数最少。

4. 大力压降故障停电

强化基层配电专业管理，转变配电网"固定周期、均等强度"的运维管理模式和工作方式，落实设备主人责任制，建立闭环管控工作机制，制定差异化运维策略，运用大数据分析成果，集中力量强化重点时段、重点区域运维。按照"突出短板、全面排查、综合治理"原则开展频繁停电线路和台区专项整治。综合运用技术和管理手段，加强用户内部故障出门管控，减少用户故障停电影响。

5. 大力提升不停电作业能力

加大配网不停电作业装备和人员投入，推广应用人工智能带电作业机器人，用好用足带电作业取费定额，逐年提升配网工程和检修作业中不停电作业比重，全面推进配网施工检修由大规模停电作业向不停电或少停电作业模式转变。

6. 加快推进管理数字化转型

充分利用供电服务指挥中心、电网资源业务中台、配电自动化系统、配电移动作业、用电信息采集等技术平台，开展配网停电过程管控和停电责任原因分析，加强供电可靠性指标分析结果应用，运用数字化管理工具有效指导专业管理持续改进提升。

📹 项目实施

一、故障停电类型所占比例分析

学员根据所学内容，统计 10kV 配电网故障停电类型占比统计，并填写表 6-13。

表 6-13　　　　　　　　　10kV 配电网故障停电类型占比统计

故障停电类型	10kV 配电设施故障	低压设施故障	10kV 以上输变电设施故障	其他
所占比例				

二、提高配电网供电可靠性措施研讨

学员分组研讨，总结归纳提高配电网供电可靠性措施。并填写表 6-14。每小组推荐 1 名发言人，代表小组汇报任务完成情况。

表 6-14　　　　　　　　　提高配电网供电可靠性措施分析

技术措施	管理措施

📋 项目评价

培训师根据学员任务完成情况，进行综合点评（表 6-15）。

表 6-15　　　　　　　　　提高配电网供电可靠性措施分析综合点评表

序号	项目	培训师对项目评价	
		存在问题	改进建议
1	任务正确性		
2	任务规范性		
3	任务完整性		
4	故障停电类型统计		
5	措施分析		
6	知识运用		
7	团队合作		

📖 课后自测及相关实训

1. 供电可靠性统计中主要统计指标有哪些?
2. 影响城市供电可靠性故障类型有哪些?
3. 提高城市供电可靠性的技术措施有哪些?

配电网调控

【情境描述】

配电网调控及抢修指挥、典型配电设备操作是配电网调度控制和抢修处理的重要工作，也是配电网调控从业人员的主要工作内容和专业技能。本情境为学习配电网调控操作和设备操作知识，观摩指导老师对操作项目的讲解示范，开展工作准备和项目训练。

【教学目标】

掌握配电网操作管理基本知识。了解配电网操作制度。熟悉配电网调控及抢修指挥平台使用，能进行配电网调控操作、典型配电设备操作、配电网抢修操作，掌握相应工作流程和内容。

【教学环境】

多媒体教室，10kV 模拟线路及设备，配电网调控及抢修指挥平台，配备相应测试仪器、工器具及安全用具。

项目一　配电网调控及抢修指挥

项目目标

了解配电网调控机构工作职责。熟悉配电网调度操作的工作内容。了解电网操作管理制度。掌握调度操作指令及规范用语的使用。具备依据自动化监视信号，分析判断故障范围及异常的能力。能够准确及时报送配电网事故信息，事故信息报告整理。能进行项目危险点分析和预控措施制定。能进行 10kV 配电线路检修的调度操作。

项目描述

学习配电网调控基本知识、管理制度，学习作业流程及内容、工作要求，学习配电网调控检修操作知识。在培训师指导下熟悉配电网调控系统，进行实训准备，开展项目训练。

📖 知识准备

配电网调控管理的任务是组织、指挥、指导、协调配电网的运行、监控、操作和事故处理，保证实现下列基本要求：

（1）按照电力系统的客观规律和有关规定，保证配电网安全、稳定、可靠、经济运行。

（2）调整电能质量指标使其符合国家规定的标准。

（3）遵循资源优化配置原则，充分发挥配电网内设备供电能力，最大限度地满足社会和人民生活用电需要。

（4）按照"公开、公平、公正"的原则，依据有关合同或协议，维护发电、供电、用电等各方的合法权益。

一、配电网调控机构的主要职责

（1）服从所属调控机构的调度指挥和专业管理，执行上级部门制定的有关标准和规定。

（2）对所辖配电网实施专业管理和技术管理。

（3）贯彻落实配电网调控管理的规程、制度、措施。

（4）组织编制和执行本地区管辖范围内的配电网运行方式，批准管辖范围内的设备检修。

（5）负责配电自动化系统调度管辖设备的监控。

（6）指挥调度管辖范围内设备的操作，指挥配电网的电压调整，指挥配电网事故及异常处理。

（7）审批新建及改建配电网设备投运申请，指导设备投入运行的操作。

（8）负责配电网的安全运行及管理，参与系统事故分析，提出改善安全运行的措施，并督促实施。

（9）负责所辖配电网的继电保护及安全自动装置、配电自动化系统和通信系统的运行管理。

（10）参与分布式电源的并网审批并负责其调度运行管理工作。

（11）负责所辖专线用户，双电源或多电源用户的调度运行管理。

（12）参与配电网规划编制工作，参与配电网工程设计审查工作。

（13）负责管辖范围内调度信息的发布。

（14）负责管辖范围内调度系统人员从事调度相关业务工作的培训和考核。

（15）行使电力行政管理部门或上级调控机构授予的其他职权。

二、电网操作管理基础知识

1. 操作及设备状态

电气设备分为运行、热备用、冷备用、检修四种状态。

（1）运行状态。设备的刀闸、开关均在合闸位置，接地刀闸在分闸位置。

（2）热备用状态。设备的开关在分闸位置，刀闸在合闸位置，接地刀闸在分闸位置。

（3）冷备用状态。设备的开关、刀闸均在分闸位置，接地刀闸在分闸位置。

（4）检修状态。设备的开关、刀闸均在分闸位置，接地刀闸在合闸位置。

2. 调度员倒闸操作的主要内容

（1）设备状态的改变是通过倒闸操作来进行的。

（2）倒闸操作是设备由一种状态转变为另一种状态所进行的操作。

电力系统的运行操作分为一次设备操作和二次设备操作。一次设备操作包括运行状态变更和运行参数调整，二次设备操作包括二次装置的运行定值更改和状态变更。

3. 配电网调度员指挥操作的主要内容

（1）断路器、线路、变压器、母线等一次设备的停、恢复操作。

（2）系统有关继电保护及安全自动装置运行状态的改变和定值调整。

（3）有关新建、改造设备的起动。

（4）系统运行方式改变的操作。

4. 调度员指挥操作应考虑的内容

（1）充分理解系统操作的目的，按时完成操作任务。

（2）保证操作所引起的运行接线的正确性、合理性。

（3）持续对用户，特别是重要用户和发电厂厂用电的可靠供电。

（4）操作后接线方式的正确性、合理性和可靠性，有功、无功电力平衡及必要的备用容量，防止事故的对策。

（5）操作时所引起的潮流、电压、频率的变化。防止操作过程中设备超过稳定极限、设备过负荷、电压超越正常范围等。

（6）保持继电保护和安全自动装置配合协调与使用合理，特别注意不应出现由于操作过程中潮流变化而导致继电保护装置"误动"。

（7）一次设备的相序、相位的正确性，特别是检修、扩建、改建、新建线路（或设备）要进行相位测定（即核相）。

（8）根据改变后的运行方式，及时明确与其相适应的事故处理预案、方法和规定。

5. 调度员指挥操作前的准备工作

（1）提前准备调度操作指令票，将操作范围、工作内容、实际接线方式、有关设备状态与现场核对清楚。

（2）全面考虑操作内容，并根据调度模拟显示屏（模拟图板）和计算机画面标识的实际运行情况模拟操作步骤，以保证操作程序的正确性。

（3）操作前要预先通知有关单位。

（4）对其他调度管辖的设备有影响时，事先通知有关单位值班人员并做好记录。

（5）正常的倒闸操作，值班调度员在操作前，必须填写操作票。操作票应按规定格式和术语填写，并经审查签字，然后才能下令操作。事故处理时可不填写操作票，但处理后应做详细记录。

6. 电网操作原则

（1）电网调度操作遵循"统一调度、分级管理"的调度设备权限的原则。

（2）值班调度员应对所发布操作指令的正确性负责，现场运行值班人员必须正确执行值班调度员所发布的操作指令，必须清楚该项操作指令的目的和要求，对现场操作的正确性负责。

（3）调度管辖范围内的设备，经操作后对其他调度机构管辖的系统有影响时，值班调度员应在操作前及操作后通知有关调度及厂站。

（4）值班调度员在决定操作前，应充分考虑对系统运行方式、有功及无功潮流、频率、电压、系统稳定、短路容量、继电保护及安全自动装置、系统中性点接地方式等方面的影响。

（5）值班调度员在操作前后、下收施工令前，应严格执行"四核对"，即核对停电计划票、操作指令票、调度自动化系统图形数据（模拟图板）及现场运行方式，无误后方可执行。

（6）对于现场设备等原因导致操作无法继续进行，值班调度员可终止其操作，并视情况撤销操作指令。运行值班人员经值班调度员同意后按照双方约定的方式自行恢复设备运行。

（7）设备停、送电操作一般规定：停电操作时，先操作一次设备，如工作需要，再停用继电保护。送电操作时，先投入继电保护，再操作一次设备。

（8）对于安全自动装置，停电操作时，先按规定退出安全自动装置或对安全自动装置进行调整，再进行一次设备操作；送电操作时，先操作一次设备，设备送电后，再按规定投入安全自动装置或对安全自动装置进行调整（有特殊规定者除外）。

三、电网操作管理制度

本项目要求学员掌握调度监护制度、调度操作权限制度、指令复诵制度、录音记录制度等内容。

1. 操作监护制度

调度员必须在有监护情况下执行操作票，下达操作指令。系统操作时执行监护任务的值班调度员对发布操作指令的调度员进行监护的重点是：

（1）在发布调度指令进行操作前，检查系统潮流及电压是否允许，有关单位是否已通知。

（2）在发布"许可工作"指令时，检查该操作任务要求的接地线及应合的接地刀闸（隔离开关）是否已全部就位。

（3）在发布调度指令结束检修状态前，检查所有申请检修、配合的工作确已全部结束。

2.调度操作权限制度

(1)按调度管辖范围进行。

(2)特殊情况下,上级调度部门可委托调度系统下级值班人员转发指令。

(3)特殊情况下,上级调度部门可直接操作下级调度设备,但在操作完毕后应互相说明情况。

(4)下级调度在得到上级调度的许可后可操作上级调度设备。凡涉及双重调度的设备,操作前后应互相说明情况。

3.电网一般操作应尽量避免在下列情况进行

(1)值班调度员交接班时。

(2)电网高峰负荷时。

(3)电网发生事故时。

(4)通信中断及调度自动化系统设备异常影响操作时。

(5)该地区有重要政治供电任务时。

(6)该地区出现雷雨、大雾、冰雹等恶劣天气时。

(7)电网有特殊要求时。

4.指令复诵制度

(1)值班调度员发布指令或接受汇报时,受话方重复通话内容以确认正确性的过程。

(2)下达操作指令和回复操作指令都必须执行指令复诵制。

5.调度录音制度

(1)录下操作的真实对话情况,提高工作的严肃性,还可以在录音中检查调度员的工作质量和纪律性。

(2)所有调度操作、操作预告、事故处理都必须录音,并按规定时间保存,记录真实情况,利于核查。

四、电网操作票和调度操作指令

电网操作票和调度操作指令是本任务的核心,按照规范填写电网操作票,并准确调度操作指令是调度生产岗位的基本功。

1.调度操作票的拟定

(1)根据停电计划票的工作任务、停电范围、方式安排等要求拟定操作指令票。

(2)拟定操作指令前应做到以下要求:对照厂站接线图检查停电范围是否正确。根据实际需要对照厂站接线图与厂站(包括集控站、运维队、调度客户)值班人员核对工作内容、运行方式、停电范围及现场有关规定。了解电网风险,明确注意事项。发现疑问应核对清楚,不得凭记忆拟票。

2.调度操作指令形式

(1)综合指令。调度规程中有明确规定的"综合令"可以使用,禁止使用自编、自造的"综合令"。

（2）逐项指令。值班调度员向下级调度机构值班调度员或调度管辖厂、站运行值班员逐项按顺序发布的操作指令，要求下级值班调度员或运行值班员按照指令的操作步骤和内容逐项按顺序进行操作，或必须在前一项操作完成并经调度许可后才能进行下一项的操作指令。

（3）单项指令。值班调度员向下级调度机构值班调度员或调度管辖厂、站运行值班员发布的单一一项操作的指令。

五、调度检修操作流程

1. 步骤一

调度员需要根据计划检修票下达，下达检修操作指令。计划检修票简要生产流程如下：

（1）运行单位提前一个月提停电申请。

（2）调度控制中心审核停电申请。

（3）检修任务进入月工作计划。

（4）运行单位提前四天提《停电检修票》。

（5）调度员提前一天根据《停电检修票》拟定操作指令票。

2. 步骤二

进入调度检修操作环节：

（1）调度检修操作分为以下 5 个步骤：

1）拟定操作指令票。

2）停电操作。

3）下达施工令。

4）接收施工令。

5）恢复操作。

（2）一般在工作前一日 16：00，完成拟定操作指令票：

1）值班调度员审核《停电检修票》。

2）调度主、副值拟定《调度操作指令票》。

3）调度值长审核《调度操作指令票》。

（3）在操作当日规定的时间，进行检修操作的第二步停电操作，其中分为以下 6 个步骤：

1）值班调度员核对自动化系统设备状态与现场一致。

2）值班调度员下令停电操作。

3）现场运行人员接令。

4）现场运行人员复诵。

5）现场运行人员执行。

6) 现场运行人员回令。

🔭 项目实施

一、作业流程及内容

（一）配电网调控及抢修指挥作业流程图（见图 7-1）

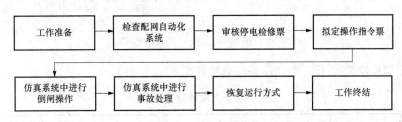

图 7-1　配电网调控及抢修指挥工作流程图

（二）工作内容

1. 工器具和材料准备

（1）工器具。安全帽、绝缘手套、线手套、高压验电器、绝缘电阻表、劳动保护用品、专用工具、通用电工工具、标识牌等。

（2）检查停电计划检修票：

1) 检查停电检修票填写是否符合规范。

2) 检查停电检修票中停电设备与配电自动化主站系统中相应设备是否一致。

3) 检查停电检修票中停电范围与工作内容是否一致。

4) 检查运方安排是否合适。

（3）检查配网自动化系统：

1) 检查配网自动化系统主站通信状态，是否属于正常运行。

2) 核对开关装置实时位置。

2. 10kV 配电线路检修的调度操作

配电网比较常见的操作是停、恢复 10kV 配电线路和开闭站。通过练习拟定电网操作票，可以帮助学员熟悉配电网架构，提升实际工作能力。

拟定操作票前，首先需要审核计划检修票中工作内容和停电范围，然后核对配电自动化图形，然后拟定操作票。

案例：某公司 10kV 城龙线更换出站电缆。

（1）10kV 配电线路运行方式介绍。10kV 城龙线一次系统模拟图如图 7-2 所示。图中城龙线 2 号开关、17 号开关为分段开关。44 号开关为联络开关。分段开关：动断开关用来将线路分成若干段，减少停电损失。联络开关：动合开关用来连接两条配电线路的开关，实现负荷之间的转供。线路结构特点：N 分段 N 联络的典型设计，负荷互倒互带能力强。

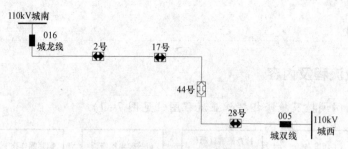

图 7-2　10kV 城龙线一次系统模拟图

（2）计划检修票如下。培训设备停电检修票见表 7-1。

表 7-1 设备停电检修票

申请单位	线路班	申请时间	年　月　日		批准人	计划员
批准编号	自动生成	审核人	调度管理岗			
申请停发时间	年　月　日　时　分——　年　月　日　时　分					
申请工作时间	年　月　日　时　分——　年　月　日　时　分					
工作地点及工作内容	10kV 城龙线 10kV 城龙线更换出站电缆					
停电范围	110kV 城南站 016 开关（城龙线）—城龙线 2 号杆开关合上城龙线 44 号杆开关，拉开城龙线 2 号杆开关（负荷倒出，由城双线带）					
执行情况	要令人			回令人		
	开工时间			完工时间		

（3）写停、恢复操作票如下：

1）停电操作票。停电培训调度指令票见表 7-2。

表 7-2 停电调度指令票

操作任务	停 110kV 城南站城龙线 016 开关					
厂站名	下令人	受令人	时间	操作内容	回令人	时间
线路班				合上城龙线 44 号杆开关		
				拉开城龙线 2 号杆开关		
城南站				拉开城龙线 016 开关		
				将 016 开关小车拉出		
				合上 016-D 刀闸		
备注				第 1 页共 1 页		
日期：		填写：		审核：		编号：

2）恢复操作票。恢复送电调度指令票见表 7-3。

表 7-3 恢复送电调度指令票

操作任务	恢复 110kV 城南站城龙线 016 开关						
厂站名	下令人	受令人	时间	操作内容	回令人	时间
城南站				拉开 016-D 刀闸		
				将 016 开关小车推入		
				合上城龙线 016 开关		
线路班				合上城龙线 2 号杆开关		
				拉开城龙线 44 号杆开关		
备注					第 1 页共 1 页		
日期：		填写：		审核：		编号：	

二、工作要点

（一）调度操作票填写标准

（1）操作指令票应在相关调度管理系统中填写。

（2）必须注明操作任务。

（3）按格式填写，一行写满从下行左侧开始继续填写。

（4）必须使用调度规程规定的专业术语，按照设备的双重调度编号原则填写。

（5）按操作顺序填写。

（6）一张操作指令票只能填写一项操作任务。

（7）操作指令票一般由主值（副值）填写，值长审核，填票人、审核人双方签字生效。

（8）若有一步操作指令未能执行，应注明原因，并在此步操作指令上加盖"此行作废"章。

（9）操作指令票执行完后，在紧靠最后一步操作的下面一行空白处加盖"已执行"章。

（二）调度操作票的发布和执行

（1）操作指令拟定完成后值班调度员应提前与运行值班人员进行核对。所有电网操作均以值班调度员下达的正式操作指令为准，无原则问题或特殊情况，已经核对过的调度操作指令不得进行更改。

（2）操作指令的发布无特殊情况应严格执行停、送电时间。

（3）任何情况下，严禁"约时"停送电、"约时"挂拆接地线和"约时"开工检修。

（4）值班调度员在发布操作指令前，应征得同值调度员的同意。

（5）涉及多方调度的操作时，任何一方对设备的操作，影响另一方系统运行方式或参数改变均应事先向另一方通报。

（6）值班调度员应严格按操作指令票发布指令，遇有特殊情况操作步骤需要临时调整，必须重新履行操作指令的拟定手续。

（7）值班调度员在发布操作指令时，必须冠以"命令"二字，受令人须主动重复操作指令，值班调度员须认真听取受令人重复指令，核对无误后才可允许其进行操作。

（8）值班调度员在发布操作指令、施工令时，必须执行监护制度，一人下达命令，另一人进行监护。

（9）发电厂、变电站（含客户变电站）站内工作需在停电范围内的挂地线时，应按照设备调度权的归属由运行值班人员向值班调度员申请，值班调度员在审核设备确系停电且有明显断开点后，可向变电站发布挂地线的操作许可指令，地线的许可指令应在下达施工令的同时下达。

（10）发电厂、变电站（含客户变电站）等站内工作，凡需在线路侧挂拆地线或合拉线路侧接地刀闸的，一律由值班调度员下令，不允许由现场值班人员自行操作；站内工作而线路有电时，值班调度员向现场下施工令时，应说明在停电范围以内地线操作许可，同时强调线路带电。

（11）线路停电检修工作，站内设备线路侧地线或接地刀闸的操作，必须由值班调度员下达调度指令（新、改、扩建线路测参数等特殊情况除外）。

（12）在施工令下达后，值班人员可自行操作停电范围内的设备，完工交令前应恢复到自行操作前的状态（调度下令操作的设备不在此列）。

三、实训作业指导书

配电网调控实训作业指导书如下。

编号：

_____培训班

配电网调控
实训作业指导书

批准：_____ _____年___月___日
审核：_____ _____年___月___日
编写：_____ _____年___月___日

作业日期　年　月　日　时至　年　月　日　时

1 适用范围

本指导性技术文件规定了××××配电网调控现场标准化作业的工作步骤和技术要求。

本指导性技术文件适用于××××培训，配电自动化主站系统及配电网生产抢修指挥平台中进行仿真操作和事故处理、配电网生产抢修指挥工单填报的工作。

2 编制依据

Q/GDW 1799.1—2013《国家电网公司电力安全工作规程（变电部分）》

国家电网安质〔2014〕265号《国家电网公司电力安全工作规程（配电部分）（试行）》

Q/GDW 1519—2014《配电网运维规程》

Q/GDW 11261—2014《配电网检修规程》

Q/GDW 382—2009《配电自动化技术导则》

Q/GDW 383—2017《智能变电站技术导则》

3 作业前准备

3.1 准备工作安排

√	序号	内容	标准	责任人	备注
	1	接受任务	培训师根据教学计划安排，核对实训班级、实训时间、实训地点	培训师	
	2	人员安排	工作前，工作负责人应根据工作任务、工作难度、人员技能水平和现场场地、工位，组织开展承载力分析，合理安排工作班成员，确保工作班人数、安全能力和业务能力、实训工位满足实训要求	培训师、学员	
	3	学习指导书	（1）培训师根据现场环境和实训人员情况对实训作业指导书进行优化。 （2）由培训师组织所有参加该项工作人员学习本作业指导书	培训师、学员	
	4	资料准备	（1）课程单元教学设计。 （2）实训作业指导书。 （3）操作票。 （4）班前会、班后会记录。 （5）实训室日志。 （6）项目应急预案及应急处置卡	培训师	
	5	检查停电计划检修票	（1）检查停电检修票填写是否符合规范。 （2）检查停电检修票中停电设备与配电自动化主站系统中相应设备是否一致。 （3）检查停电检修票中停电范围与工作内容是否一致。 （4）检查运方安排是否合适	培训师、学员	

√	序号	内容	标准	责任人	备注
	6	检查配网自动化系统	（1）检查配网自动化系统主站通信状态，是否属于正常运行。 （2）核对开关装置实时位置	培训师、学员	

已执行项打"√"，不执行项打"×"。下同

3.2　人员要求

√	序号	内容	备注
	1	现场工作人员的身体状况良好，精神饱满	
	2	培训师具备必要的电气知识和配电网运检技能，熟悉现场作业环境和实训设施，熟悉该项目的危险点预控措施，能正确使用作业工器具，了解有关技术标准要求	
	3	学员必须掌握《电力安全工作规程》的相关知识，并经安规考试合格，经医师鉴定无妨碍工作的病症，方可参加实训。具体熟悉和掌握的专业知识为： （1）必要的电气知识，配电一、二次设备的基本原理。 （2）调度系统电气设备倒闸操作制度和操作流程（接发令规则）。 （3）标准的调度术语和操作术语。 （4）操作设备的调度管辖和监控的范围划分。 （5）编写调度操作指令票	

3.3　作业分工

本作业项目工作人员共计 3 名。实训角色是两个调度员和线路人员。其中调度值班员负责调度下令、操作，线路人员负责操作和接回令。演练时严格按照拟定操作指令票、停电操作、下达施工令、接收施工令、恢复操作等 5 个步骤进行。

√	序号	责任人	内容	备注
	1	调度员	负责调度下令、操作	
	2	线路人员	负责操作和接回令	

3.4　危险点分析

√	序号	危险点分析
	1	人身风险、设备风险
	2	设备漏电或误操作导致人身触电
	3	由于设备使用率过高，人员有意或无意造成设备的损坏
	4	学员违规使用存储设备导致计算机感染病毒或违规删除关键文件
	5	操作人员安全防护措施不到位造成伤害
	6	工作期间监护不到位造成伤害

3.5 安全措施

√	序号	内容
	1	在实训操作过程中，未严格按照现场规程进行操作，易养成不良操作习惯，形成习惯性违章
	2	(1) 制定触电事故应急处置预案，并组织开展事故应急演练。 (2) 定期检测或更换安全工器具。 (3) 实训课程开始前由安全监护人负责检查设备运行情况和安全措施布置情况。 (4) 实训室设立水杯放置处，禁止将水杯带入设备（含计算机）区域。 (5) 严格按照安规要求着装和使用安全工器具。 (6) 学员实训前由实训安全监护人负责讲解安全注意事项。 (7) 实训室配置急救箱
	3	(1) 由实训安全监护人在安全告知时详细讲解设备操作方法和注意事项。 (2) 操作前检查设备是否存在损坏风险。 (3) 定期维护实训设备设施
	4	(1) 针对不允许学员使用存储设备的计算机，使用技术手段关闭 USB 存储端口。 (2) 在 WINDOWS 操作系统中增设数据还原系统。 (3) 由实训安全监护人在授课前宣读计算机管理规定
	5	现场操作人员须身着工作服、戴安全帽、穿绝缘鞋
	6	应设专人监护，监护人在检测期间应始终行使监护职责，不得擅离岗位或兼职其他工作

4 实训项目及技术要求

4.1 开工

序号	作业程序	作业标准	备注
1	召开现场班前会	(1) 学员点名：应到人数（　），实到人数（　），缺勤人数（　）。 缺勤原因：（　　　　　　　　　　　　　　　　　　　　　）。 (2) 介绍培训任务、监护指导分工和安全风险预控措施（特别是对作业中的"老虎口"要特别提醒，关键事项做到提前交底。现场"老虎口"和风险点应指定监护人，执行安措等关键工序应指定责任人）。 (3) 确定工作班成员身体健康良好，适应当日工作。 (4) 讲解着装及装束要求，并进行互查合格。 (5) 交代手机、书包、杯子等定置管理要求。 (6) 正确使用实训设备、仪器、仪表、工器具。 (7) 实训室安全注意事项和学员行为规范。 (8) 实训室周围环境及应急逃生措施	
2	工作内容核对	认真核对本次工作的内容	
3	资料检查	详细检查核对作业所需的资料，如停电检修票、操作指令票	
4	主站系统检查	详细检查核对配电自动化主站仿真系统培训的各项功能运行是否正常	

4.2　实训内容及标准

序号	作业程序	作业标准	注意事项	备注
1	启动仿真培训系统	双击桌面"教员端",进入系统主界面。首先选中自己的电脑图标,变成蓝色后,点击"连接主机",再点击"一键启动",等待仿真培训系统自动启动	电脑按一定顺序与逻辑关系启动事先配置好的程序组合,一般地程序组合中会包括电网程序、监控程序、屏盘程序(三维程序)、一次程序(三维)以及这些程序之间的通信程序、数据处理程序和计算程序等,进入监控画面 D5000 界面,能了解配电网系统运行情况,但不能进行设备操作	
2	进入操作界面	在"教员端"界面下方菜单,选择"教员操作界面",点击进入"配电自动化运维仿真系统",点击"培训模式启动",进入"教员控制程序"	在"教员控制程序",才能进行倒闸操作和事故处理	
3	审核停电检修票	审核停电检修票停电范围与工作内容是否相一致,停电检修设备与主站系统设备接线是否相符,方式安排是否合适	对涉及电缆调换、或架空线换电缆等类似工作内容,应注意恢复送电时(或合环前)须进行核相	
4	拟定操作指令票	(1) 根据停电检修票停电范围,结合主站系统运行方式,调度员主、副值须使用标准的调度术语和操作术语并按照操作管理规定,拟定操作指令票,并核对自动化系统与现场设备状态,每张调度指令票只填写一个操作任务,对于同一操作目的的多个操作,可以填写在一张调度指令票内。在调度指令票备注栏填写停送电时间和注意点。 (2) 调度班值长审核调度操作指令票,审核票中的停送电次序、操作任务、停电范围、安全措施、运行方式等	设备合(解)环操作前(后),涉及上级调度所管辖的电网,要得上级调度许可,设备停电操作时需停用保护及自动装置的应先停用自动装置,后停一次设备,最后再将保护停用	
5	停电操作	(1) 下令过程必须监护、要求运行人员复诵。 (2) 下令操作前,应按停电检修票中批准的停电时间与现场操作人员核对设备状态。 (3) 下令时应互报单位名称及姓名、要求运行人员报告所在地点。 (4) 要求受令人将调度指令记入调度操作指令记录簿,记录完毕后复诵一遍。 (5) 逐项调度指令票必须坚持逐项发令、逐项执行、逐项汇报。 (6) 运行人员回令后,调度员及时在操作指令票记入姓名和时间	下令操作前必须充分考虑到电网运行方式变化引起的潮流、电压变化,设备是否过载,对电网稳定、通信及自动化等方面的影响;配电自动化终端的整定与投退方式;可能出现的过电压;可能出现异常情况的事故预想和运行方式变化后的事故处理措施	

序号	作业程序	作业标准	注意事项	备注
6	下达施工令	（1）操作完毕后，调度员对现场运行人员下达施工令，与其核对停电范围、工作内容，并给予停电范围地线许可令。 （2）办理电力线路停电检修工作许可手续		
7	接受施工令	（1）终结电力线路停电检修工作许可手续。 （2）终结施工令，应按停电检修票中批准的停电时间与现场操作人员核对设备状态，并收回停电范围地线许可令		
8	恢复操作	（1）整个下令过程必须监护，要求运行人员复诵。 （2）下令操作前，应按停电检修票中批准内容与现场操作人员核对设备状态。 （3）下令操作前必须充分考虑到电网运行方式变化引起的潮流、电压变化，设备是否过载，对电网稳定、通信及自动化等方面的影响；继电保护及安全自动装置的整定与投退方式；可能出现的过电压；可能出现异常情况的事故预想和运行方式变化后的事故处理措施。 （4）下令时应互报单位名称及姓名、要求运行人员报告所在地点。 （5）要求受令人将调度指令记入调度操作指令记录簿，记录完毕后复诵一遍。 （6）逐项调度指令票必须坚持逐项发令、逐项执行、逐项汇报。 （7）运行人员回令后，调度员及时在操作指令票记入姓名及时间		

4.3 竣工

序号	操作内容	注意事项	备注
1	记录归档	（1）操作记录归档。在仿真系统操作过程中，将学员的操作记录进行收取，并做好备份。 （2）调度指令票归档。将学员填写的调度指令票进行归档整理	

序号	操作内容	注意事项	备注
2	清理工作现场	(1) 检查实训设备设施、工器具、材料和其他实训所需物品正常。 (2) 检查安全工器具和劳动防护用品完好合格。 (3) 清扫现场环境和整理安全措施	
3	召开班后会	(1) 学员点名：应到人数（　），实到人数（　），缺勤人数（　）。 缺勤原因：（　　　　　　　　　　　　　　　　　　　）。 (2) 总结当天实训工作完成情况，对表现好的学员进行表扬，指出不足并分析点评，提出改进意见和防范措施。 (3) 对下次实训工作提出要求	

项目评价

操作完成后，根据学员任务完成情况，填写评分记录表（表7-4），做好综合点评（表7-5）。

一、技能操作评分

表7-4　　　　　　　　　　　配电网调控评分记录表

序号	项目	考核要点	配分	评分标准	扣分原因	得分
1	工作准备					
1.1	着装穿戴	穿工作服、绝缘鞋；戴安全帽、线手套	5	(1) 未穿工作服、绝缘鞋，未戴安全帽、线手套，缺少每项扣2分。 (2) 着装穿戴不规范，每处扣1分		
1.2	材料选择及工器具检查	选择材料及工器具齐全，符合使用要求	10	(1) 工器具齐全，缺少或不符合要求每件扣1分。 (2) 工具未检查试验、检查项目不全、方法不规范每件扣1分。 (3) 设备材料未做外观检查每件扣1分。 (4) 备料不充分扣5分		

续表

序号	项目	考核要点	配分	评分标准	扣分原因	得分
2				工作过程		
2.1	拟定操作指令票	(1) 根据停电检修票停电范围，结合主站系统运行方式，调度员主、副值须使用标准的调度术语和操作术语并按照操作管理规定，拟定操作指令票，并核对自动化系统与现场设备状态，每张调度指令票只填写一个操作任务，对于同一操作目的的多个操作，可以填写在一张调度指令票内。在调度指令票备注栏填写停送电时间和注意点。 (2) 调度班值长审核调度操作指令票，审核票中的停送电次序、操作任务、停电范围、安全措施、运行方式等	15	(1) 漏项，每处扣5分。 (2) 倒项，每次扣3分。 (3) 文字错误，每处扣1分。 (4) 表述不准确，每处扣1分。 (5) 涂改，每处扣0.5分		
2.2	停电操作	(1) 下令过程必须监护、要求运行人员复诵。 (2) 下令操作前，应按停电检修票中批准的停电时间与现场操作人员核对设备状态。 (3) 下令时应互报单位名称及姓名，要求运行人员报告所在地点。 (4) 要求受令人将调度指令记入调度操作指令记录簿，记录完毕后复诵一遍。 (5) 逐项调度指令票必须坚持逐项发令、逐项执行、逐项汇报。 (6) 运行人员回令后，调度员及时在操作指令票记入姓名和时间	20	(1) 走错间隔，每次扣3分。 (2) 漏项，每处扣5分。 (3) 倒项，每次扣3分。 (4) 未核对设备，每处扣2分。 (5) 呼唱不符合要求，扣5分。 (6) 未使用安全工器具，扣5分。 (7) 监护不到位，每次扣3分		
2.3	下达施工令	(1) 操作完毕后，调度员对现场运行人员下达施工令，与其核对停电范围、工作内容，并给予停电范围地线许可令。 (2) 办理电力线路停电检修工作许可手续	10	(1) 指令不明确，扣3分。 (2) 未办理许可手续，扣5分		

序号	项目	考核要点	配分	评分标准	扣分原因	得分
2.4	接受施工令	（1）终结电力线路停电检修工作许可手续。 （2）终结施工令，应按停电检修票中批准的停电时间与现场操作人员核对设备状态，并收回停电范围地线许可令	10	（1）指令不明确，扣3分。 （2）未办理终结许可手续，扣5分		
2.5	恢复操作	（1）整个下令过程必须监护，要求运行人员复诵。 （2）下令操作前，应按停电检修票中批准内容与现场操作人员核对设备状态。 （3）下令操作前必须充分考虑到电网运行方式变化引起的潮流、电压变化，设备是否过载，对电网稳定、通信及自动化等方面的影响；继电保护及安全自动装置的整定与投退方式；可能出现的过电压；可能出现异常情况的事故预想和运行方式变化后的事故处理措施。 （4）下令时应互报单位名称及姓名、要求运行人员报告所在地点。 （5）要求受令人将调度指令记入调度操作指令记录簿，记录完毕后复诵一遍。 （6）逐项调度指令票必须坚持逐项发令、逐项执行、逐项汇报。 （7）运行人员回令后，调度员及时在操作指令票记入姓名及时间	20	（1）走错间隔，每次扣3分。 （2）漏项，每处扣5分。 （3）倒项，每次扣3分。 （4）未核对设备，每处扣2分。 （5）呼唱不符合要求，扣5分。 （6）未使用安全工器具，扣5分。 （7）监护不到位，每次扣3分		
3		工作终结验收				
3.1	安全文明生产	（1）分析项目危险点及预控措施。 （2）汇报结束前，所选工器具材料放回原位，摆放整齐；无不安全行为	10	（1）出现不安全行为，每次扣5分。 （2）现场清理不完整扣2分。 （3）损坏工器具，每件扣3分		
		合计得分				
考评员栏		考评员：　　　　考评组长：　　　　　　　时间：				

二、项目综合点评

表 7-5   配电网调控综合点评记录表

序号	项目	培训师对项目评价	
		存在问题	改进意见
1	安全措施		
2	作业流程		
3	作业方法		
4	指令票填写		
5	仿真操作		
6	文明操作		

📖 课后自测及相关实训

1. 调度操作指令形式分为哪几种？
2. 倒闸操作的定义是什么？
3. 电网一般操作应尽量避免在哪些情况下进行？
4. 配电网故障抢修主要流程是什么？

项目二　典型配电设备操作

📇 项目目标

熟悉电缆网成套设备的作用和分类。熟悉环网柜的构成及五防联锁要求。了解用户分界断路器柜的技术特点。掌握用户分界断路器柜的基本操作。能进行项目危险点分析和预控措施制定。能进行典型配电设备基本操作。

📇 项目描述

学习典型配电设备基本知识，学习配电设备操作流程与内容。在培训师指导下，熟悉配电设备，进行实训准备，开展项目训练。

🖥 知识准备

一、电缆网成套设备概述

电缆网成套设备是安装于 10kV 电缆线路上的配电自动化成套设备，主要应用于户外环网柜和户内配电室（房）、综合房、开关房（刀闸室）、开闭站（所），实现对电缆线路的分段及监测、控制等功能。

电缆网成套设备由配电开关（以下称"环网柜"）、配电终端（以下称"站所终端"）以及相关配件组成。

1. 环网柜

安装于10kV电缆线路一次回路，实现对配电线路的区段划分及开断操作。

按应用场所分类，环网柜分为户内、户外两种；按主要功能分类有电流型负荷开关柜、电压型负荷开关柜、用户分界断路器柜（含保护控制器）。

2. 站所终端

配套环网柜安装，用于采集环网柜一次回路的遥测、遥信量以及对环网柜开出回路的控制，并借助通信与主站系统进行数据交互，实现对环网柜的实时监测及自动化控制等功能。

按应用场所分类，站所终端分为户内、户外两种；按主要配置分类，站所终端分为6路（标配）、8路、12路、18路等。

二、VSR3 环网柜整体介绍

1. 基本单元构成

VSR3环网柜由负荷开关单元（K单元）、断路器柜单元（V单元）、组合电器柜单元（T单元）构成，外形及柜体尺寸如图7-3所示。

名称	负荷开关单元	断路器柜单元	组合电器柜单元
型号	K	V	T
柜型照片			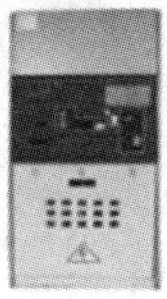
宽(mm)	450	500	500
深(mm)	895	895	895
高(mm)	1450	1450	1450

图7-3　VSR3外形及柜体尺寸示意图

（1）负荷开关单元（K单元）外观及外形尺寸如图7-4所示。

（2）断路器柜单元（V单元）外观及外形尺寸如图7-5所示。

（3）组合电器柜单元（T单元）外观及外形尺寸如图7-6所示。

2. VSR3系列真空环网开关柜的五防联锁

（1）K柜：负荷开关、隔离开关（异步联动）分位，接地开关才能合；接地开关在合位，电缆室门才能打开。反之，电缆室门关后，接地开关才能分开；接地开关在分

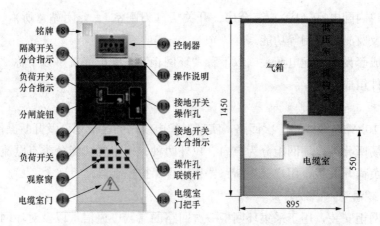

图 7-4　负荷开关单元外观及外形尺寸

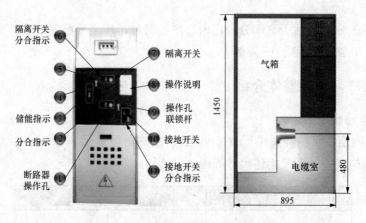

图 7-5　断路器柜单元外观及外形尺寸

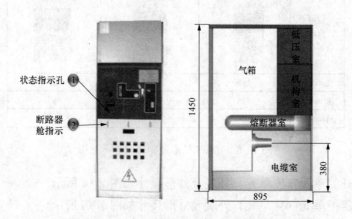

图 7-6　组合电器柜单元外观及外形尺寸

位，负荷开关、隔离开关（异步联动）才能合。VSR3 系列真空环网开关柜的五防联锁
程序如图 7-7 所示。

　　(2) T柜：负荷开关、隔离开关（异步联动）分位，接地开关才能合；接地开关在合位，电缆室门才能打开；电缆室门打开，熔丝舱才能打开。反之，熔丝舱关后，电缆室门才能关上；电缆室门关后，接地开关才能分开；接地开关在分位，负荷开关、隔离开关（异步联动）才能合。

　　(3) V柜：断路器分位，隔离开关才能分；隔离开关分位，接地开关才能合；接地开关在合位，电缆室门才能打开。反之，电缆室门关后，接地开关才能分开；接地开关在分位，隔离开关才能合；隔离开关合位，断路器才能合。

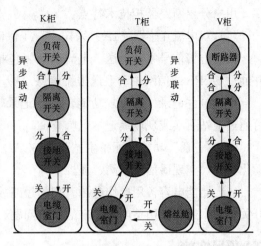

图 7-7　VSR3 系列真空环网开关柜的五防联锁

三、用户分界断路器柜

　　用户分界断路器柜采用真空灭弧，SF_6 气体作为绝缘介质。适用于额定电流 630A、额定电压 12kV、额定频率 50Hz 的电网领域；一般安装在 10kV 架空配电线路用户进户线的责任分界点处，也可适用于符合要求的分支线路和末端线路。设备安装投运后，可以实现自动切除被控支线的单相接地故障和相间短路故障。断路器柜标准配置预留电动操作功能方便实现配电自动化升级改造。用户分界断路器柜的面板结构如图 7-8 所示。

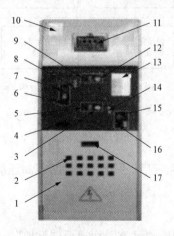

图 7-8　用户分界断路器柜的面板结构介绍

1—电缆室门；2—观察窗；3—断路器操作孔；4—带电显示器；5—断路器分合指示；6—储能指示；

7—储能操作孔；8—储能及隔离开关联锁板；9—隔离开关分合指示；10—铭牌；11—分界断路器柜控制器；

12—隔离开关操作孔；13—操作说明；14—接地开关及断路器联锁板；15—接地开关操作孔；

16—接地开关分合指示；17—电缆室门把手

用户分界断路器柜技术特点：

（1）双电流互感器（TA）采样。TA1保证低值段检测精度，TA2保证高值段精度。

（2）告警信号主动上送。电流越限（包括零序电流和相电流）及开关变位时告警，并通过GPRS通信网主动上送告警信息。

（3）事件记录（SOE）功能。自动记录带时标的电流越限、开关变位等事件信息，可通过主站召唤或现场笔记本电脑查询。

（4）"三遥"功能。配备主站基本SCADA功能的单PC监控软件，也可接入配网自动化系统，实现遥信、遥测、遥控。

（5）储能电容备用操作电源。相间短路故障时，在线路失电状态下用储能电容操作开关分闸，避免使用蓄电池带来的维护问题。

📽 项目实施

一、作业流程及内容

（一）典型配电设备操作作业流程图（见图7-9）

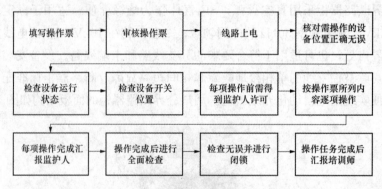

图7-9 典型配电设备操作工作流程图

（二）工作内容

1. 工器具和材料准备

工器具和材料包括安全帽、绝缘手套、线手套、高压验电器、绝缘电阻表、劳动保护用品、专用工具、通用电工工具、标识牌等。

2. 户分界断路器柜操作

（1）电动操作。遥控手把由"远方"切换至"就地"。

当进行合闸操作时，在确定隔离开关处在合位，断路器处于分闸状态且开关已储能的情况下，需同时按住"选择"按钮和"合闸"按钮，则控制器输出合闸信号，开关本体自动合闸，同时点亮位置指示灯。

在断路器处于合闸状态时，同时按住控制器面板上的"选择"和"分闸"按钮，则控制器输出分闸信号，开关本体自动分闸，同时位置指示灯灭。

（2）手动合闸操作。

隔离开关合闸操作：隔离开关为独立的手动弹簧操作机构，操作前首先确认接地开关分合指示显示为未接地状态。然后把储能及隔离开关联锁板向下推，露出隔离开关操作孔，把操作手柄插入隔离开关操作孔，顺时针旋转，直到隔离开关分合指示显示为合闸状态时，隔离开关合闸完成。

手动储能操作：上下往复操作 20 次左右，直到听到"嗒"的声音，起始的储能力不需要太大。注意：操作时力度不能太大，否则容易使复位弹簧变形，导致储能操作杆不能复位。

断路器合闸操作：首先确认隔离开关已合到位，且储能指示显示为"已储能"状态。然后把接地开关及断路器联锁板向下推，露出断路器操作孔，把操作手柄插入断路器操作孔，顺时针转动操作手柄，直到断路器分合指示显示为合闸状态时，断路器合闸完成。

（3）手动分闸操作。先分断路器，后分隔离开关。

断路器分闸操作：把接地开关及断路器联锁板向下推，露出断路器操作孔，把操作手柄插入断路器操作孔，逆时针转动操作手柄，直到断路器分合指示显示为分闸状态时，断路器分闸完成。

隔离开关分闸操作：把储能及隔离开关联锁板向下推，露出隔离开关操作孔，把操作手柄插入隔离开关操作孔，逆时针旋转，直到隔离开关分合指示显示为分闸状态时，隔离开关分闸完成。

（4）接地开关合分操作。

合接地开关：先确定断路器及隔离开关均在分闸状态，把接地开关及断路器联锁板向下推，露出接地开关操作孔，把操作手柄插入断路器操作孔，顺时针转动操作手柄，直到接地开关分合指示显示为合闸状态时，接地开关合闸完成。

分接地开关：把接地开关及断路器联锁板向下推，露出接地开关操作孔，把操作手柄插入断路器操作孔，逆时针转动操作手柄，直到接地开关分合指示显示为分闸状态时，接地开关分闸完成。

只有当隔离开关及断路器均处在分闸状态时方可操作接地开关，合接地开关后，隔离开关和断路器均不能操作，分接地开关后，方可操作隔离开关。

（5）电缆室门操作。在打开电缆室门前，请先确定断路器、隔离开关处在分闸位置；再用操作手柄将接地开关打到合位，之后，取下操作手柄并将断路器、接地开关及电缆室门联锁杆拨至上端；此时，用手扣住电缆室门把手向外拉就可将电缆室门打开。

二、工作要点

1. 倒闸操作的方式

（1）倒闸操作有就地操作和遥控操作两种方式。

（2）具备条件的设备可进行程序操作，即应用可编程计算机进行的自动化操作。

2. 倒闸操作的分类

（1）监护操作，是指有人监护的操作：

1）监护操作时，其中对设备较为熟悉者做监护。

2）经设备运维管理单位考试合格、批准的检修人员，可进行配电线路、设备的监护操作，监护人应是同一单位的检修人员或设备运维人员。检修人员操作的设备和接、发令程序及安全要求应由设备运维管理单位批准，并报相关部门和调度控制中心备案。

（2）单人操作，是指一人进行的操作：

1）若有可靠的确认和自动记录手段，可实行远方单人操作。

2）实行单人操作的设备、项目及操作人员需经设备运维管理单位或调度控制中心批准。

3. 倒闸操作的基本条件

（1）有与现场高压配电线路、设备和实际相符的系统模拟图或接线图（包括各种电子接线图）。

（2）操作的设备应具有明显的标志，包括名称、编号、分合指示、旋转方向、切换位置的指示及设备相色等。

（3）配电设备的防误操作闭锁装置不得随意退出运行，停用防误操作闭锁装置应经工区批准；短时间退出防误操作闭锁装置，由配电运维班班长批准，并应按程序尽快投入。

（4）下列三种情况应加挂机械锁：

1）配电站、开闭所未装防误操作闭锁装置或闭锁装置失灵的隔离开关（刀闸）手柄和网门。

2）当电气设备处于冷备用、网门闭锁失去作用时的有电间隔网门。

3）设备检修时，回路中所有来电侧隔离开关（刀闸）的操作手柄。机械锁应一把钥匙开一把锁，钥匙应编号并妥善保管。

4. 操作发令

（1）倒闸操作应根据值班调控人员或运维人员的指令，受令人复诵无误后执行。发布指令应准确、清晰，使用规范的调度术语和线路名称、设备双重名称。

（2）发令人和受令人应先互报单位和姓名，发布指令的全过程（包括对方复诵指令）和听取指令的报告时，高压指令应录音并做好记录，低压指令应做好记录。

（3）操作人员（包括监护人）应了解操作目的和操作顺序。对指令有疑问时应向发令人询问清楚无误后执行。

（4）发令人、受令人、操作人员（包括监护人）均应具备相应资质。

5. 操作票

（1）高压电气设备倒闸操作一般应由操作人员填用配电倒闸操作票（以下简称操作

票）。每份操作票只能用于一个操作任务。

（2）下列工作可以不用操作票：

1）事故紧急处理。

2）拉合断路器（开关）的单一操作。

3）程序操作。

4）低压操作。

5）工作班组的现场操作。

以上1）~4）项的工作，在完成操作后应做好记录，事故紧急处理应保存原始记录。由工作班组现场操作的设备、项目及操作人员需经设备运维管理单位或调度控制中心批准。

（3）操作人和监护人应根据模拟图或接线图核对所填写的操作项目，分别手工或电子签名。

（4）操作票应用黑色或蓝色的钢（水）笔或圆珠笔逐项填写。操作票票面上的时间、地点、线路名称、杆号（位置）、设备双重名称、动词等关键字不得涂改。若有个别错、漏字需要修改、补充时，应使用规范的符号，字迹应清楚。

用计算机生成或打印的操作票应使用统一的票面格式。

（5）操作票应事先连续编号，计算机生成的操作票应在正式出票前连续编号，操作票按编号顺序使用。作废的操作票应注明"作废"字样，未执行的操作票应注明"未执行"字样，已操作的操作票应注明"已执行"字样。操作票至少应保存1年。

（6）下列项目应填入操作票内：

1）拉合设备［断路器（开关）、隔离开关（刀闸）、跌落式熔断器、接地刀闸等］，验电，装拆接地线，合上（安装）或断开（拆除）控制回路或电压互感器回路的空气开关、熔断器，切换保护回路和自动化装置，切换断路器（开关）、隔离开关（刀闸）控制方式，检验是否确无电压等。

2）拉合设备［断路器（开关）、隔离开关（刀闸）、接地刀闸等］后检查设备的位置。

3）停、送电操作，在拉合隔离开关（刀闸）或拉出、推入手车开关前，检查断路器（开关）确在分闸位置。

4）在倒负荷或解、并列操作前后，检查相关电源运行及负荷分配情况。

5）设备检修后合闸送电前，检查确认送电范围内接地刀闸已拉开、接地线已拆除。

6）根据设备指示情况确定的间接验电和间接方法判断设备位置的检查项。

6. 倒闸操作的基本要求

（1）倒闸操作前，应核对线路名称、设备双重名称和状态。

（2）现场倒闸操作应执行唱票、复诵制度，宜全过程录音。操作人应按操作票填写的顺序逐项操作，每操作完一项，应检查确认后做一个"√"记号，全部操作完毕后进行复查。复查确认后，受令人应立即汇报发令人。

（3）监护操作时，操作人在操作过程中不得有任何未经监护人同意的操作行为。

（4）倒闸操作中产生疑问时，不得更改操作票，应立即停止操作，并向发令人报告。待发令人再行许可后，方可继续操作。任何人不得随意解除闭锁装置。

（5）在发生人身触电事故时，可以不经许可，立即断开有关设备的电源，但事后应立即报告值班调控人员（或运维人员）。

（6）停电拉闸操作应按照断路器（开关）—负荷侧隔离开关（刀闸）—电源侧隔离开关（刀闸）的顺序依次进行，送电合闸操作应按与上述相反的顺序进行。禁止带负荷拉合隔离开关（刀闸）。

（7）配电设备操作后的位置检查应以设备实际位置为准；无法看到实际位置时，应通过间接方法如设备机械位置指示、电气指示、带电显示装置、仪表及各种遥测、遥信等信号的变化来判断设备位置。判断时，至少应有两个非同样原理或非同源的指示发生对应变化，且所有这些确定的指示均已同时发生对应变化，方可确认该设备已操作到位。检查中若发现其他任何信号有异常，均应停止操作，查明原因。若进行遥控操作，可采用上述的间接方法或其他可靠的方法判断设备位置。

对部分无法采用上述方法进行位置检查的配电设备，各单位可根据自身设备情况制定检查细则。

（8）解锁工具（钥匙）应封存保管，所有操作人员和检修人员禁止擅自使用解锁工具（钥匙）。若遇特殊情况需解锁操作，应经设备运维管理部门防误操作闭锁装置专责人或设备运维管理部门指定并经公布的人员到现场核实无误并签字，由运维人员告知值班调控人员后，方可使用解锁工具（钥匙）解锁。单人操作、检修人员在倒闸操作过程中禁止解锁；若需解锁，应待增派运维人员到现场，履行上述手续后处理。解锁工具（钥匙）使用后应及时封存并做好记录。

（9）断路器（开关）与隔离开关（刀闸）无机械或电气闭锁装置时，在拉开隔离开关（刀闸）前应确认断路器（开关）已完全断开。

（10）操作机械传动的断路器（开关）或隔离开关（刀闸）时，应戴绝缘手套。操作没有机械传动的断路器（开关）、隔离开关（刀闸）或跌落式熔断器，应使用绝缘棒。雨天室外高压操作，应使用有防雨罩的绝缘棒，并穿绝缘靴、戴绝缘手套。

（11）装卸高压熔断器，应戴护目镜和绝缘手套。必要时使用绝缘操作杆或绝缘夹钳。

（12）雷电时，禁止就地倒闸操作和更换熔丝。

（13）单人操作时，禁止登高或登杆操作。

（14）配电线路和设备停电后，在未拉开有关隔离开关（刀闸）和做好安全措施前，不得触及线路和设备或进入遮栏（围栏），以防突然来电。

7. 遥控操作及程序操作

（1）实行远方遥控操作、程序操作的设备、项目，需经本单位批准。

（2）远方遥控操作断路器（开关）前，宜对现场发出提示信号，提醒现场人员远离操作设备。

（3）远方遥控操作继电保护软压板，至少应有两个指示发生对应变化，且所有这些确定的指示均已同时发生对应变化，方可确认该压板已操作到位。

8. 配电线路操作

（1）装设柱上开关（包括柱上断路器、柱上负荷开关）的配电线路停电，应先断开柱上开关，后拉开隔离开关（刀闸）。送电操作顺序与此相反。

（2）配电变压器停电，应先拉开低压侧开关（刀闸）后拉开高压侧熔断器。送电顺序与此相反。

（3）拉跌落式熔断器、隔离开关（刀闸），应先拉开中相，后拉开两边相。合跌落式熔断器、隔离开关（刀闸）的顺序与此相反。

（4）操作柱上充油断路器（开关）或与柱上充油设备同杆（塔）架设的断路器（开关）时，应防止充油设备爆炸伤人。

（5）更换配电变压器跌落式熔断器熔丝，应拉开低压侧开关（刀闸）和高压侧隔离开关（刀闸）或跌落式熔断器。摘挂跌落式熔断器的熔管，应使用绝缘棒，并派人监护。

（6）就地使用遥控器操作断路器（开关），遥控器的编码应与断路器（开关）编号唯一对应。操作前，应核对现场设备双重名称。遥控器应有闭锁功能，须在解锁后方可进行遥控操作。为防止误碰解锁按钮，应对遥控器采取必要的防护措施。

三、实训作业指导书

典型配电设备操作实训作业指导书如下。

编号：

_____培训班

典型配电设备操作
实训作业指导书

批准：_____ _____年___月___日
审核：_____ _____年___月___日
编写：_____ _____年___月___日

作业日期　年　月　日　时至　年　月　日　时

1　适用范围

本指导性技术文件规定了××××典型配电设备操作的现场标准化作业的工作步骤和技术要求。

本指导性技术文件适用于××××培训典型配电设备操作的操作。

2　编制依据

Q/GDW 1799.1—2013《国家电网公司电力安全工作规程（变电部分）》

国家电网安质〔2014〕265 号《国家电网公司电力安全工作规程（配电部分）（试行）》

Q/GDW 1519—2014《配电网运维规程》

Q/GDW 11261—2014《配电网检修规程》

Q/GDW 382—2009《配电自动化技术导则》

Q/GDW 383—2017《智能变电站技术导则》

3　作业前准备

3.1　准备工作安排

√	序号	内容	标准	责任人	备注
	1	明确作业项目、确定作业人员、合理进行任务分工	作业人员必须认真听取工作任务布置，对作业任务及存在的危险点做到心中有数，明确人员分工	培训师	
	2	实训作业指导书编写（优化）及审核	（1）根据工作任务和现场勘察情况填写（优化）实训作业指导书，并提交专业领导审核。（2）由培训师组织所有参加该项工作人员学习本作业指导书	培训师	
	3	编写设备操作票	（1）检查操作票填写是否符合规范。（2）按照标准的操作术语和操作票填写规定来拟定操作票。（3）检查操作票所列内容是否与相应设备一致。（4）检查操作票所列内容是否有遗漏项	学员	
	4	工器具、材料准备	准备好所需的工器具及实训材料。并准备适量的备品、备件	培训师	
	5	资料准备	（1）课程单元教学设计。（2）实训作业指导书。（3）操作票。（4）班前会、班后会记录。（5）实训室日志。（6）项目应急预案及应急处置卡	培训师	

已执行项打"√"，不执行项打"×"。下同。

需在序号栏中数字的左侧用"★"符号标识出关键工作项，执行时在打"√"栏中签字确认。下同

3.2 人员要求

本作业项目工作人员由培训师和学员组成。

√	序号	责任人	内容	备注
	1	培训师	具备必要的理论知识，熟悉设备相关知识及操作等相关的规定和要求，能运用相关的专业知识和业务技能来拟定操作票、进行设备的停、送电操作	
	2	培训学员	(1) 熟悉配电自动化设备的功能、使用和操作。 (2) 精神状态良好，安全帽合格并标准佩戴，绝缘手套检查合格，着装符合要求。 (3) 具备必要的理论知识，熟悉设备相关知识及操作等相关的规定和要求，能运用相关的专业知识和业务技能来拟定操作票、进行设备的停、送电操作	

3.3 作业分工

本作业项目工作人员共计 3 名。实训角色是两名调度员和一名线路人员。其中调度值班员负责调度下令、操作，线路人员负责操作和接回令。演练时严格按照拟定操作指令票、停电操作、下达施工令、接收施工令、恢复操作等 5 个步骤进行。

√	序号	责任人	内容	备注
	1	调度员	负责调度下令、操作	
	2	线路人员	负责操作和接回令	

3.4 工器具及材料

√	序号	名称	型号/规格	单位	数量	备注
	1	安全帽		顶	1	
	2	绝缘手套	5kV	副	1	
	3	线手套		副	若干	
	4	高压验电器	10kV	支	1	
	5	接地线		条	1	
	6	绝缘电阻表	2500V	块	1	
	7	劳动保护用品	绝缘鞋、工作服	套	1	
	8	通用电工工具	钢丝钳、扳手、螺丝刀	套	1	
	9	中性笔		只	1	

3.5 危险点分析

√	序号	危险点分析
	1	人身风险、设备风险
	2	设备漏电或误操作导致人身触电

√	序号	危险点分析
	3	典型配电设备操作时未按照规程造成设备损坏
	4	安全工器具超期服役或者学员未正确使用安全工器具导致人员受到伤害
	5	工作期间监护不到位造成伤害

3.6　安全措施

√	序号	内容
	1	在实训操作过程中，未严格按照现场规程进行操作，易养成不良操作习惯，形成习惯性违章
	2	（1）制定触电事故应急处置预案，并组织开展事故应急演练。 （2）定期检测或更换安全工器具。 （3）实训课程开始前由安全监护人负责检查设备运行情况和安全措施布置情况。 （4）实训室设立水杯放置处，禁止将水杯带入设备（含计算机）区域。 （5）严格按照安规要求着装和使用安全工器具。 （6）学员实训前由实训安全监护人负责讲解安全注意事项。 （7）实训室配置急救箱
	3	（1）主讲培训师认真讲授相关规程以及实训操作课的理论知识。 （2）实训操作开始前，细致讲解易发生习惯性违章的地方，加强安全意识。 （3）操作前培训师须认真讲解操作方法并作出正确演示
	4	（1）定期检查安全工器具是否超过合格期限。 （2）定期检测或更换安全工器具。 （3）在实训操作前，认真讲授安全工器具的正确使用方法
	5	监护人在检测期间应始终行使监护职责，不得擅离岗位或兼职其他工作

4　实训项目及技术要求

4.1　开工

序号	作业程序	作业标准	备注
1	召开现场班前会	（1）学员点名：应到人数（　），实到人数（　），缺勤人数（　）。 缺勤原因：（　　　　　　　　　　　　　　　　　　　　）。 （2）介绍培训任务、监护指导分工和安全风险预控措施（特别是对作业中的"老虎口"要特别提醒，关键事项做到提前交底。现场"老虎口"和风险点应指定监护人，执行安措等关键工序应指定责任人）。 （3）确定工作班成员身体健康良好，适应当日工作。 （4）讲解着装及装束要求，并进行互查合格。 （5）交代手机、书包、杯子等定置管理要求。 （6）正确使用实训设备、仪器、仪表、工器具。 （7）实训室安全注意事项和学员行为规范。 （8）实训室周围环境及应急逃生措施	

序号	作业程序	作业标准	备注
2	工作内容核对	认真核对本次工作的内容	
3	资料检查	详细检查核对作业所需的资料，如停电检修票、操作指令票	
4	设备检查	详细检查核对实训室所操作设备各项功能是否正常	

4.2 典型配电设备操作培训作业

序号	作业程序	作业标准	注意事项	备注
1	拟定操作票	根据实训要求拟定停、送电操作票，拟定操作票应严格执行安规要求使用黑色或蓝色钢笔或圆珠笔填写并不得涂改，使用标准的操作术语	执行安规相关规定	
2	审核停、送电操作票	审核停、送电操作票设备是否相一致	执行安规相关规定	
3	演示	根据拟定好的操作票，在实训室对相应的设备进行操作演示	演示并进行详细讲解	
4	实训	根据拟定好的操作票，在实训室对相应的设备进行操作练习	加强对学员的监护	

4.3 竣工

序号	操作内容	注意事项	备注
1	记录归档	（1）操作记录归档。在仿真系统操作过程中，将学员的操作记录进行收取，并做好备份。 （2）调度指令票归档。将学员填写的调度指令票进行归档整理	
2	清理工作现场	（1）检查实训设备设施、工器具、材料和其他实训所需物品正常。 （2）检查安全工器具和劳动防护用品完好合格。 （3）清扫现场环境和整理安全工器具	
3	召开班后会	（1）学员点名：应到人数（ ），实到人数（ ），缺勤人数（ ）。 缺勤原因：（ ）。 （2）总结当天实训工作完成情况，对表现好的学员进行表扬，指出不足并分析点评，提出改进意见和防范措施。 （3）对下次实训工作提出要求	

项目评价

操作完成后，根据学员任务完成情况，填写评分记录表（表7-6），做好综合点评（表7-7）。

一、技能操作评分

表 7-6　　　　　　　　　　典型配电设备操作评分记录表

序号	项目	考核要点	配分	评分标准	扣分原因	得分
1	工作准备					
1.1	着装穿戴	穿工作服、绝缘鞋；戴安全帽、线手套	5	（1）未穿工作服、绝缘鞋，未戴安全帽、线手套，缺少每项扣2分。 （2）着装穿戴不规范，每处扣1分		
1.2	材料选择及工器具检查	选择材料及工器具齐全，符合使用要求	10	（1）工器具齐全，缺少或不符合要求每件扣1分。 （2）工具未检查试验、检查项目不全、方法不规范每件扣1分。 （3）设备材料未做外观检查每件扣1分。 （4）备料不充分扣5分		
2	工作过程					
2.1	操作票填写与审核	根据实训要求拟定停、送电操作票，拟定操作票应严格执行安规要求使用黑色或蓝色钢笔或圆珠笔填写并不得涂改，使用标准的操作术语	5	（1）漏项，每处扣5分。 （2）倒项，每次扣3分。 （3）文字错误，每处扣1分。 （4）表述不准确，每处扣1分。 （5）涂改，每处扣0.5分		
2.2	倒闸操作	根据拟定好的操作票，在实训室对相应的设备进行操作练习	35	（1）走错间隔，每次扣3分。 （2）漏项，每处扣5分。 （3）倒项，每次扣3分。 （4）未核对设备，每处扣2分。 （5）呼唱不符合要求，扣5分。 （6）未使用安全工器具，扣5分。 （7）监护不到位，每次扣3分		
3	工作终结验收					
3.1	安全文明生产	（1）分析项目危险点及预控措施。 （2）汇报结束前，所选工器具材料放回原位，摆放整齐；无不安全行为	10	（1）出现不安全行为，每次扣5分。 （2）现场清理不完整扣2分。 （3）损坏工器具，每件扣3分		
	合计得分					
考评员栏	考评员：		考评组长：		时间：	

二、项目综合点评

表 7 - 7 典型设备操作综合点评记录表

序号	项目	培训师对项目评价	
		存在问题	改进意见
1	操作票编写		
2	安全措施		
3	倒闸操作		
4	知识应用		
5	文明操作		

课后自测及相关实训

1. 断路器冷备用、热备用是指什么位置?

2. 用户分界断路器柜的断路器、隔离开关在合位,接地开关在分位,请简述如何将电缆室门打开?

3. 常用配电自动化终端设备有哪些?

参 考 文 献

[1] 李天友，林秋金 . 中低压配电技能实务 . 北京：中国电力出版社，2012.

[2] 马志广 . 配电线路运行（国家电网公司生产技能人员职业能力培训专用教材）. 北京：中国电力出版社，2010.

[3] 张东斐 . 配电电缆（国家电网公司生产技能人员职业能力培训专用教材）. 北京：中国电力出版社，2011.

[4] 马振良 . 配电线路 . 北京：中国电力出版社，2007.

[5] 熊卿府，等 . 配电线路运行与检修 . 北京：中国电力出版社，2005.

[6] 徐丙银，李胜祥，陈宗军 . 电力电缆故障探测技术；北京：机械工业出版社，1999.

[7] 陈德俊，孟昊 .10kV 配网不停电作业专项技能培训教材 . 北京：中国电力出版社，2018.

[8] 河南电力技师学院 . 配电线路工 . 北京：中国电力出版社，2008.

[9] 张淑琴 .110kV 及以下电力电缆常用附件安装实用手册 . 北京：中国水利水电出版社，2014.

[10] 曹欣春 . 电力线路工程技术标准规程应用手册 . 北京：光明日报出版社，2003.

[11] 史传卿 . 电力电缆（供用电工人职业技能鉴定培训教材）. 北京：中国电力出版社，2006.

[12] 余虹云，李以然，蒋丽娟 .10kV 开关站运行、检修与试验 . 北京：中国电力出版社，2006.

[13] 胡培生，丁荣 . 配电线路（配电技术与工艺培训教材）. 北京：中国电力出版社，2006.

[14] 马志广 . 实用电工技术 . 北京：中国电力出版社，2008.

[15] 谷水清 . 配电系统自动化 . 北京：中国电力出版社，2004.

[16] 靳龙章 . 电网无功补偿实用技术 . 中国水利水电出版社，2004.

[17] 国网浙江省电力公司培训中心 . 配电网标注化抢修 . 北京：中国电力出版社，2016.

[18] 国家电网有限公司产业发展部 . 配电网施工技术 . 北京：中国电力出版社，2021.